科学出版社"十三五"普通高等教育研究生规划教材

创新型现代农林院校研究生系列教材

森林可持续经营理论与技术

曹小玉　李际平　编著

科学出版社

北　京

内 容 简 介

本教材立足林学学科森林经理学研究生培养目标，主要阐述森林与人类的关系、森林可持续经营的基本概念、理论基础、实现途径和森林可持续经营决策方法和技术、森林可持续经营评价标准和指标。教材内容编排合理，按学术线性来编写，涵盖了森林可持续经营的基础知识和新知识。教材内容注重理论与实践结合，重点突出，结构严谨，且具有系统性和可扩展性的特点。考虑到使用对象主要为研究生，教材内容既有紧扣国际前沿的理论知识，又有培养学生解决问题的技术知识，符合研究生培养目标的要求。

图书在版编目（CIP）数据

森林可持续经营理论与技术/曹小玉，李际平编著. —北京：科学出版社，2022.8

科学出版社"十三五"普通高等教育研究生规划教材　创新型现代农林院校研究生系列教材

ISBN 978-7-03-073175-3

Ⅰ.①森… Ⅱ.①曹… ②李… Ⅲ.①森林经营-可持续发展-高等学校-教材 Ⅳ.①S75

中国版本图书馆 CIP 数据核字（2022）第 168331 号

责任编辑：丛 楠 赵萌萌 / 责任校对：杨 赛
责任印制：张 伟 / 封面设计：迷底书装

科 学 出 版 社 出版
北京东黄城根北街 16 号
邮政编码：100717
http://www.sciencep.com
北京凌奇印刷有限责任公司 印刷
科学出版社发行 各地新华书店经销

*

2022 年 8 月第 一 版 开本：787×1092 1/16
2024 年 1 月第三次印刷 印张：13 1/4
字数：317 000

定价：**69.80 元**
（如有印装质量问题，我社负责调换）

前　　言

森林问题与水土流失、土地荒漠化、生物多样性丧失、农村贫困等生态环境与社会经济问题密切相关。1992 年联合国环境与发展大会《关于森林问题的原则声明》指出森林资源和林地应以一种可持续的方式管理，以满足当代人和子孙后代在社会、经济、生态、文化和精神方面的需求，包括森林产品和服务功能。强调各国森林经营管理要重视森林健康与恢复、人工林集约经营、森林多功能利用等新的森林经营理念、模式和技术，并以森林可持续经营标准与指标为基础，制定森林可持续经营指南、技术标准和手册，以及通过森林可持续经营理念的传播和实践活动，寻求森林生态、经济和社会效益的平衡点，以长期维持森林生产力，实现森林可持续经营目标。

目前，随着森林问题的进一步突出，全球对森林问题的关注达到了空前的水平。国际上不少机构和学者纷纷指出森林可持续经营的重要性，提出要逐步开展森林的可持续经营，实现人与森林的和谐共存。

本教材立足林学学科森林经理学研究生培养目标，主要阐述森林与人类的关系、森林可持续经营的基本概念、理论基础、实现途径和森林可持续经营决策方法和技术、森林可持续经营评价标准和指标。

本教材的出版得到中南林业科技大学研究生教学质量工程项目（2019JC002）和林学学科经费的共同资助。

本教材第 1～5 章由曹小玉撰写，第 6～8 章由曹小玉、李际平共同撰写，全书由曹小玉统稿。

由于编者水平有限，书中疏漏之处在所难免，敬请同行专家和读者指正。

编　者

2022 年 6 月于长沙

目 录

第一章　森林及其与人类的关系

第一节　森林概述

森林是人类赖以生存和发展的基础资源与环境,也是林学最基本的概念,是认识、研究、经营利用的对象。把握森林的含义、标准、类型、功能等对经营管理森林资源、促进森林可持续经营、提升森林对区域乃至全人类可持续发展的贡献能力至关重要。

一、森林的含义

在我国,对森林进行较为系统的解释始于 20 世纪 30 年代,我国著名林学家陈嵘教授提出"大地表面,树木丛生之处谓之森林,其树木谓之林木,其土地谓之林地。故森林者实合林木与林地而言也"。他既肯定了丛生树木,不论生于山地或平地,都应称为森林,也肯定了森林是林地和林木的总称。梁希先生认为:森林是单位面积的土地上,树木达到一定数量而成为的一个集群,这个集群一方面受环境的影响,另一方面又影响周围环境,使环境因它而发生显著变化,像这样许多树木的总和才叫作森林。西北林学院(1983)认为森林是地球上陆地植被类型之一,它以上层乔木为主体,是包括动物,以及灌木、草本植物及其他植物在内,占有相当大的空间,密集生长,并能显著影响周围环境的生物群落。亢新刚(2001)认为森林是以树木为主体所组成的地表生物群落。沈国舫(2000)认为森林是以乔木为主体,包括其他植物(灌木、草本、藤本、苔藓等)、动物及微生物组成的生物群落与其所处非生物环境(气候、岩石、土壤等)紧密联系在一起的综合体。《中华人民共和国森林法实施细则》规定,森林包括乔木和竹林。《林业资源分类与代码 森林类型》(GB/T 14721.1—1993)将森林定义为"以乔木为主体的,包括灌木、草本植物、其他生物及林中土壤在内的自然综合体"。

俄国林学家 G.F.莫洛佐夫在 1903 年指出森林是林木、伴生植物、动物及其与环境的综合体。森林群落学、地植物学、植被学称其为森林植物群落,生态学称其为森林生态系统。在林业建设上森林是保护、发展并可再生的一种自然资源,具有经济、生态和社会三大效益。到了 1939 年,苏联林学家聂斯切洛夫给森林下的定义是"森林是彼此起着相互作用的森林植物、动物、土壤和大气的总体,即森林是森林有机体植物、动物、环境土壤和气候的统一体"。又说"有什么样的环境就有什么样的森林",将森林和环境密切相连,把森林视为生态系统中主体和活的有机体,这个概念比原始的概念——森林即树木前进了一大步。

Barnes 等(1998)认为森林是一个以林木和其他木本植物为主体,并与景观中空气-地球本底相互作用的动态三维生态系统。在日本"森林"一词指成片生长树木、竹林的土地,以及该土地上的树木、竹林,此外还包括成片培育树木、竹的土地。

综上所述，森林是指占有一定空间区域，包括动物、植物、微生物及其生长发育环境在内的以乔木树种为主体的自然综合体。

二、森林的界定标准

森林经理是以森林为对象、以持续满足人类对森林各种需求为宗旨的社会经济管理活动。因此，界定"森林"以确定经营管理范围是进行科学森林经理活动的前提与基础。中文"森林"一词有五个"木"字，表明森林是由众多树木所组成的，俗语云："独木不成林。"那么多少树在一起才能称为森林呢？即界定森林的标准是什么？至今世界上尚没有统一标准。

但大多数国家、国际公约和组织往往采用最小面积、郁闭度、成熟时最低树高和林带最小宽度4个指标来界定森林，有的采用了单个指标，有的采用了多个指标。虽然各个国家采用的指标可能相同，但其具体的指标值却存在很大差异，郁闭度范围在 0.1～0.8，成熟时最低树高为 1.3～15m，面积为 $0.01～100hm^2$，林带最小宽度范围为 9～60m。联合国粮食及农业组织在《2010 年全球森林资源评估》中将森林定义为"面积在 $0.5hm^2$ 以上、树木高于 5m、林冠覆盖率超过 10%，或树木在原生境能够达到这一阈值的土地。不包括主要为农业和城市用途的土地"。

在我国，1994 年以前"森林"包括有林地、灌木林地、四旁树和林网，面积大于 $0.067hm^2$，郁闭度在 0.3 以上，林带在 10m 以上；1994 年以后"森林"仅包括林地和国家特别规定的灌木林地，郁闭度降为 0.2，同时也给国家规定的灌木林地以明确的界定标准，即国家特别规定的灌木林地特指分布在年均降水量 400mm 以下的干旱（含极干旱、干旱、半干旱）地区，或乔木分布（垂直分布）上限以上地区，或热带亚热带岩溶地区，或干热（干旱）河谷等生态环境脆弱地带，专为防护用途，且覆盖度大于 30%的灌木林地，以及以获取经济效益为目的进行经营的灌木经济林。

2004 年 8 月 10 日，国家林业局科学技术委员会组织召开专家讨论了"森林"的界定标准，为面积大于或等于 $0.067hm^2$ 的土地，成熟时高度可以达到 2m 及以上，郁闭度大于或等于 0.2，以树木为主体的生物群落，包括达到以上标准的竹林、天然林、红树林或人工幼林（未成林幼林），两行以上，行距小于或等于 4m 或树冠幅度大于或等于 10m 的林带与特定的灌木林、农田林网及村旁、路旁、水旁、宅旁的林木等。因此，在我国森林界定标准有以下 4 条。

1）面积标准：在 $0.067hm^2$ 及以上。

2）覆盖标准：郁闭度在 0.2 及以上。

3）林带宽度标准：大于 10m。

4）组成成分：形成了以乔木树种为主体的自然综合体，包括植物、动物、微生物及其赖以生存与发展的环境；也可以是国家特别规定的灌木林地上的灌木。

三、森林的分类

为了更好地认识与把握客观世界的复杂性、多样性、变化性，人们往往会根据客观事物或现象的性质对森林进行分门别类。在认识、研究与经营森林的过程中也是如此。

森林经理学常采用森林起源、森林外貌、树种组成、经营目的、发育演替、树木组成状态、龄级等标准对森林进行分类。

（一）按森林起源分类

森林起源是指森林形成的最初动力。森林起源不同，其森林生长发育规律也不同，经营管理的目的、目标、措施等也各异。因此，区分森林的起源是认识、研究与经营管理森林的基础。根据森林起源的不同，可以将森林分为天然林和人工林。

1. 天然林　　由天然下种、人工促进天然更新或萌生所形成的森林称作天然林。

2. 人工林　　由植苗（包括植苗、分殖、扦插）、直播（穴播或条播）或飞播方式形成，包括人工林采伐后萌生形成。

确定森林起源可靠的方法主要是查阅现有档案资料、现场调查或访问等。现场调查根据森林特征进行判断。一般地，天然林具有树种多样、排列混沌、年龄和个体差异明显等特点；人工林则具有树种单纯、排列规则、年龄和个体差异不明显等特点。

（二）按森林外貌分类

森林外貌是指森林的外部特征，包括层次、形状、颜色等，是森林最基本、最明显、最易辨认的特征。在实践中多采用林层与树叶形状来划分。

1. 林层　　林层也叫林相，是指组成森林的树木因其树高差别所呈现的高低起伏状态。将森林划分为不同的林层不仅有利于经营管理，而且有利于森林调查、研究森林特征及其变化规律。根据林层结构，将森林分为单层林和复层林。

（1）单层林　　林分中乔木树种的树冠只有一个层次的林分。

（2）复层林　　林分中乔木树种的树冠形成了两个或两个以上明显层次的林分。

单层林外貌比较整齐，林木个体差异不明显，多为人工同龄纯林。复层林外貌起伏多变，林木个体差异明显，多为天然异龄混交林，也有经过人工择伐后形成的人工异龄纯林或混交林。根据国家林业局 2003 年 12 月出台的《国家森林资源连续清查技术规定》，林层划分标准包括以下几点。

1）各林层每公顷蓄积量不少于 $30m^3$。

2）主林层、次林层平均高相差 20%以上。

3）各林层平均胸径在 8cm 以上。

4）主林层郁闭度不小于 0.3，次林层郁闭度不小于 0.2。

这些是人为确定的林层划分的一般标准，同时满足这 4 个条件就可划分林层。林层序号以罗马数字Ⅰ、Ⅱ、Ⅲ……表示，最上层为第Ⅰ层，往下依次是第Ⅱ层、第Ⅲ层……

2. 树叶形状　　根据建群树种的树叶形状，将森林分为针叶林和阔叶林两种类型，在我国针叶林和阔叶林面积约各占一半，二者约占我国森林面积的 97%，剩下 3%左右为针阔混交林。

（1）针叶林　　针叶林是指以针叶树种为建群树种所组成的各种森林群落的总称。针叶林在中国分布广泛，但作为地带性的针叶林仅见分布在我国东北和西北两隅，亚高山针叶林分布在西南、藏东南，其余地方的基本上为次生针叶林，像各种次生松林，更多针叶林都是人工营造的杉木林、松林等。上述针叶林不仅植物物种丰富，还栖息着大量的野生动物，是众多特有珍稀动植物的栖息地和避难所。《国家森林资源连续清查技术规定（2003）》将针叶林进一步细分为寒温性针叶林、温性针叶林、温性针阔混交林、暖性针叶林、热性针叶林等。

1）寒温性针叶林。我国寒温性针叶林在地域分布上与欧亚大陆北部的泰加林带存在着密切的关系，我国大兴安岭北部（寒温带）的寒温性针叶林就是泰加林带向南延伸的部分。我国温带、暖温带、亚热带和热带地区的寒温性针叶林都分布在高海拔山地，是典型垂直分布的山地寒温性针叶林，分布的海拔由北向南逐渐上升。寒温性针叶林按其生活类型不同，又可分为落叶松林和云、冷杉林两个亚林型。中国的落叶松属有 10 个种和 2 个变种，主要的建群种有落叶松（*Larix gmelini*）、西伯利亚落叶松（*Larix sibirica*）、华北落叶松（*Larix principis-rupprechtii*）、太白红杉（*Larix chinensis*）、四川红杉（*Larix mastersiana*）、大果红杉（*Larix potaninii*）和西藏红杉（*Larix griffithii*）等。中国的云、冷杉林基本上都属山地垂直带类型，其分布面积广，林木的蓄积量也最大。东北地区主要的建群种为鱼鳞云杉（*Picea jezoensis* var. *microsperma*）、红皮云杉（*Picea koraiensis*）、臭冷杉（*Abies nephrolepis*）；华北为白扦（*Picea meyeri*）、青扦（*Picea wilsonii*）；向西至西北一带为青海云杉（*Picea crassifolia*）、雪岭云杉（*Picea schrenkiana*）和西伯利亚冷杉（*Abies sibirica*）；西南山地主要有丽江云杉（*Picea likiangensis*）、川西云杉（*Picea likiangensis* var. *rubescens*）、林芝云杉（*Picea likiangensis* var. *linzhiensis*）、麦吊杉（*Picea brachytyla*）、油麦吊杉（*Picea brachytyla* var. *complanata*）、云杉（*Picea asperata*）、紫果云杉（*Picea purpurea*）、巴山冷杉（*Abies fargesii*）、岷江冷杉（*Abies fargesii* var. *faxoniana*）、黄果冷杉（*Abies ernestii*）、长苞冷杉（*Abies georgei*）、鳞皮冷杉（*Abies squamata*）、喜马拉雅冷杉（*Abies spectabilis*）、苍山冷杉（*Abies delavayi*）、冷杉（*Abies fabri*）、川滇冷杉（*Abies forrestii*）等。

2）温性针叶林。温性针叶林是指分布于暖温带地区平原、丘陵、低山的针叶林和亚热带、热带中山的针叶林。平原、丘陵、低山针叶林的建群种要求气温温和干燥、四季分明、冬季寒冷，适宜生长的土壤为中性或石灰性的褐色土与棕色森林土；亚热带中山针叶林建群种则要求气候温凉潮湿，适宜生长的土壤为酸性、中性的山地黄棕壤与山地棕色土。根据区系与生态性质不同，此类型又可分为温带松林、侧柏林等。松林主要建群种有樟子松（*Pinus sylvestris*）、偃松（*Pinus pumila*）和西伯利亚五针松（*Pinus sibirica*）。侧柏林主要建群种有方枝圆柏（*Sabina saltuaria*）、祁连圆柏（*Sabina przewalskii*）、垂枝香柏（*Sabina pingii*）、大果圆柏（*Sabina tibetica*）、塔枝圆柏（*Sabina komarovii*）和垂枝柏（*Sabina recurva*）等。

3）温性针阔混交林。针阔混交林是介于落叶阔叶林和针叶林之间的过渡性类型，我国针阔混交林群落的种类组成与结构比欧洲的混交林丰富和复杂。主要分布在我国东北和西南山地，分布在东北的是以红松（*Pinus koraiensis*）为主的针阔混交林，属地带性森林；分布在西南的是以铁杉（*Tsuga chinensis*）为主的针阔混交林，属山地阔叶林带向山地针叶林带过渡的森林，其又可细分为红松针阔混交林和铁杉针阔混交林。红松针阔混交林是中国温带地区的地带性类型，主要分布于东北长白山和小兴安岭一带山地，向东一直延伸至俄罗斯阿穆尔州沿海地区及朝鲜北部，主要建群种是红松（*P. koraiensis*）和一些阔叶树，如核桃楸（*Juglans mandshurica*）、水曲柳（*Fraxinus mandshurica*）、紫椴（*Tilia amurensis*）、色木槭（*Acer mono*）、春榆（*Ulmus davidiana* var. *japonica*）等。铁杉针阔混交林主要分布在中国亚热带地区的山地，是中亚热带常绿阔叶林向亚高山针叶林过渡的一种垂直带森林类型，主要是长苞铁杉（*Tsuga longibracteata*）及铁杉（*T. chinensis*）与壳斗科植物混交的森林类型。我国中亚热带地区西部山地海拔较高，在海拔 2500～3000m 形成了典型的针阔混交林带，最常见的为云南铁杉（*Tsuga dumosa*）与阔叶树混交林。

4）暖性针叶林。暖性针叶林主要分布在中国中亚热带低山、丘陵和平地。森林建群种喜温暖湿润的气候条件，分布区气候为年温 15～22℃，积温 4500～7500℃，我国热带地区海拔较高的凉湿山地和温带地区的背风山谷及盆地也有此类森林的分布。尽管常绿阔叶林和其他阔叶林是暖性针叶林分布区的主要森林类型，但该地区针叶林的面积和资源丰富程度均好过阔叶林。暖性针叶林按其生活型的不同，可分为暖性落叶针叶林和暖性常绿针叶林。主要树种有油松（*Pinus tabulaeformis*）、赤松（*P. densiflora*）、侧柏（*Platycladus orientalis*）、白皮松（*Pinus bungeana*）、马尾松（*Pinus massoniana*）、云南松（*P. yunnanensis*）、细叶云南松（*P. yunnanensis* var. *tenuifolia*）、卡西亚松（*P. kesiya*）、华山松（*P. armandii*）、高山松（*P. densata*）、杉木（*Cunninghamia lanceolata*）、柳杉（*Cryptomeria fortunei*）、柏木（*Cupressus funebris*）、冲天柏（干香柏）（*Cupressus duclouxiana*）、油杉（*Keteleeria fortunei*）、铁坚杉（*K. davidiana*）、银杉（*Cathaya argyrophylla*）等。

5）热性针叶林。热性针叶林也称热带针叶林，主要分布在我国热带丘陵平地及低山，由于热带季雨林和雨林是我国热性针叶林产地的地带性森林，因此我国热性针叶林面积分布并不大，也很少有热性人工针叶林，成片的热性针叶林只有海南五针松（*Pinus fenzelia*）和南亚松（*Pinus latteri*），主要分布于海南岛、雷州半岛、广东南部及广西南部，其他为零星分布的鸡毛松（*Podocarpus imbricatus*）等。

（2）阔叶林　　阔叶林是指以阔叶树种为建群树种所组成的各种森林群落的总称。《国家森林资源连续清查技术规定（2003）》将阔叶林进一步细分为落叶阔叶林，常绿、落叶阔叶混交林，常绿阔叶林，硬叶常绿阔叶林，季雨林，雨林和红树林。

1）落叶阔叶林。落叶阔叶林是我国温带地区的主要森林类型，也是华北暖温带的地带性森林。组成这种群落的乔木多数为冬季落叶的阳性阔叶树种，林下灌木也是冬季落叶的种类，草本植物冬季地上部分枯死或以种子过冬，因此冬季整个群落处于休眠状态。春季重新长出新叶，群落季相变化非常明显。我国的落叶阔叶林类型很多，主要的森林类型有华北、西北地区的落叶阔叶混交林，如栎林、赤杨（*Alnus japonica*）林、钻天柳（*Chosenia arbutifolia*）林、尖果沙枣（*Elaeagnus oxycarpa*）林；由亚热带常绿阔叶林被破坏后形成的栗树林、拟赤杨（*Alniphyllum fortunei*）林、枫香（*Liquidambar formosana*）林；北方针叶林和亚高山针叶林的次生林类型的山杨林与桦木林，以及发育在亚热带山地的山毛榉林和亚热带石灰岩山地的化香（*Platycarya strobilacea*）林、青檀（*Pteroceltis tatarinowii*）林、榔榆（*Ulmus parvifolia*）林与黄连木（*Pistacia chinensis*）

林等。

2）常绿、落叶阔叶混交林。常绿、落叶阔叶混交林是常绿阔叶林和落叶阔叶林的过渡性森林类型，在我国亚热带地区广泛分布。该森林类型内物种丰富、结构复杂，优势树种不明显。亚热带地区也有明显的季相变化，主要是秋冬气候变干、变冷时，相对比较高大的并处于林冠层的落叶树种此时叶片脱落。第二或者第三亚层的常绿树种比较耐寒，有时林分内的常绿树种成分增多，树木较高，形成较典型的常绿与落叶树种的混交林。组成常绿、落叶阔叶混交林的主要树种有苦槠（*Castanopsis sclerophylla*）、青冈（*Cyclobalanopsis glauca*）、冬青（*Ilex chinensis*）、石楠（*Photinia serrulata*）等。

3）常绿阔叶林。常绿阔叶林大致分布在南、北纬度 22°～34°（40°）。主要见于亚洲的中国长江流域南部，朝鲜和日本列岛的南部，非洲的东南沿海和西北部，大西洋的加那利群岛，北美洲的东端和墨西哥，南美洲的智利、阿根廷、玻利维亚和巴西的部分地区，大洋洲东部及新西兰等地。

常绿阔叶林是我国亚热带地区最具代表性的森林类型。所含物种丰富，就高等植物而言，约占全国种类的 1/2 以上。常绿阔叶林的优势种不明显，经常由多种共建种组成。有酸豆（*Tamarindus indica*）林、青冈（*C. glauca*）林、栲类林、石栎（*Lithocarpus glaber*）林、润楠（*Machilus nanmu*）林、厚壳桂（*Cryptocarya chinensis*）林、木荷（*Schima superba*）林、阿丁枫（*Altingia chinensis*）林、木莲（*Manglietia fordiana*）林等。

该类型森林林木个体高大，森林外貌四季常绿，林冠整齐一致。其最基本的组成成分为壳斗科、樟科、山茶科、木兰科等树种。由于这类森林的建群树种的叶片多为革质、常绿、稍坚硬、叶表面光泽无毛，叶片排列方向与太阳光线垂直，故有"照叶林"之称。

4）硬叶常绿阔叶林。硬叶常绿阔叶林是世界上一个很重要的森林类型，在地中海沿岸、澳大利亚西南部、北美西南部、北非南部等都有分布。群落主要树种具有硬叶、常绿、多茸毛等旱化的典型特征，反映了分布地气候在一定季节具有温暖干燥的特点，世界各地这类森林的优势种是多样的，以栎树、木犀榄属（*Olea*）、桉属（*Eucalyptus*）植物为主要的树种，硬叶常绿阔叶林的发生、发展、分布生境及组成的植物区系成分有很大差异。

我国硬叶常绿阔叶林主要由壳斗科硬叶常绿栎类树种所组成，主要分布于海拔2600～4000m，是我国亚热带西部和西南部青藏高原东南线及横断山脉地区所特有的一种森林类型。常见的类型有川滇高山栎（*Quercus aquifolioides*）林、黄背栎（*Q. pannosa*）林、长穗高山栎（*Q. longispica*）林、帽斗栎（*Q. guyavaefolia*）林、川西栎（*Q. gilliana*）林、藏高山栎（*Q. semicarpifolia*）林、酸角林（*Tamarindus indica*）、铁橡栎（*Q. cocciferoides*）林、锥连栎（*Q. franchetii*）林、光叶高山栎（*Q. pseudosemecarpifolia*）林和灰背栎（*Q. senescens*）林。

硬叶常绿阔叶林对夏季多雨而冬季干冷气候有较强的适应能力，它们的叶片具有最典型的旱生构造，常绿且硬，常具茸毛，并无光泽。有的叶片退化成针刺状，但茎为绿色，可代替叶子进行光合作用。硬叶常绿阔叶植物的叶不与阳光成直角而是成锐角。它的生活类型特殊，不仅有 25～28m 高的大树，也有 7～8m 高的矮林，更有 1.5～

2m 高的灌丛。这些生活类型的变化往往在同一山坡上体现出来，而且没有明确的分界线。

5）季雨林。季雨林主要分布在具有明显周期性干、湿季节变化的热带地区，是介于热带雨林向热带稀疏林过渡的居间类型，也是热带季风气候条件下的一种相对稳定的森林类型。具有明显的季节性变化：旱季，上层乔木多数落叶，林冠稀疏，下层草本枯黄；雨季，林冠浓密，整个季相由黄褐色转为绿色，故有"雨绿林"之称。季雨林的主要组成树种多为桑科、楝科、无患子科、椴树科、紫薇科和大戟科等。

中国季雨林大多数分布在较干旱的丘陵台地、盆地及河谷地区。它们多数属于长期衍生群落性质，如麻楝（*Chukrasia tabularis*）林、毛麻楝（*C. tabularis* var. *velutina*）林、中平树（*Macaranga denticulata*）林、山黄麻（*Trema orientalia*）林、劲直刺桐（*Erythrina stricta*）林、木棉（*Bombax malabaricum*）林、楹树（*Albizzia chinensis*）林、海南榄仁树（*Terminalia hainanensis*）林、厚皮树（*Lannea coromandelica*）林、枫香林、红木荷（*Schima wallichii*）林等最为常见。

6）雨林。雨林是雨量甚多的生物区系。雨林依位置的不同分热带雨林和温带雨林。雨林大多数靠近赤道，在赤道经过的非洲、亚洲和南美洲都有大片的雨林。湿润的气候保证了植物的快速生产。同时，树和植物也为雨林中的成千上万种生物提供了食物和庇护所。雨林的组成种繁多。中国的雨林主要分布在台湾南部、海南、广西十万大山、云南河口及西双版纳、西藏南部等迎风坡面的丘陵低地、山麓或沟谷等水分充足地段。海南岛一带山地以陆均松（*Dacrydium pectinatum*）、柯属（*Lithocarpus*）等为主，云南南部则多为鸡毛松（*Dacrycarpus imbricatus*）、毛荔枝（*Nephelium chryseum*）等，石灰岩季节性雨林主要见于广西南部。

7）红树林。红树林是指生长在热带、亚热带海岸潮间带上部，受周期性潮水浸淹，以红树植物为主体的常绿灌木或乔木组成的潮滩湿地木本生物群落，被誉为"海底森林""水上绿洲"。主要组成树种有红树（*Rhizophora apiculata*）、红海榄（*R. stylosa*）、秋茄树（*Kandelia candel*）等，普遍具有胎生、泌盐、高渗透压及各种地上根系等生理生态适应性。在中国，红树林主要分布在海南岛、广西、广东、福建和台湾。

（三）按树种组成分类

组成林分的树种成分称作树种组成。根据树种组成，将森林分为纯林和混交林。

1. 纯林　　由单个树种所组成的林分。根据单个树种蓄积（或断面积）所占百分比不同，又分为纯林与相对纯林两种。

2. 混交林　　由两个或更多个树种组成的林分。根据我国现阶段的森林资源调查，先将树种分为针叶树种和阔叶树种，然后根据各占比不同，将林分的针、阔叶树种组成分为 7 等级（表 1-1）。凡单个树种蓄积占比在 90%以上的林分为纯林；单个树种蓄积占比在 65%～90%的林分为相对纯林；同一叶形的两个以上树种蓄积之和所占百分比在 65%以上，或不同叶形的两个以上树种蓄积之和所占百分比在 35%～65%的林分，即为混交林。

表 1-1 树种结构划分标准表

树种结构类型	划分标准
类型 1	针叶纯林（单个针叶树种蓄积≥90%）
类型 2	阔叶纯林（单个阔叶树种蓄积≥90%）
类型 3	针叶相对纯林（单个针叶树种蓄积占 65%~90%）
类型 4	阔叶相对纯林（单个阔叶树种蓄积占 65%~90%）
类型 5	针叶混交林（针叶树种总蓄积≥65%）
类型 6	针阔混交林（针叶树种或阔叶树种总蓄积占 35%~65%）
类型 7	阔叶混交林（阔叶树种总蓄积≥65%）

注：本表引自《国家森林资源连续清查技术规定（2003）》

（四）按经营目的分类

林种是根据经营目的及森林主导功能不同，旨在提高森林经营效益而划分的森林类型。因此，林种是经营目的的集中体现，确定森林经营目的为森林可持续经营指明了方向，从而成为森林可持续经营的基础与前提。

在我国，一般采用三级林种分类系统。首先按主导功能将森林（含林地）分为生态公益林和商品林两个类别；然后根据经营目标，将有林地、疏林地、灌木林地分为 5 个林种、23 个亚林种（表 1-2）。

表 1-2 林种分类系统表

森林类别	林种	亚林种
生态公益林	防护林	水源涵养林
		水土保持林
		防风固沙林
		农田牧场防护林
		护岸林
		护路林
		其他防护林
	特种用途林	国防林
		实验林
		母树林
		环境保护林
		风景林
		名胜古迹和革命纪念林
		自然保护林

续表

森林类别	林种	亚林种
商品林	用材林	短轮伐期用材林
		速生丰产用材林
		一般用材林
	薪炭林	薪炭林
	经济林	果树林
		食用原料林
		林化工业原料林
		药用林
		其他经济林

注：本表引自《国家森林资源连续清查技术规定（2003）》

1. 生态公益林　　　生态公益林是指以保护和改善人类生存环境、维持生态平衡、保存物种资源、科学实验、森林旅游、国土保安等需要为主要经营目的的有林地、疏林地、灌木林地和其他林地，包括防护林和特种用途林。

（1）防护林　　　防护林是指以发挥生态防护功能为主要目的的有林地、疏林地和灌木林地，包括水源涵养林、水土保持林、防风固沙林、农田牧场防护林、护岸林、护路林和其他防护林。

1）水源涵养林：以涵养水源、改善水文状况、调节区域水分循环，防止河流、湖泊、水库淤塞，以及保护饮用水水源为主要目的的有林地、疏林地和灌木林地。具有下列条件之一者，可划为水源涵养林：①流程在 500km 以上的江河发源地汇水区，主流与一级、二级支流两岸山地自然地形中的第一层山脊以内；②流程在 500km 以下的河流，但所处地域雨水集中，对下游工农业生产有重要影响，其河流发源地汇水区及主流、一级支流两岸山地自然地形中的第一层山脊以内；③大中型水库与湖泊周围山地自然地形第一层山脊以内或平地 1000m 以内，小型水库与湖泊周围自然地形第一层山脊以内或平地 250m 以内；④雪线以下 500m 和冰川外围 2km 以内；⑤保护城镇饮用水源的有林地、疏林地和灌木林地。

2）水土保持林：以减缓地表径流、减少冲刷、防止水土流失、保持和恢复土地肥力为主要目的的有林地、疏林地和灌木林地。具备下列条件之一者，可划为水土保持林：①东北地区（包括内蒙古东部）斜坡在 25°以上，华北、西南、西北等地区斜坡在 35°以上，华东、中南地区斜坡在 45°以上，森林采伐后会引起严重水土流失的；②土层瘠薄，岩石裸露，采伐后难以更新或生态环境难以恢复的；③土壤侵蚀严重的黄土丘陵区塬面、侵蚀沟、石质山区沟坡、地质结构疏松等易发生泥石流地段的；④主要山脊分水岭两侧各 300m 范围内的有林地、疏林地和灌木林地。

3）防风固沙林：以降低风速、防止或减缓风蚀，固定沙地，以及保护耕地、果园、经济作物、牧场免受风沙侵袭为主要目的的有林地、疏林地和灌木林地。具备下列条件之一者，可以划为防风固沙林：①强度风蚀地区，常见流动、半流动沙地（丘、垄）或风蚀残丘地段的；②与沙地交界 250m 以内和沙漠地区距绿洲 100m 以外的；③海岸基质类型为沙质、泥质地区，顺台风盛行登陆方向离固定海岸线 1000m 范围内，其他方向 200m 范围内的；④珊瑚岛常绿林；⑤其他风沙危害严重地区的有林地、疏林地和灌木林地。

4）农田牧场防护林：以保护农田、牧场减免自然灾害，改善自然环境，保障农牧业生产条件为主要目的的有林地、疏林地和灌木林地。具备下列条件之一者，可以划为农田牧场防护林：①农田、牧场境界外 100m 范围内，与沙质地区接壤 250～500m 范围内的；②为防止、减轻自然灾害，在田间、牧场、阶地、低丘、岗地等处设置的林带、林网、片林。

5）护岸林：以防止河岸、湖岸、海岸冲刷或崩塌，固定河床为主要目的的有林地、疏林地和灌木林地。具备下列条件之一者，可以划为护岸林：①主要河流两岸各 200m 及其主要支流两岸各 50m 范围内的林地、疏林地和灌木林地，包括河床中的雁翅林；②堤岸、干渠两侧各 10m 范围内的林地、疏林地和灌木林地；③红树林或海岸 500m 范围内的有林地、疏林地和灌木林地。

6）护路林：以保护铁路、公路免受风、沙、水、雪侵害为主要目的的有林地、疏林地和灌木林地。具备下列条件之一者，可以划为护路林：①林区、山区国道及干线铁路路基与两侧（设有防火线的在防火线以外，下同）的山坡或平坦地区各 200m 以内的有林地、疏林地和灌木林地，非林区、丘岗、平地和沙区各 50m 以内的有林地、疏林地及灌木林地；②林区、山区、沙区的省、县级道路和支线铁路路基与两侧各 50m 以内，其他地区各 10m 范围内的有林地、疏林地和灌木林地。

7）其他防护林：以防火、防雪、防雾、防烟、护鱼等其他防护作用为主要目的的有林地、疏林地和灌木林地。

（2）**特种用途林**　特种用途林是指以保存物种资源、保护生态环境，用于国防、森林旅游和科学实验等为主要经营目的的有林地、疏林地和灌木林地，包括国防林、实验林、母树林、环境保护林、风景林、名胜古迹和革命纪念林、自然保护林。

1）国防林：以掩护军事设施和用作军事屏障为主要目的的有林地、疏林地和灌木林地。具备下列条件之一者，可以划为国防林：①边境地区的有林地、疏林地和灌木林地，其宽度由各省份按照有关要求划定；②经林业主管部门批准的军事设施周围的有林地、疏林地和灌木林地。

2）实验林：以提供教学或科学实验场所为主要目的的有林地、疏林地和灌木林地，包括科研实验林、教学实习林、科普教育林、定位观测林等。

3）母树林：以培育优良种子为主要目的的有林地、疏林地和灌木林地，包括母树林、种子园、子代测定林、采穗圃、采根圃、树木园、种质资源和基因保存林等。

4）环境保护林：以净化空气、防止污染、降低噪音、改善环境为主要目的，分布在城市及城郊结合部、工矿企业内、居民区与村镇绿化区的有林地、疏林地和灌木林地。

5）风景林：以满足人类生态需求，美化环境为主要目的，分布在风景名胜区、森林公园、度假区、滑雪场、狩猎场、城市公园、乡村公园及游览场所内的有林地、疏林地和灌木林地。

6）名胜古迹和革命纪念林：位于名胜古迹和革命纪念地（包括自然与文化遗产地、历史与革命遗址地）的有林地、疏林地和灌木林地，以及纪念林、文化林、古树名木等。

7）自然保护林：各级自然保护区、自然保护小区内以保护和恢复典型生态系统和珍贵、稀有动植物资源及栖息地或原生地，或者保存和重建自然遗产与自然景观为主要目的的有林地、疏林地和灌木林地。

2. 商品林　商品林是指以生产木材、竹材、薪材、干鲜果品和其他工业原料等为主要经营目的的有林地、疏林地、灌木林地和其他林地，包括用材林、薪炭林和经济林。

（1）用材林　用材林是指以生产木材或竹材为主要目的的有林地和疏林地，包括短轮伐期用材林、速生丰产用材林和一般用材林。

1）短轮伐期用材林：以生产纸浆材及特殊工业用木质原料为主要目的，采取集约经营措施进行定向培育的乔木林地。

2）速生丰产用材林：通过使用良种壮苗和实施集约经营，森林生长指标达到相应树种速生丰产林国家或行业标准的乔木林地。

3）一般用材林：其他以生产木材和竹材为主要目的的有林地和疏林地。

（2）薪炭林　薪炭林是以生产热能燃料为主要经营目的的有林地、疏林地和灌木林地。

（3）经济林　经济林是指以生产油料、干鲜果品、工业原料、药材及其他副特产品为主要经营目的的有林地和灌木林地，是指果树林、食用原料林、林化工业原料林、药用林和其他经济林。

1）果树林：以生产各种干鲜果品为主要目的的有林地和灌木林地。

2）食用原料林：以生产食用油料、饮料、调料、香料等为主要目的的有林地和灌木林地。

3）林化工业原料林：以生产树脂、橡胶、木栓、单宁等非木质林产化工原料为主要目的的有林地和灌木林地。

4）药用林：以生产药材、药用原料为主要目的的有林地和灌木林地。

5）其他经济林：以生产其他副特产品为主要目的的有林地和灌木林地。

（五）按发育演替分类

森林演替是在一定地段上，一个森林群落依次被另一个森林群落所替代的过程，称为森林演替，或森林树种更替。演替是一个非常广泛的概念，它不但包括树种的变化，还有灌木、草本、动物和微生物的变化，以及土壤和周围环境的一系列变化。森林演替是物种组成、群落结构和功能随时间的变化，一般情况下被定义为：自然群落在物种组成方面的连续的、单方向的系列变化。现代森林的形成和发展，经历了一个漫长的演化过程，一般分为3个阶段。

1. 蕨类古裸子植物阶段　在晚古生代的石炭纪和二叠纪，由蕨类植物的乔木、灌木和草本植物组成大面积的滨海和内陆沼泽森林。其中鳞木和封印木高可达20～40m，直径1～3m，是石炭纪重要的造煤植物。热带地区有孑遗的树蕨。

2. 裸子植物阶段　中生代的晚三叠纪、侏罗纪和白垩纪为裸子植物的全盛时期。

苏铁、本内苏铁、银杏和松柏类形成地球陆地上大面积的裸子植物林和针叶林。

3. 被子植物阶段 在中生代的晚白垩纪及新生代的第三纪,被子植物的乔木、灌木、草本相继大量出现,遍及地球陆地,形成各种类型的森林。

(六)按林木组成状态分类

1. 乔林 乔林是由实生起源的林木构成的林分。相比萌生起源的林木,具有自然寿命长、材质优良、干型通直饱满、树冠圆润、生长活力旺盛、抗逆性强的特点。在现实林分中乔林林层结构复杂,从森林演替过程划分,有以先锋树种构成的乔林,也有以基本成林树种构成的乔林。

2. 中林 中林是由实生木与萌生木共同构成的林分,它是天然次生林中最常见、构成比例最大的林分。中林的树种组成、年龄结构、林木起源和林木发育阶段差异性极其显著,导致对其经营管理相对复杂,为使中林林分的经营管理技术更精准,有必要按照树种组成、林木起源和发育阶段、林分整体演替阶段将其进一步划分为基本上中林、基本下中林和一般中林。

3. 矮林 矮林是指萌蘖或萌芽林木构成的林分,它是原有林木被反复砍伐之后自然萌生起来的林分。矮林并不意味着一定很矮,只是起源为萌生的,由于人为和自然原因,乔林在受到损害后,没有及时人工更新,导致大量天然次生林中矮林占的比例很大。矮林的特点是林分质量差,木材产出低,经济效益差,且经营成本高。再加上矮林通过自然演替成为优质森林所需时间相对漫长。因此,矮林急需通过人工经营来提高林分质量。

(七)按龄级分类

1. 同龄林 同龄林指树木年龄相同或大致相同的森林。年龄完全相同的叫"绝对同龄林";年龄相差不超过一个龄级的森林称"相对同龄林"。一个林分,它的全部林木的年龄变化于一个龄级的范围之内,称为同龄林。同龄林具有如下特点。

1)同龄林的林分中年龄比较一致,通常要求不相差一个龄级,这是同龄林最基本的也是最重要的特点。

2)同龄林的生长有一个明显的起点和止点,即林分的蓄积生长是间断性的,以幼林初期蓄积生长为零,然后逐渐增加到成熟林蓄积的数量达最大,最后皆伐,林地上的蓄积又为零,再从头开始,每一个周期有一个间断点。

3)同龄林的经营产生的裸露的伐区,对森林生态系统环境影响较大,特别是在采用面积较大的皆伐作业时。

4)同龄林的经营采用的皆伐作业或在一个龄级期内分2~4次将其砍完的渐伐作业,采伐作业后形成一个明显的伐区,因此同龄林经营措施的方法为伐区作业。

5)同龄林的经营措施对林地上的土壤阳光和大气的利用不充分,在幼林的初期,林木的郁闭度低,环境因子的利用不充分,成过熟林时林木老化,光合作用的能力下降,对环境因子的利用也不充分,仅有中龄林段林地的环境因子得到充分利用。

6)同龄林的经营措施较为简单,它从裸露地的营造、抚育、渐伐直至主伐,每个生产环节十分明显，也便于施工，人类对其研究也较为透彻。

7）同龄林蓄积与年龄成正比。

8）同龄林在正常经营状态下，树木株数按直径分布呈正态的钟形分布。

9）同龄林的更新多采用人工更新，其更换树种容易，能够引进外来的优良树种或优良遗传品质的种源，大幅度提高林木的产量，形成速生丰产林。

10）同龄林由于林分中的年龄一致，在不同年龄时所要求的经营措施也基本一致，因此，一般采用龄级法经营，将经营目的相同的许多小班组成经营类型，在经营类型内按龄级进行设计，并按小班组织施工。

2. 异龄林　　林木年龄相差一个龄级以上的森林，叫作异龄林。异龄林具有如下特点。

1）异龄林最大的特点是年龄不一致，一个经过调整的异龄林林分中每一个年龄阶段的林分都有。

2）异龄林的树种结构一般较为复杂，多为混交林，而且一直在变化。

3）异龄林的林层结构复杂，一般的异龄林至少 3 层，多的分 5～6 层，甚至从上到下是持续的，无明显的分层。

4）异龄林的生长是不间断的，林地上始终保持一定的蓄积量，在Ⅰ、Ⅱ类地上保持的蓄积量达 $200\sim300m^3/hm^2$，因此异龄林的立木资产与林地资产无法明确分割。

5）异龄林的经营应采用择伐作业，即每隔一定时期，采伐掉林分中的部分林木。

6）异龄林的径级结构不稳定。

7）异龄林的林地利用充分，它没有林地暴露的幼林阶段，也没有全部林木老化的过熟阶段，它随时都有对林地环境利用率极高的中壮龄林木。

8）异龄林采伐对生态破坏较小。

9）异龄林一般不存在地力衰退问题，它可多代经营，它的调整一般不考虑面积的调整，一个小班即可作为一个永续利用的单位进行经营，但为了规模生产，也将其经营目的和方式组成经营类型来作业。

10）异龄林通常用于培育大径优质木材，它生产的大径材年龄大、年轮宽度均匀，木材质地好，价格较高。

四、森林的功能

森林是陆地生态系统的主体，也是陆地上面积最大、结构最复杂、生物量最大、初级生产力最高的生态系统。森林功能是系统的属性，是系统运动和变化过程中以物质、能量、信息等形态向系统外的输出，是不以人的意志为转移的客观存在（人们只能通过调整系统的结构来改变系统的功能）。森林的生态功能主要体现在涵养水源、固土保肥、固碳释氧、农田防护、净化大气环境、野生多植物保护、湿地保护与恢复、美学和保健等方面；森林的经济功能是能够提供木材产品和林副产品、提供经济林产品和粮油产品、提供能源等；森林的文化功能是为人类提供发展认知、促进思考、教育娱乐、美学等非物质化的效益。

（一）森林的生态功能

1. 涵养水源　森林是一个巨大的"水库"，在水的自然循环中发挥重要的作用。"青山常在，碧水长流"，树总是同水联系在一起。降水的雨水，一部分被树冠截留，大部分落到树下的枯枝落叶和疏松多孔的林地土壤里被蓄留起来，有的被林中植物根系吸收，有的通过蒸发返回大气。$1hm^2$ 森林一年能蒸发 8000t 水，使林区空气湿润，降水增加，冬暖夏凉，这样它又起到了调节气候的作用。树木的叶子就像一把大伞，可以不让雨水直接冲刷地面；树上的苔藓和树下的枯枝败叶都可以吸收一部分水。我国林业通过退耕还林、天然林资源保护、京津风沙源治理等六大林业重点工程持续开展，极大地增强了工程区森林水源涵养的能力。据我国第九次资源清查结果和森林生态定位监测结果评估，全国森林生态系统每年涵养水源量 6289.5 亿 m^3。

2. 固土保肥　森林地表腐烂的枯枝落叶层经过长期累积在森林地表形成了较厚的腐殖质层，它就像一块巨大的吸收雨水的海绵，具有很强的吸水、延缓径流、削弱洪峰的功能。另外，树冠对雨水有截流作用，能减少雨水对地面的冲击力，森林植被的根系还能紧紧固定土壤，使土地免受雨水冲刷，制止水土流失，防止土地肥力下降。据测定，当降水量为 346mm 时，每亩水土流失量裸地为 450kg，耕地为 238kg，林地为 40kg。20cm 厚的表土层被雨水冲刷干净所需要的时间：林地为 57.7 万年，草坪为 3.2 万年，耕地为 46 年，裸地只要 13~18 年。由此可见，树木对控制土壤侵蚀、防治水土流失有良好的作用。特别是有一定坡度的土地，植树种草对土壤侵蚀的控制效果更加明显。中国是世界上水土流失最严重的国家之一。全国水土流失面积占国土面积的 37.1%。1998 年长江、松花江流域发生特大洪灾后，中国政府把"封山植树，退耕还林"放在灾后重建综合措施的首位，并做出了实施天然林保护和退耕还林工程等重大战略决策，有效减轻了水土流失，改善了生态环境。据我国第九次资源清查结果和森林生态定位监测结果评估，全国森林生态系统每年固土量 87.48 亿 t、年保肥量 4.62 亿 t。

3. 固碳释氧　森林植物通过光合作用吸收二氧化碳，放出氧气，把大气中的二氧化碳吸收和固定在植被和土壤中，这就是森林的"固碳释氧"功能。据研究测定，树木每吸收 44g 的 CO_2，就能排放出 32g O_2；树木的叶子通过光合作用产生 1g 葡萄糖，就能消耗 2500L 空气中所含有的全部 CO_2。照理论计算，森林每生长 $1m^3$ 木材，可吸收大气中的 CO_2 约 850kg。若是树木生长旺季，$1hm^2$ 的阔叶林每天能吸收 1t CO_2，制造生产出 750kg O_2。每一棵树都是一个氧气发生器和二氧化碳吸收器。森林具有巨大的碳储存、碳排放源和碳汇等能力，就全球来说，森林绿地每年为人类处理近千亿吨 CO_2，为空气提供 60% 的净洁氧气，是维持大气组分稳定的重要因素。特别是随着人类对森林在全球碳循环中所起到的作用有着越来越深入的理解，对世界森林的关注现已达到了前所未有的高峰，通过减少毁林和森林退化所引起的碳排放，有可能会缓解气候变化，同时植树造林和可持续森林经营也能够增加碳吸收，因此森林在应对气候变化中具有特殊地位。研究表明，通过植树造林吸收、固定 CO_2，其长期单位成本远远低于通过工业产业升级、利用工业污染治理减排的成本。这也是近些年林业碳汇项目日益受到国际社会普遍重视的一个主要原因。森林是固碳高手，毋庸置疑，森林碳汇生产将成为林业生产的主要产品之一；森林碳汇作为 CO_2 排放空间的具体载体，是一种无形的资源资产；森林碳贸易将是森林生态效益补偿的新途径。我国第九次资源清查结果和森林生态定位监测结果评估，全国森林生态系统年释氧量 10.29 亿 t、年固碳量 4.34t。

4. 农田防护　　农田防护林是防护林体系的主要林种之一，是指将一定宽度、结构、走向、间距的林带栽植在农田田块四周，通过林带对气流、温度、水分、土壤等环境因子的影响，来改善农田小气候，减轻和防御各种农业自然灾害，创造有利于农作物生长发育的环境，以保证农业生产稳产、高产，并能为人民生活提供多种效益的一种人工林。首先，防风效应或风速减弱效应是农田防护林最显著的生态效应之一，人类营造农田防护林最初的目的就是借助林网、林带减弱风力，减少风害。其次，农田防护林还能够减少近地层气温和土壤温度的变化幅度，对水资源状况如蒸发、湿度、水平降水等产生重要影响，调节林网内部的温度、湿度条件，为农作物提供良好的生长环境。最后，农田防护林通过林带中树木的生物排水、抑制蒸发、提高湿度、改良土壤结构、加强淋溶等作用来实现改良盐渍化土壤，主要体现在林带的生物排水作用，防止土壤次生盐渍化、林带减弱土壤蒸发延缓土壤返盐，以及林带促进土壤淋溶过程、加速土壤脱盐等三个方面。此外，林带还能够增加土壤肥力。林中的枯枝落叶及地下微生物的分解作用使其共生培肥，改善土壤结构，促进土壤熟化过程，从而增强土壤自身的增肥功能和农田持续生产力。我国通过建设规模宏大的农田防护林体系工程，逐步探索出了以农田林网为主体，"四旁"（宅旁、村旁、路旁、水旁）植树、农林间作、成片造林相配套，网、带、片、点相结合的农田综合防护林体系建设模式，有效地改善农作物生长条件，提高农作物产量。过去一些风、沙、旱、涝、碱等自然灾害严重的地区，如今绿树成荫、林茂粮丰，极大地改善了工程区生态状况，提高了农业综合生产能力。

5. 净化大气环境　　树木不但能保持空气新鲜，而且能拦截、过滤空气中的飘尘、粉尘、炭粒、尘埃及铅、汞等有毒金属微粒，还能吸收二氧化硫、氟化氢等大量有害物质，从而净化空气，清洁自然。许多林木能够分泌有强大杀菌力的挥发性物质，使林区空气中的含菌量大大减少。据测定，$1hm^2$ 柳杉林每年可吸收大于 720kg 的 SO_2，女贞（*Ligustrum lucidum*）、丁香（*Eugenia caryophyllata*）、梧桐（*Firmiana platanifolia*）、垂柳（*Salix babylonica*）、塔枝圆柏（*Sabina komarovii*）、洋槐（*Robinia pseudoacacia*）等对减轻氟化氢的危害均有良好作用。林木对于大气中的粉尘污染也能起到阻滞过滤的作用。林木枝叶茂盛，能够降低风速，从而使大粒灰尘沉降地面。同时，植物叶子表面粗糙不平，多茸毛，有些植物还能分泌油脂和黏性物质，因而又能吸附滞留在空气中的一部分粉尘。据测定，一棵成年垂柳在生长期内能去除空气中约 38kg 的灰尘，欧洲山杨（*Populus tremula*）约 34kg，桑树（*Morus alba*）约 31kg，白蜡（*Fraxinus chinensis*）约 27kg。$1hm^2$ 云杉林每年可阻挡约 32t 的灰尘，松林约 36t，混交林约 68t。$1m^2$ 的云杉林每天可吸滞粉尘 8.14g，松林为 9.86g，榆树（*Ulmus pumila*）林为 3.39g。一般来说，林区大气中飘尘浓度比非森林地区低 10%～25%。随着工矿企业的迅猛发展和人类生活用矿物燃料的剧增，受污染的空气中混杂着一定含量的有害气体，威胁着人类，其中 SO_2 就是分布广、危害大的有害气体。凡生物都有吸收 SO_2 的本领，但吸收速度和能力是不同的。森林植物叶面积巨大，吸收 SO_2 要比其他物种多得多。据测定，森林中空气的 SO_2 含量要比空旷地少 15%～50%。若是在高温高湿的夏季，随着林木旺盛的生理活动，森林吸收 SO_2 的速度还会加快。相对湿度在 85% 以上，森林吸收 SO_2 的速度是相对湿度 15% 时的 5～10 倍。我国第九次资源清查结果和森林生态定位监测结果评估，全国森林生态系统年吸收大气污染物量为 4000 万 t、年滞尘量为 61.58 亿 t。

6. 野生动植物保护　　野生动物与人类生存密切相关，保护野生动物就是保护人类赖以生存的生态环境，就是保护人类自己。森林野生动物一旦灭绝，就不可复得，人类就失去了一种独特的基因库，并将永远失去利用它的可能性，这对人类将是无法挽回的巨大损失。中国森林的野生动物资源极其丰富，估计有 1800 余种。珍贵的有驯鹿（*Rangifer tarandus*）、雪兔（*Lepus timidus*）、东北虎（*Panthera tigris altaica*）、紫貂（*Martes zibellina*）、白唇鹿（*Cervus albirostris*）、大熊猫（*Ailuropoda melanoleuca*）、金丝猴（*Rhinopithecus roxel*）、野牛（*Bos gaurus*）、长臂猿（*Nomascus concolor*）、亚洲象（*Elephas maximus*）等。森林的鸟类、昆虫、爬行类、两栖类和各种生活于土壤中的低等动物也是丰富多样的。但中国目前约有 400 种野生动物处于濒危或受威胁状态。已经灭绝或在中国境内绝迹的动物有犀牛（*Diceros bicornis*）、藏野驴（*Equus kiang*）、新疆虎（*Panthera tigris virgata*）、白臀叶猴（*Pygathrix nemaeus*）、麋鹿（*Elaphurus davidianus*）等。濒临灭绝的有大熊猫、金丝猴、台湾云豹（*Neofelis nebulosa brachyurus*）、东北虎、雪豹（*Panthera uncia*）、长臂猿、海南坡鹿（*Cervus eldii*）、野骆驼（*Camelus ferus*）、懒猴（*Loris tardigradus*）等。为保护这些珍贵的野生动植物资源，早在 1956 年，中国政府就开始建立自然保护区，目前，我国已建立 2700 多处自然保护区，约 89% 的国家重点保护野生动物物种在自然保护区内得到保护。保存了许多北半球地区濒临灭绝的孑遗物种，如大熊猫、朱鹮（*Nipponia nippon*）、金丝猴、华南虎（*Panthera tigris amoyensis*）。圈养大熊猫种群达到 600 多只，野外种群数量达到 1800 多只。

7. 湿地保护与恢复　　湿地指的是水位经常接近地表或为浅水覆盖的土地，包括天然湿地（沼泽、滩涂、河流、湖泊）和人工湿地（水库、稻田、鱼塘、人工河、人工湖）。湿地具有保持水源、蓄洪防旱、调节气候、净化水质和维护生物多样性等重要生态功能。健康的湿地生态系统不仅为人类提供多种物质产品和文化产品，而且对维护生态安全具有十分重要的作用。自 1900 年以来，世界上超过一半的湿地已经消失，森林也遭到严重破坏，对内陆淡水的数量和质量构成严重威胁。近年来可供给饮用水数量和质量的急剧下降给人类敲响警钟，全世界超过 1/6 的人口无法获得安全饮用水。据估计，到 2025 年，世界上 2/3 的人将生活在缺水地区，约 18 亿人将生活在极端缺水地区。因此，我们迫切需要了解水与湿地和森林之间的联系并正确地管理我们的生态系统。水、湿地和森林是相互依赖的关系。森林和湿地可以捕获和储存水，从而减轻暴雨期间的洪水灾害，并在干旱季节维持水流量的稳定。森林的生存依赖于地下水，在很多情况下还需要从湿地获得水分的补充。森林与湿地生态系统之间有时并没有明确的界限，事实上许多森林是位于湿地的。森林具有不可低估的水文调节效益，有时森林的水文效益甚至超过木材价值、游憩价值和碳储存价值的总和。森林和湿地管理不善将对水质和生物多样性造成不良影响。因此，决策者必须重视生态系统的整体影响，采取正确的生态系统管理模式。

8. 美学和保健　　森林提供的自然环境的娱乐、游憩、美学、精神和文化价值等不仅能优化社会发展环境、改善人居环境，还可提高民众生活情趣和环境意识，丰富科学知识，促进社会就业。对于促进城市的生态文明建设，提高市民的生活质量，提升城市的形象、文化品位和综合竞争力，同样具有不可替代的重要作用。通过建设森林城市和生态宜居城区，不仅完全改变了当地的形象，也极大地提高了当地居民的生活品质。同时，森林在调节人体生理机能、促进人的身心健康方面发挥着重要作用。树木能分泌出杀伤力很强的杀菌素，杀死空气中的病菌和微生物，对人类有一定的保健作用。树木之所以能降低空气中细菌的含量，一方面是由于树木可以减少灰尘，从而减少附着在灰尘上的细菌；另一方面，有些植物本身能分泌一些具有杀菌和抑菌能力的挥发性物质，如臭椿（*Ailanthus altissima*）、樟树（*Cinnamomum camphora*）、柠檬桉（*Eucalyptus citriodora*）、侧柏（*Platycladus orientalis*）、山胡椒（*Lindera glauca*）、柑橘（*Citrus reticulate*）、肉桂（*Cinnamomum cassia*）、百里香（*Thymus mongolicus*）、胡桃属（*Juglans* spp.）等。据分析，柠檬（*Citrus limon*）树叶分泌出的杀菌素可杀死肺炎细菌、痢疾杆菌、结核菌和多种病症的球菌及流感病毒等。森林还能释放出大量的负氧离子，像保健品一样调节人体的生理机能，改善人体呼吸和血液循环，促进人的身心健康。据科学研究，在人的视野中，绿色达到 25% 以上时，能消除眼睛和心理的疲劳，使人的精神和心理压力得到释放，居民每周进入森林绿地休闲的次数越多，其心理压力指数越低。

（二）森林的经济功能

森林的经济功能是森林的三大功能之一，主要体现于发达的林业产业，林业产业为国家建设和人民生活提供了包括木材、竹材、人造板、木浆、林化产品、木本粮油、食用菌、花卉、桑蚕、药材、森林旅游服务等在内的大量物质产品和非物质服务。

1. 提供木材与林副产品　　森林给人类源源不断地提供木材产品和林副产品。木材产品主要包括原木、锯材、纸浆材、人造板材等；林副产品主要包括森林植物的叶、花、果、茎、树皮、树脂、树胶、树液和经济林，以及森林动物与微生物提供的各种产品等。为人类提供这些产品无疑是森林的重要经济功能。到 2019 年，我国森林覆盖率已达到 22.96%，林业产业总产值达到 8.08 万亿元。其中第一产业产值 2.53 万亿元，占总产值的 31.31%。

2. 提供经济林产品和粮油产品　　经济林是以生产果品、食用油料、饮料、调料、工业原料和药材等为主要目的的林木，是森林的一大重要林种，它不仅具有一般森林所具备的涵养水源、保持水土、净化空气等生态效益，而且为人类提供吃穿用各种产品，是一种既具经济效益又具生态效益的林种，是我国林业产业发展的重点内容。我国是经济林王国，资源丰富，发展潜力巨大。经济林是发展山区经济的重要支柱，其面积、产量、产值快速增长，但产品质量有待提高。目前我国经济林面积已占有林地面积的 10.64%。以木本粮油为主的经济林产值占林业产业总产值的 40%，占林业第一产业产值的 55% 以上，已成为林业产业体系建设的重要组成部分，在地区经济尤其是山区经济中占主导地位。据测算，我国可发展木本粮油林的实际土地面积有 $0.3 \times 10^8 hm^2$，把经济林产业做强做大是我国新时期林业产业建设的重要任务，更是新农村建设的重要内容。

3．提供能源　　能源林是以生产生物质能为主要培育目的的林木。以利用林木所含油脂为主，将其转化为生物柴油或其他化工替代产品的能源林称为"油料能源林"；以利用林木木质为主，将其转化为固体、液体、气体燃料或直接发电的能源林称为"木质能源林"。前者包括光皮树（*Swida wilsoniana*）、三年桐（*Vernicia fordii*）、千年桐（*Aleurites montana*）、黄连木（*Pistacia chinensis*）、乌桕（*Sapium sebiferum*）、山苍子（*Litsea cubeba*）；后者包括欧洲山杨（*P. tremula*）、刺槐（*Robinia pseudoacacia*）、桉树（*Eucalyptus globulus*）、相思（*Acacia confusa*）、栎类（*Quercus*）等。

　　人类目前使用的主要能源有石油、天然气和煤炭3种。但其属于不可再生能源，储备量有限，已经很难满足人类日益增长的能源需求，且在燃烧过程中污染严重，因此，尽快改善能源消耗结构，大力发展清洁能源和可再生能源是解决能源短缺问题及环境污染问题的必由之路。水能、风能、海洋能、太阳能和生物质能等是目前世界上开发技术与利用技术都较为成熟的可再生能源。在这些可再生能源中，生物质能是人类赖以生存的可再生能源中当量最大的，仅次于煤、油、天然气，它通过光合作用贮存太阳能，是唯一一种可再生的碳源，其含硫量和灰分都比煤低，而含氢量较高。在生物质能中，我国 $9.6 \times 10^6 km^2$ 广阔土地上的林木生物质能源地位最重要。大力发展林木生物质能是优化我国能源结构及有效补充我国能源不足的关键措施，也是改善空气质量和维持良好生态环境的战略举措，对维护我国能源安全具有十分重要的作用。目前，我国林木生物质能主要有三种利用方式，即生物质固体、液体和气体燃料利用。其产业链末端产品主要有五类：一是将林木含的油脂转化为燃料生物柴油；二是将木质纤维素转化为燃料乙醇；三是将木质加工成固体燃料；四是将木质转化成气体燃料；五是利用木质燃料来发电。

（三）森林的文化功能

1．森林文化的概念　　森林文化是人类与森林在发展过程中形成的相互依存、相互作用、相互融合的物质文化与精神文化的总和。物质文化是形成森林文化的前提和基础，个人和社区在社会环境中共享的与森林有关的活动、实践和实物，如森林公园、草木花卉、园林风景、竹林等，以及以竹、木、藤为材料的各种艺术品、木质建筑等都属于物质文化的范畴。而个人和社区在社会环境中共享的与森林有关的价值观点、知识信仰、审美情感、道德伦理、道德及风俗习惯等意识形态，以及由此产生的制度属于精神层面的森林文化。森林文化起源于西周的竹简文化，以竹文化、藤文化、茶文化等植物文化为基础，延伸到园林花卉文化、森林旅游文化、自然保护区文化、森林制度文化和森林美学、哲学、伦理学、社会学及心理学等若干领域，涵盖人类社会的方方面面。森林文化一直伴随着人类的衣食住行，深刻地影响着人类社会的政治、经济、文化和科技等多个领域。这种以森林生态系统为背景或载体的文化形态，既不与自然对抗，又有着丰富的人文内涵。

2．森林文化价值的层次

（1）满足感官层次需求的价值　　通过人的生理器官来获得森林文化价值的直观感受是森林文化满足感官层次需求的价值。它不需要通过思考，是直接从森林获得的愉悦感。比如森林美的景观给人带来愉悦的心情,森林新鲜的空气给人带来的舒服和放松感。是人对森林环境充满负离子空气的本能反应,是清新自然的森林环境作用于人的感官,继而激发相关激素分泌,产生愉悦情绪和快乐心情。

（2）满足情感层次需求的价值　　森林满足人类情感层次需求的价值建立在森林人格化与人已有的知识和经验的基础上,它将以往与森林有关的知识经验和当下对森林的情绪感受融合,通过带有明显人类文明痕迹的森林物质文化载体,产生与森林的深层次的共鸣和体验精神文化,如黄山迎客松、柳枝镇伏中村的唐槐、孔林等古树名木由于古代诗词影响,游人很容易将脑海中古诗词的记忆与现实古树名木融为一体,产生更深层次的愉悦认知。

（3）满足精神层次需求的价值　　随着人类对森林价值的认知进一步深化,人类开始把森林与人类之间看成是一种相互影响、相互依存的关系,进而把人与森林看成同一个系统,不自觉地对森林产生了深层次情感依赖和精神寄托。自然而然地成为森林文化价值的传播者和爱好者,并积极地参与到感受森林文化价值的活动中去。通过森林文化价值体验和森林文化活动的参与,强化了对森林文化价值的理解和提高了参与森林文化活动的积极性,形成了自我强化和自我实践的良性互动过程。

3. 森林文化价值构成

（1）森林的美学价值　　森林的美学价值源于人对森林的精神需求。一方面,森林以独特生态构成,以形态美、色彩美、声音美等多种形式给人以感官欣赏;另一方面,人通过感官刺激,寓情于景,把人的主观情感移入到客体中,使森林成为富有生命意蕴的美好形象。在这种人与森林的交互作用下,人的情感感受和森林自然景观合二为一,产生一种别样的韵味美和意境美。把人对森林浅层次的感性美上升到更深层次的美学欣赏,从而给人带来高层次的审美体验。

（2）森林的科教价值　　森林的科教价值是指森林在科学实验、教学实习、科普教育和定位观测等方面的价值。森林的乔木层、灌木层、草本层、地被物层和土壤层有丰富的物种及复杂的生态系统,这为林学、生态学、土壤学等众多学科提供了良好的实验基地和科普场所,其研究成果可为生态文明建设与现代化建设提供强有力的技术手段。同时学生通过实习、与自然的亲密接触,满足了学生的好奇心,提高了学生的思维、创造及动手动脑的能力。

（3）森林的历史价值　　森林的历史价值在于森林生态系统所经历水文、气候等环境变化的信息及森林中有大量人类活动的遗迹。通过对森林生态演替变化的历史、古树名木及森林文化遗址的研究,可以有效了解人类过去与森林的相互关系、古树名木承载的历史意义及林木作为历史活动的承载者和见证者的重要历史指示作用。

（4）森林的宗教艺术价值　　森林的宗教艺术价值在于森林以其独特的美学价值和文化价值启迪人的创作灵感和提升人观察事物的洞见力,形成独特的森林文学、宗教等。人类社会的每一步前进和发展都与森林密切相关,森林在人类的艺术发展史上留下了明显印记。而宗教作为人类纯粹的精神世界活动,也与森林息息相关。从原始社会的神树崇拜,到中国传统的社林、社树及各宗教的圣树,以及涉及植树护林的各种教义,都使森林对信徒来说有了非凡的意义。

第二节　森林与人类的关系

人与森林的关系是一个古老又弥久不衰的话题。在面临全球环境问题，特别是全球气候变暖日益加剧，进而引发人类生存危机的今天，这一古老的话题被提到了国际政治高度，成为国际众多公约、组织、政府等共同关注的话题，也成了全人类共同的主题。在人类发展过程中，人类与森林的关系经历了人类依附森林、森林哺育人类—人类侵占和破坏森林—人类恢复森林并与森林和谐共生三个阶段。

一、人类依附森林、森林哺育人类阶段

森林是类人猿进化成人类的基本自然条件。"树叶蔽身、摘果为食、钻木取火、构木为巢"是森林孕育人类文明的生动写照。可见，人类是大自然的产物，更可以说是森林的产物。

人与动物根本的区别在于能否制造工具、进行劳动，人类使用木制工具的时代很可能早于石器时代，因为树枝很容易得到，也更容易被制成工具。只是木制工具易于腐朽，远古的木制工具已无从寻觅。史前人类无论是钩取果实、挖掘块根还是叉取河鱼、猎取野兽，木器都是最方便、最常用的工具和武器。我国古籍中就记载有"断木为杆，掘地为臼"。即使在遥远的石器时代，木材也常常被用到日常生产生活中，形式多样的木石复合工具的出现，极大地推动了社会生产力的发展，比如狩猎用的石标枪和石矛就是将是尖状石头缚在木棍上制成的，还有远古的弓箭也是猎杀动物的木石复合武器。人类历史上最早用于农业生产的工具也是木器制作的，从新石器时代开始，人类开始从游猎时代步入农业生产时代。这个时期的农业俗称"刀耕火种"农业，更严格地讲应该是"锥耕农业"，起初人类是用一根手腕粗的尖木棒、尖竹棒来播撒种子的，并没有对土地进行深耕深翻，只是用木棒、竹棒"锥地成眼"，点穴下种。这种原始的种植方式非常不利于农作物生长，导致农作物产量十分低下。随着人口的增加，为提高农业生产力，人类在此基础上不断改进木制农具，终于发明了木锄、竹锄，相比木棒和竹棒，木锄和竹锄都能对土地进行深耕深翻，原始农业到了从锥耕发展到锄耕的新阶段。

火的使用是人类最终脱离动物界的标志，人类的用火也与森林的赐福有关。人类最初也像其他动物一样，对火唯恐避之不及。在经历过被火惊吓、望火祈祷、见火逃窜及被火灼伤乃至烧死的漫长经历后，人类逐渐认识了火的性能和价值，开始利用火为人类生产生活服务。人类最初利用的火当然是自然火，开始可能出于偶然的机遇，发现被火烧烤过的兽肉更有滋味，还发现火光能给黑夜带来光明，给寒冷带来温暖，于是尝试着利用山林火灾后的余火，想办法保存火种，使自己能够利用自然火。人类最初利用的自然火可能是闪电导致的森林火，相比稍纵即逝的草原火，森林火可以连续烧几天甚至几个月，森林火熄灭后留下的炽热炭火，为人类利用自然火提供了难得的机会，经过森林之火的多次洗礼和启迪，人类逐渐学会了利用自然火为自己服务。随着人类生产实践能力的不断提高和人类智慧的不断发展，由利用自然火、控制自然火到能够人工取火，人

类文明产生了一次伟大的飞跃。当我们在歌颂人类智力的这种飞跃的时候，切不可忘记丰富的森林资源对人类的贡献，它是自然火种得以保存的基础。

二、人类侵占和破坏森林阶段

人类的生产方式由狩猎逐步发展到驯养，由采集逐步发展到种植，改变了人类与森林的关系。从极其粗放的锥耕活动，到逐渐出现"锥耕火种"农事活动，人类为了增加种植农作物需要的农地，开始有意识地清除森林，但运用木刀和石斧清除森林效率太低下，几乎无法实现。用火烧森林自然而然成了人类对付森林的最佳手段。但森林被大面积烧光后，土地植被遭到破坏，由此引发的洪水、泥石流开始泛滥，人类赖以生存的土地、村庄和财产一次又一次被洪水、泥石流吞没，即农业耕种的基础被一次又一次摧毁。这就是火的使用和农耕生产带给人类最大的生态危机。在人类社会发明造火之前，人类社会的经济发展与森林环境呈正相关，一方面，森林孕育着人类的生存并不断发展，另一方面，人类的生产生活活动也很难对森林及其环境造成大的破坏。但当人类社会掌握了造火技术之后，为了猎取更多的猎物和食物及农作物田地，开始用火攻森林，导致人类社会和森林之间矛盾初现。但由于当时人类社会的生产力水平低下，并没有也不可能从根本上破坏森林生态系统，人类与森林的关系基本是和谐的，自然界处于支配人类的地位，而人类是从属自然界的。

但当铁器出现以后，人类使用的铁器农具铁耕犁、铁锄头、铁砍刀显著地增强了人类发展农耕的能力和毁林造田的能力。生产力的进步给森林造成了两方面的影响，一方面不断增加的人口需要砍伐森林变为农田，导致森林面积减少，并引发了意想不到的自然灾害；另一方面，铁质农具的广泛使用，逐渐替代了"火种"方式，使得通过火烧毁林造田的行为慢慢消失，这在一定程度上保护了森林，减少了对森林漫无目的的破坏，这也说明生产力的进步对协调人与自然的矛盾有积极的作用，显示了技术进步对协调人与自然界矛盾的积极作用。

工业革命的出现，推动了人类社会的飞速发展。这个时期生产力的突飞猛进，致使人类创造的物质财富超过以往任何一个时期，甚至比以往所有时期的总和还要多。但这种高度依赖于科学技术和化石燃料作为动力的生产方式虽然满足了人类对物质的极大需求，扩展了人类的生活空间，改变了人们的日常生活方式，而且也极大地提高了人类认识自然和改造自然的能力，但其发展也是以破坏森林资源作为代价的。可以这样认为，早期人类社会的"刀耕火种"的生活方式是类人猿进化到人类最重要的标志，而工业文明时期有意识、有目的、有计划、大面积的开发利用森林是人类社会从不发达社会进入发达社会的前奏。人类步入资本主义社会后，大机器代替了手工生产，快速发展的工业需要大量的木材，造房、开矿、修路、架桥和造纸都需要木材，轻工业发展也需要林副产品松脂、烤胶、虫蜡、香料等作为原料。通过开发利用森林来发展森工企业成为这个时期森林利用的主要方式，这种森林利用方式虽然为成百上千人提供了就业机会，但造成了森林面积的快速下降。英国到 20 世纪初的时候森林覆盖率已下降到 5%左右。法国 19 世纪中叶的森林覆盖率也由最初的 60%～70%，下降到 13%左右。苏联也把森林作为赚取外汇和工业原材料及燃料的重要源泉，据统计，1922～1927 年，苏联木材出口额占其出口总额的比例高达 68%～87%。

综上所述，农耕时期森林与农业在空间上是相互对立的，但人少林多，森林与人类的关系虽有矛盾，总体上还是和谐的。而工业文明则要求森林为工业发展提供大量的木材和林副产品，这从本质讲要求严格保护现有林地，并不断开垦建设新的林地。从一定程度上要求人们不断创新森林木材永续经营理论和模式，这导致欧洲 18 世纪以来关于森林永续利用理论及模式的探讨和争论，这对保护森林具有一定的积极作用。但是，由于工业文明片面地追求木材生产，而忽视了森林的生态和社会功能，大面积的纯林栽植虽然满足了木材需要，但却引发了森林病虫害和火灾频发，原始森林被大面积砍伐导致山洪、干旱和泥石流等极端天气频频出现，致使自然环境日益恶化，以致出现了如温室效应等全球性环境危机。在此背景下，绿色、低碳、可持续发展观得到人们的认可和推崇，生态文明代替工业文明成为人类文明发展的必然趋势。

三、人类恢复森林并与森林和谐共生阶段

随着社会经济的迅猛发展，以及工业化、城市化、现代化、全球化趋势的加剧，人类进一步加深了对森林的认识与理解。人们更加清醒地认识到森林不仅是物质产品的提供者，也是生态环境的维护者；森林可持续发展不仅是社会、经济可持续发展的基础与前提，也是生态可持续发展的关键。人与森林要和谐相处、共同发展，就要把人看作自然的一分子，以一种敬畏、尊重、崇拜的心境善待森林，将森林资源经营好，做到永续利用，可持续发展。

主要参考文献

陈灵芝. 2014. 中国植物区系与植被地理. 北京：科学出版社

崔海兴，吴栋，霍鹏. 2017. 森林与人类文明发展的关系分析. 林业经济，(9)：16-20，25

顾国斌，林青霞. 2015. 森林见证了人类文明的发展. 现代园艺，(2)：93-94

国家市场监督管理总局，国家标准化管理委员会. 2020. 森林资源连续清查技术规程. 北京：中国标准
　出版社

江泽慧. 2007. 中国森林资源与可持续发展. 北京：科学出版社

蒋有绪，郭泉水，马娟. 2018. 中国森林群落分类及其群落学特征. 2 版. 北京：科学出版社

亢新刚. 2001. 森林资源经营管理. 北京：中国林业出版社

李际平. 2012. 森林资源与林业可持续发展. 北京：中国林业出版社

李俊清. 2006. 森林生态学. 北京：科学出版社

孟宪宇. 2006. 测树学. 3 版. 北京：中国林业出版社

沈国舫. 2000. 中国森林资源与可持续发展. 南宁：广西科学技术出版社

宋军卫. 2019. 浅议森林文化价值的概念及构成. 山西农经，(24)：95-96

邬可义，陈绍志，徐成立，等. 2015. 以目标树为构架的人工林全林经营与天然次生林的转化研
　究——河北木兰林管局森林经营新探索. 林业经济，(1)：56-61

西北林学院. 1983. 简明林业词典. 北京：科学出版社

徐志，孙松平，王亚磊. 2014. 我国能源林及木质能源利用状况. 绿色科技，(2)：286-288

曾庆波，李意德，陈步峰，等. 1997. 热带森林生态系统管理. 北京：中国林业出版社

张嘉宾. 1986. 森林生态经济学. 昆明：云南人民出版社

赵宪文. 2002. 什么是森林. 林业资源管理，（5）：61-64

周雪姣，李慧，苏孝同，等. 2017. 中国森林文化研究现状及展望. 林业经济，（9）：8-15

Barnes B, Zak D R, Denton S R,et al. 1998. Forest Ecology. New York: John Wiley & Sons, Inc.

第二章　森林可持续经营概述

第一节　森林经营的发展史

在人类社会形成的初期，人类作为森林生态系统的一个组成部分而存在，离开森林人类会因失去栖息地且无法获取食物而不能生存，在这个阶段森林主宰着人类的生存和发展。但随着农业的自发展，特别是刀耕火种技术在农业的日益广泛应用，为大面积毁林开荒提供了技术前提，导致为扩大耕地面积而不断砍伐焚烧森林，森林不再被视为人类栖息地和食物的来源，相反却被视为无用的"荒地"。但在漫长的农业文明时期，整个人类社会的人口数量和农业生产力水平都处在相对较低的水平，人类社会开发利用森林资源的主要目的是为农业和畜牧业提供燃料和饲料，这个时期虽对森林资源造成破坏，但总体上是局部的、暂时的和有限的，森林在一地砍伐常常还可以在另一地找到，大多数人认为森林是"取之不尽，用之不竭"的资源，随意地砍伐利用森林资源的情况经常发生，导致许多哺育人类光辉历史文明的沃野变成荒芜不毛之地。这些都是由于人类缺乏对森林的正确认识，过度利用森林而产生的必然结果。

当人类历史的车轮进入近代资本主义工业阶段后，森林遭受到毁灭性的破坏，人口激增和资本主义工业的迅猛发展需要大量的木材，大量的原始森林遭到掠夺式采伐，可采森林资源越来越少，人类开始寻求永续经营森林。与此同时，森林经营理论也一直在不断地发展和完善，相继提出了木材森林永续利用理论、木材培育论、森林多功能理论、林业分工理论、新林业理论、近自然林业理论和森林可持续经营理论。

一、木材森林永续利用理论

木材森林永续利用理论起源于 17 世纪中叶，其出现为近现代森林经理学科的兴起与发展拉开了序幕。木材森林永续利用理论最早诞生于德国，1826 年，德国林学家洪德斯哈根在总结前人研究的基础上，首次提出了"法正林"理论，它要求在一个作业级内，每一林分都是具有法正的龄级分配、法正的林分排列、法正的生长量和法正的蓄积量的标准林分。即不同年龄的林分都有，而且面积相等；林分的采伐方向必须与风向相反，以有利于天然下种；每个林分的木材生长量都为最高；不同林分的蓄积量之和也为最高。"法正林"理论的提出标志着木材森林永续利用理论的形成。此后"法正林"理论成为当时各国传统林业的理论基础。"法正林"是森林实现木材永续利用的一种理想状态。但现实林往往是各式各样的，尽管如此，"法正林"学说对森林永续利用是有价值的。年采伐量等于年生长量就能实现木材森林永续利用这个目标，对世界各国都有现实意义。

木材森林永续利用理论要求在一定经营范围内能不间断地生产经济建设和人民生活所需的木材与林副产品，持续地发挥森林的生态效益、经济效益和社会效益，并在提高森林生产力的基础上，扩大森林的利用量。木材森林永续利用理论的出现使森林经营走出了盲目开发森林资源的误区，主张追求最高木材产量的持续性和稳定性。它的最大贡献就是认识到森林资源并非取之不尽、用之不竭，只有在培育的基础上进行适度开发利用，才能使森林持久地为人类的发展服务。但木材森林永续利用理论主要考虑到的是森林蓄积的永续利用，以木材经营为中心，忽视了森林的其他功能、森林的稳定性和真正的可持续经营。

二、木材培育论

工业革命后，经济社会的发展需要大量的木材，仅仅靠原始森林已不能完全满足需要。在这种背景下，德国林学家哈尔蒂希提出了"木材培育论"，其中心思想是追求纯经济利益，实行以获得木材为目的的森林永续经营。他主张营造大量的针叶人工纯林来满足社会经济发展对木材生产的需要，鼓励选择速生丰产树种，在最短的经营周期就能获得大量木材产出。哈尔蒂希提倡的人工同龄纯林造林方法很快从德国发展到欧洲乃至世界。但后来的林业发展实践证明"木材培育论"主张营造速生人工林只追求经济目标，违反了森林生长的自然规律，造成森林灾害频发，而被后人否定。法国林学家马丁提出在面积不大，但立地条件优越、交通方便的林地，可营造速生丰产林，追求木材高产、高效和高利润，而让立地条件和交通运输条件较差的森林充分发挥其生态效益和社会效益。该理论对哈尔蒂希早期提出的"木材培育论"经营思想的转变起到了很大的作用，主张经营方式逐渐向木材培育、公益森林和多功能森林这三大领域演变。但"木材培育论"认识到人工林具有目的性强、生长迅速、单位面积产出量大等优点，因此，把满足人类不断增长的木材需求寄托在发展人工林上。这对于森林资源匮乏的无林区或少林区来讲，如果满足森林生长的条件，人工木材培育不失为一条缓解木材供求矛盾的有效途径。

三、森林多功能理论

1867年，德国林学家哈根提出了著名的"森林多效益永续经营理论"，他认为森林经营应持久均衡地生产木材和林副产品，以及持久地发挥森林的生态效益和社会效益。1898年德国林学家盖耶尔提出了"恒续林"经营思想，该思想认为森林是生物与土壤、气候的集合，森林是个复杂的有机体，森林必须以恒续作为指导原则。1905年恩德雷斯提出了森林多效益问题的"森林的福利效应"，即森林对维持大气平衡、涵养水源、水土保持和减少自然灾害的影响，以及在保健、美学和伦理方面对人类身体和心理健康影响方面的福利效益，这对森林多效益永续经营理论的实行又推进了一步，这些理论对当时世界各国森林经营指导思想产生了深远的影响。但在实践中，各国仍以追求林业经济效益的最大化为森林经营的目的，把林业当作赚取利润的产业看，很少兼顾生态效益和社会效益，造成了大面积森林的毁害，导致国家必须出台政策扶持林业。于是，1953年德国林业政策学家第坦利希提出了"林业政策效益理论"，他认为政府必须用财政或优惠政策扶持林业，充分发挥林业的木材生产和社会效益服务功能，以利于国家整个国民经济的发展和社会福利的改善。同时他提出森林与人类的关系复杂，森林对人类的价值不仅仅是经济效益，更有伦理、宗教、精神、美学、保健和心理等方面的价值。森林多功能理论是人类全面认识森林的产物，是从木材均衡收获的永续利用向多种资源、多种效益永续利用的转变。森林多功能理论强调林业经营经济效益、生态效益和社会效益的一体化经营，强调木材生产功能、生态服务和文化服务功能整体上最大化。森林多功能理论最突出的贡献就是承认木材的生态价值和社会价值不低于木材产品的经济价值，而且随着社会对生态和文化服务需求越来越多，森林的生态文化功能对于人类的价值会日益上升并最终占主导地位。因此，必须通过多功能经营形成理想的森林资源结构和林业产业结构，以最大限度地利用森林的多功能造福于人类。

四、林业分工理论

20 世纪 70 年代，美国林业学家开始研究林业分工理论。提出了森林多效益主导利用的分类经营思想，即按森林主导功能的不同，将森林分为以发挥经济效益为主导功能的商品林、以发挥生态效益为主导功能的公益林和发挥多功能效益的多功能林。他们首先分析了森林的林学特征与森林经营利用的关系，全面评估了森林不同利用条件下的经济、生态和社会效益的潜力，提出了一个《全国林地多向利用方案》，为创立林业分工理论奠定了基础。他们主张在国土中划出少量立地条件优良、林业发展基础好的区域发展工业人工林，主要负责提供全国经济社会发展所需的大部分木材和林副产品，称为商品林；在生态区位条件重要的区域划出公益林地段，包括水源涵养林、防风固沙林、农田防护林、城市美化环境林、风景林、自然保护区和水土保持林等，用以改善国家的生态环境；剩下的森林划为多功能林。林业分工理论通过专业化分工途径，分类经营森林资源，使一部分森林与加工业有机结合，形成现代化林业产业体系，而另一部分森林主要用于保护生态环境，形成林业生态体系，同时建立与之相适应的经济管理体制和经营机制。林业分工理论体现了森林多功能主导利用的经营指导思想，使林地资源处于合理配置的状态，发挥最符合人类需求的功效，达到整体效益最优。现有的中国森林分类经营将森林分为公益林和商品林，公益林实行严格保护，商品林则由林业经营者依法自主经营，两类森林各自发挥其主导功能。而在森林生态效益补偿方面，《中华人民共和国森林法》明确了公益林补偿制度、重点生态功能区转移支付制度、对森林生态保护地区的生态效益补偿等内容。

五、新林业理论

随着环境日益恶化，人们改变了对森林的认识，认为林业分工理论实质是把森林利用与森林保护对立起来，这种非黑即白、进行分而治之的林业发展思想，不仅没实现森林多效益主导利用的目标，而且没满足全社会对多功能林业的要求，这是因为林业分类经营后，经营商品林时，为了经济效益的最大化，而忽视了森林的生态和社会效益；经营公益林时，为了生态效益的最大限度发挥，不采取任何经营措施而导致森林资源不能及时利用，经济效益几乎为零，从而无法实现森林多效益的同时发挥和综合功能的最大化。在这种背景下，新林业理论应运而生。新林业理论突出了生态优先的森林经营理念。它强调经济效益、生态效益、社会效益、文化效益的综合发挥，强调在维持森林主导功能的前提下兼顾林业多功能和综合效益的最大化，主张维持合理的林分形态和景观结构。新林业理论是以森林生态学和景观生态学的原理为基础，并吸收森林永续经营理论中的合理部分，以实现森林的经济效益、生态效益、文化效益和社会效益的相互统一，建成不但能永续均衡地生产木材和林副产品，而且也能永续发挥改善生态环境、保护生物多样性、维持大气平衡、美化城市环境等多种效益的林业。它的最大特点是商品林也要强调保持和改善林分质量与景观结构的多样性，维持森林的复杂性、整体性和健康状态，公益林也要通过抚育间伐、林下养殖、森林旅游等经营措施兼顾提供木材和林副产品的生态、文化功能。其是一种崭新的森林经营理念，它避免了传统纯粹森林利用和纯粹森林保护之间的矛盾，是一条发展多功能林业的正确道路。适用于人们对生活环境质量要求较高、森林资源十分丰富、经济比较发达、能够支撑较高的经营成本的林业发达国家。

六、近自然林业理论

近自然林业理论是在对木材培育论进行反思的基础上提出的，它创立于 19 世纪末。近自然林业理论认为人力的过度干预虽然可以提高木材产量，但对生态环境带来的潜在的负面影响可能需要更长的时间和代价去消除。因此，森林经营应回归自然，应尊重自然规律，应利用自然的全部生产力，即自然能够完成的事情全部交给自然来完成，自然不能够完成的事情，可以借助人力来完成，以克服人为干预措施与森林生态本身发展的矛盾。在具体经营过程中反对营造人工同龄纯林，主张利用天然更新经营混交林，更新应选择地区群落的主要乡土树种，反对皆伐，主张渐伐（预备、下种、受光和后伐）和单株择伐。它不是要求将森林经营成天然林，而是尽可能使林分的幼林更新营造、中近林生长抚育和成熟林采伐的方式接近潜在的天然森林植被的自然发生方式，使其维持森林群落的林木、动植物、微生物等一切地表生物有机体与非生物环境的动态平衡，并在人工促进天然更新下实现林地始终被森林所覆盖，使森林尽量接近自然状态。近自然林业理论就是要充分发挥森林的自我恢复和自我调控功能，使森林的三大功能总是处于最佳状态，近自然林业的兴起不仅是人类林业理论、林业活动实践与科学技术的进步，更体现着林业哲学思想的进步。

七、森林可持续经营理论

当人类社会进入 20 世纪后，全球的森林资源及其依存的生存环境遭到日益破坏，森林的物种多样性、生态系统多样性及景观多样性迅速减少，森林的健康和活力遭受到进一步破坏，世界各国都认识到应尽快制定严格的森林保护政策和科学的森林经营策略来制止森林的进一步退化和乱砍滥伐，以增加森林的经济、生态和社会效益，并维持和提高林地肥力和生产率。鼓励森林的可持续发展，应把林业的经济、生态和社会三大功能，当代人的利益，后代人的利益及人类与森林的和谐共处全部纳入研究范围。并强调指出森林可持续发展是国家经济社会可持续发展的基础和重要组成部分，是国家生态文明建设的核心内容，是支持工农业发展和维持国家生态安全必不可少的资源。森林可持续经营应采用可持续方式经营和管理林地及林木资源，以满足人类当代和子孙后代在社会、经济、文化和精神方面的需要。现在，世界各国的林学家都在从不同角度研究森林可持续经营理论。虽不完善，但理论雏形已经逐步形成。尽管学者对森林可持续经营理论的内涵和定义还存在争议，但对其内涵的认识基本达成了共识。森林可持续经营理论主要是指森林生态系统的林地生产力、林木物种、遗传、生态系统和景观多样性及再生能力的可持续发展，以保证人类和地球有丰富的森林资源与健康的生态环境，满足当代和子孙后代的需要。目前，世界许多国家都在按照森林可持续经营理论来研究和制定各国的"21世纪议程林业行动"计划。各国本着既从本国森林资源的实际出发，又与国际森林可持续经营研究接轨的原则，分别研究各自国家森林可持续经营的标准和指标体系。从总的发展趋势看，森林可持续经营理论已是世界各国制定21世纪林业发展战略的理论基础和基本原则。

第二节　森林可持续经营概念、内涵和特点

一、森林可持续经营的概念

森林问题与水土流失、土地荒漠化、土地石漠化、土地沙化、生物多样性减少、农村贫困等生态环境与社会经济问题密切相关。1992年联合国环境与发展大会《关于森林问题的原则声明》指出，森林资源和林地应以一种可持续的方式管理，以满足当代人和子孙后代在社会、经济、生态、文化和精神方面的需要，包括森林产品和服务功能。强调各国森林经营管理要重视森林健康与恢复、人工林集约经营、森林多功能利用等新的森林经营理念、模式和技术，并以森林可持续经营标准与指标为基础，制定森林可持续经营指南、技术标准和手册，以及通过森林可持续经营理念的传播和实践活动，寻求森林生态、经济和社会效益的平衡点，以长期维持森林生产力，实现森林可持续经营目标。

目前，随着森林问题的进一步突出，全球对森林问题的关注达到了空前的水平。国际上不少机构和学者纷纷指出森林可持续经营的重要性，提出要逐步开展森林的可持续经营，实现人与森林的和谐共存。国内外对森林可持续经营给出了多种解释。

（一）联合国粮食及农业组织

森林可持续经营是一种包括行政、经济、法律、社会、技术及科技等手段的行为，涉及天然林和人工林。它是有计划的各种人为干预措施，目的是保护和维持森林生态系统的各种功能。与此同时，通过发展具有社会、环境和经济价值的物种来长期满足人类日益增长的物质和环境的需要。从技术上讲，森林可持续经营是各种森林经营方案的编制和实施，从而调控森林目的产品的收获和永续利用，并且维持和提高森林的各种环境功能。

（二）赫尔辛基进程

赫尔辛基进程指以一定的方式和速率管理并利用森林和林地，保护森林的生物多样性、维持森林的生产力、保持其更新能力、维持森林生态系统的健康和活力，确保在当地、国家和全球尺度上满足人类当代和未来对森林的生态、经济和社会功能需要的潜力，并且不对森林生态系统造成任何损害。

（三）国际热带木材组织进程

国际热带木材组织进程指经营永久性林地以达到一个或多个明确定义的管理目标，连续生产所需要的林产品和服务，不降低其内部价值和森林的未来生产力，并且没有对物理和社会环境产生不良影响。

（四）1992年联合国环境与发展大会通过的《关于森林问题的原则声明》

对森林、林地进行经营和利用时，以某种方式，一定的速度，在现在和将来保持生物多样性、生产力、更新能力、活力，实现自我恢复能力，在地区、国家和全球水平上保持森林的生态、经济和社会功能，同时又不损害其他生态系统。

综上所述，森林可持续经营是通过现实和潜在森林生态系统的科学管理、合理经营，维持森林生态系统的健康和活力，维护生物多样性及其生态过程，以此来满足社会经济发展过程中，对森林产品及其环境服务功能的需求，保障和促进人口、资源、环境与社会、经济的持续协调发展。

二、森林可持续经营的内涵

森林可持续经营的内涵涉及森林生态、林业经济发展和森林资源目标三个方面的可持续性。生态可持续性是森林生态系统要保持良性循环，森林经营利用既不能超过林地资源承载能力，森林资源又要满足人类经济社会发展对环境资源的需求。林业经济发展可持续性是指森林资源得到优化配置，内部林业经济呈良性循环和预后效益良好。森林资源目标的可持续性是指森林经营能使森林资源具有持续稳定的生产能力和再生产能力，能持续稳定地供给人类社会发展所需求的环境资源、产品资源，产生最佳的生态、经济、社会效益。要实现森林生态、林业经济发展和森林资源的可持续性，必须明确森林经营的长期目标是森林生态系统生产能力和再生产能力自我维持的可持续性和森林资源满足人类利益的可持续性。短期目标是在长期目标的指导下，能够持续地产出森林资源产品和环境资源产品，并通过定期检查和调整，保证森林的经营过程不打折扣地实现目标，使得被经营的森林资源整体上处在持续稳定的条件下，森林资源没有发生退化和逆向演替。由此可见，森林可持续经营的宗旨是在保持森林生态系统结构完整、功能稳定和持续再生的前提下，不断发挥森林资源的社会、经济和生态功能，实现森林资源三大效益的整体优化。

三、森林可持续经营的特点

（一）森林可持续经营强调整体性

从森林可持续经营的概念看，森林可持续经营必须是把自然、社会、经济看成一个复合系统来组织经营管理森林资源。这就决定了在森林经营决策过程中，必须根据自然、社会、经济构成的复合系统的广泛联系来做整体考虑，实施经营决策过程必须具有整体性。要求森林资源空间分布与时间过程的统一，森林资源经济效益、生态效益和社会效益的统一，森林资源结构合理与功能优化的统一，森林资源满足当代利益和后代利益的统一。

（二）森林可持续经营需要法律政策的支持

完备的法律法规、具体可行的政策举措是实现森林可持续经营的关键要素。为保证森林资源的多功能发挥，实现森林可持续经营，需要通过具体的法律法规对森林经营者及利益相关者的行为进行约束，对林地用途、森林采伐等进行监督。森林可持续经营政策不仅考虑到森林保护问题，还考虑到森林经营者的利益诉求。其政策目标应该多元化，真正实现森林生态效益、社会效益、经济效益三者融为一体。单一的政策手段很难实现森林可持续经营，需要多个政策手段综合运用，如分类经营政策和森林生态效益补偿政策相结合，森林更新抚育资金补贴与木材林产品交易税收优惠相结合，造林贷款基金与森林火灾、虫灾及自然灾害保险相结合，森林法制、科普宣传教育与森林乱砍滥伐严厉处罚制度相结合，进而共同发挥作用。

（三）森林可持续经营存在地域差异性

地域本身有自己独特的自然条件，在气候、海拔、水文、土壤和植被方面总是存在显著差异，因此，在地球表面无法找到自然条件完全相同的地域，在此基础上所孕育的森林资源的分布、类型、结构、功能、质量必然存在着差异，再加上不同地域上的社会经济条件，如经济发展水平、人口数量、农村人口 GDP、林业的基础条件与林业发展的潜力、社会经济发展对林业的主导需求等不同，决定了社会经济发展状况和发展水平在地域上也是不均衡的，因此森林可持续经营采取的经营方式、经营措施及取得的经营效果必然都存在地域差异，这就是森林可持续经营的地域差异性。因此，在经营上必须分区管理和指导，以区域生态需求、限制性自然条件和社会经济条件对林业发展的根本需求为依据，明确不同区域的林业发展主体、发展对象及区域内林业主导功能的发展类型。

（四）森林可持续经营目标存在层次性

森林可持续经营必须以满足人类社会经济发展和维持地球生态安全的需求为目标，但随着人类社会的进步和经济发展水平的提高，人类对森林需求内容和层次也将不断丰富和提升，因此森林可持续经营目标是一个由低层次向高层次不断提升的过程。从发展过程来看，森林可持续经营目标发端于木材永续利用，其间经历了追求几种主导产品产出的森林多效益经营目标，再发展到目前追求多种资源产品和环境服务功能多位一体产出的经营目标。

第三节　森林可持续经营目标、原则

一、森林可持续经营目标

尽管森林可持续经营已经成为引领全球范围内林业发展方向和各国政府制定森林

政策的重要原则。但森林可持续经营目标还处在不断的认识深化中，这是由于森林可持续经营的目标不仅取决于人类对森林功能、作用的认识，还要受到特定社会经济发展水平、森林价值观的影响。从森林与人类相互影响、相互依赖的关系看，目前，森林可持续经营总体目标比较一致的观点是通过对现实和潜在森林生态系统的科学管理、合理经营，维持森林生态系统的健康和活力，维护生物多样性及其生态过程，以此来满足社会经济发展过程中对森林产品及其环境服务功能的需求，保障和促进社会、经济、资源、环境的持续协调发展。总体目标具有高度综合性。如果不进一步分解，将目标具体化，执行起来是缺乏可操作性的。森林可持续经营目标，按照森林的主导功能和作用可分为社会目标、经济目标、环境目标和森林目标 4 个方面。

（一）社会目标

自从有了人类社会，森林就持续不断地为人类提供与衣食住行密切相关的木材和林副产品，同时，森林还为人类提供社会服务产品和精神产品。满足人类生存发展过程中对社会服务产品的需求和精神产品的需求是森林可持续发展的社会目标。社会服务产品包括提供就业机会、增加收入、消除贫困等；精神产品包括森林文化与森林美学、陶冶情操、教育、学术研究、宗教信仰、旅游观光等。

（二）经济目标

森林可持续经营的经济目标首先是获得多种林产品木材和林副产品，带动林产工业、林业领域第二产业的发展，为国家或区域社会发展、经济增长和经济发展做出贡献。在一些非发达及森林覆盖率高的国家和地区，森林可持续经营的主要目的就是满足国家对木材和林副产品的需要，并为其他产业的发展提供资金支持，因此，林业是国家产业的重要组成部分。其次是森林可持续经营为森林经营主体，如林业局、林场、森林公园、自然保护区及国家森林资源管理部门创造收益和利润。森林可持续经营如果不能为森林经营者和管理者创造收入和利润，不能为林区的林农增加收入，森林可持续经营就失去了可持续发展的经济基础。因此，在维持森林生态系统结构和功能稳定的基础上，适当地追求经济目标的最大化和应得收益，是推进森林可持续经营的动力源泉。忽视经济利益，森林可持续经营就会变成无源之水。超越生态环境的承载力，只追求自身的经济目标而忽视环境保护，则会丧失森林可持续经营的基础。再次是促进和保障与森林生态系统密切相关的水利、旅游、渔业、运输、畜牧业等一大批产业的发展，提高相关产业经济效益。最后是增强国家、区域（流域）等不同尺度空间防灾减灾的实际效果。

（三）环境目标

森林可持续经营的环境目标是指森林为人类社会的生存和发展提供适宜的生态环境、良好的生态景观及环境服务。森林环境目标取决于人类对森林价值和森林环境功能的认识，包括涵养水源、水土保持、防风固沙、农田防护、固碳制氧、维持大气平衡、美化环境、美学保健、野生动物保护、湿地保护、生物多样性保护、降低噪音、净化空气、流域治理、荒漠化和石漠化治理等。

（四）森林目标

维持森林生态系统的健康与活力是森林可持续经营社会、经济、环境目标得以实现的基础和前提。森林目标主要体现在森林的分布、类型、数量、质量等许多方面，反映了人类最终将森林经营成什么样的意愿和目的。因此，森林目标不仅仅是森林经营理念的具体体现，也是人类经营森林的生物、经济和社会的综合价值的反映。它不仅受特定区域社会经济发展水平的制约，同时也受制于特定区域的自然生态环境条件。因此，对森林目标的具体界定，应根据森林经营的社会经济、自然环境的综合背景来考虑，以满足社会经济发展过程中对森林的多种产品及其环境服务功能的需求。森林目标具体反映在森林资源范围、森林生物多样性、森林的健康与活力、森林的保护功能、森林生产功能等方面。

由于森林具有复杂、动态的系统特征，森林可持续经营的发展历程是建立在对森林生态系统功能、作用的认识，以及社会对林产品及其环境服务功能需求变化基础之上的。因此，森林可持续经营的目标应当具有可操作性，有利于引导森林经营实践。但由于不同的利益相关者对森林的经济、生态、环境、文化、社会服务功能的需求存在显著差异性，在森林经营管理资源的过程中，制定的森林经营目标往往存在差异。产生这种差异的原因是不同的利益相关者在不同空间和时间尺度上都有不同的利益诉求，其本质是个人利益与公共利益、局部利益与全局利益、眼前利益与长远利益之间的矛盾。要解决利益相关者之间的矛盾和冲突，必须建立适当的调控机制，通常对于国与国之间的利益矛盾，应当在全球统一框架下寻求解决的途径。对于国家内部的矛盾，政府应当充当主要调控者的角色，政府有责任通过建立适当的协调机制，在保障森林所有者、经营者、政府部门，乃至全体公民合法权益的基础上，实现森林可持续经营社会、经济、资源、环境目标的协调。现实中，通过改变森林经营手段、模式，调整产品、产业结构（如森林旅游业、复合经营模式等）等途径，可以在一定程度上有利于三大目标的协调。需要指出的是，作为森林经营者，森林经营管理资源的主要目标是获取最高产量的木材和林副产品，获得最大收益以赚取超额利润。自然而然地，经济目标就成了森林可持续经营最主要的目标。但由于经济目标与生态目标、社会目标之间既存在着一致性的地方，也存在着矛盾的地方，只追求经济利益必然影响和削弱生态目标及社会目标的实现，因此，要同时使经济目标、生态目标和社会目标达到最优是不现实的，只能在确定主导目标的前提下，追求综合效益的最大化。

二、森林可持续经营原则

（一）系统整体性原则

森林是一个具有整体性等级系统结构的复合生态系统，这是系统整体性原则的基本要求。如果想要有效地研究和解决森林可持续经营存在的问题，就要具有整体性和系统性的眼光。如果想要把森林经营成能持续提供林产品和生态、社会效益的可持续林业，就要把系统整体性作为森林经营管理的基本原则，而林分尺度和景观尺度的森林经营具有相互影响、相互区别的内在联系，因此，在制定森林可持续经营措施的过程中，要从宏观的景观尺度和微观的林分尺度统筹考虑，整体谋划，这样才能保证森林经营情况的整体功能非常完善，从而显著提高经营措施的效果。

（二）生态可持续性原则

实现生态可持续性是森林可持续经营的基本原则，这就要求森林经营措施必须建立在科学的生态学基础之上，不能片面地只考虑森林物质资源的可持续性，而要更注重森林生态系统在流域、景观和林分水平的整体结构、功能及过程中的可持续性。因此，为了避免不科学的森林经营措施和活动，在制定经营措施前，要对森林经营活动可能导致的生态影响进行客观分析和评价，特别是影响的强度、影响持续的时间、影响涉及的空间范围是森林经营措施可行性分析和评价的重点。

（三）社会参与性与公益性原则

在森林的可持续经营管理中要遵循社会参与性与公益性原则，森林提供的生态效益和社会效益都具有公益性，这也是森林区别于其他农业产业的本质特征，森林的生态效益和社会效益都没有公开交易的市场，无法通过市场实现自身的价值，因此，需要全社会的力量来支持林业的发展。而要调动社会参与林业的积极性，就要求鼓励社会参与森林的经营管理和决策。特别是要积极征求森林经营利益相关者的意见和建议。制定森林经营规划目标和措施需要充分考虑到林区发展的整体和长远利益，这样社区居民的社会参与性才会逐渐提高，社区对林场、林业企业的经营项目和规划才会全心全意地支持。

（四）可持续利用原则

追求森林的林产品收获和林产品再生产之间的适当均衡，是实现森林可持续利用的前提和基础。在森林经营管理工作中必须全方位地认识什么是影响森林永续利用的条件和基础，才能有的放矢地制定森林经营原则，有效地将林产品的再生产率由简单再生产发展到扩大再生产，真正地实现森林永续利用这一原则。森林的可持续利用原则不仅包括木材的永续利用，还涉及林地生产力的维持、森林多功能的实现、森林多效益的利用及森林健康发展等。森林可持续利用原则是森林木材永续利用原则的进一步升华，它不仅仅强调木材能够永续再生产，而且要在保证景观和区域功能的同时，维持森林生态系统整体的可持续性。

（五）经济合理性原则

在森林经营的过程中，遵循市场规律和经济规律，追求合理的利润是实现森林可持续经营的动力源泉，只讲生态效益而忽视经济利益，最终会使森林经营因面临巨大的经济压力而无法长久发展。因此，任何森林经营项目和规划实施前，都要在生态效益优先的基础上进行经济可行性论证，同时要考虑近期利益和长远利益，特别是对远期利益要进行可靠的经济预测，要保证森林经营规划的合理性，从而实现可持续经营。

（六）谨慎性原则

由于森林经营周期的长期性，动辄几十年甚至上百年，其经营措施会影响一代人甚至几代人，有时会造成永远无法挽回的损失。这就要求在森林经营过程中必须遵循谨慎性原则，在追求生态学合理性、社会满意性和经济可行性的同时，能充分全面地分析森林经营活动的正面和负面影响，以对经营效果做出科学的评价。避免不合理的经营措施造成巨大的经济损失及不可估量的生态灾难。

第四节　森林可持续经营标准和指标体系

标准是指用于评价森林可持续经营的条件或过程的类目。标准是由一系列定期监测以评价变化的相关指标所表示的特征。指标指的是标准的某一方面的度量（测量），可以测量或描述的定量或定性变量，并可定期地观测变化的趋势。目前森林可持续经营标准与指标体系有3个层次：国际水平、国家水平及亚国家水平（区域水平、森林经营单位水平）。

第一个层次，国际性森林可持续经营的标准与指标是非约束性的，具有指导性，是共同遵守的原则，不涉及国家主权和自身的林业管理。迄今为止，已有8个大的组织或团体开展这方面的研究和行动。它们分别是热带木材组织进程、赫尔辛基进程、蒙特利尔进程、塔拉波托倡议、非洲干旱地区进程、近东进程、中美洲进程、非洲木材组织进程。

第二个层次，各个国家本着既从自己国家的实际出发，又与国际研究接轨的原则，分别研究各自国家森林可持续经营的标准与指标体系。目前已有新西兰、日本、俄罗斯、加拿大、美国、印度尼西亚等国家先后制定了国家级的标准与指标体系框架。就内容来看，基本上与国际进程中所提出的核心内容类似，同时也反映出了由于各国国情、林情不同所带来的差异。我国林业科学研究院林业可持续发展研究中心就中国森林保护和可持续经营标准及指标体系进行了探索和研究，编制了林业行业标准《中国森林保护和可持续经营标准和指标》，该标准包括8方面：生物多样性保护、森林生态系统生产力的维持、森林生态系统的健康与活力、水土保持、森林的全球碳循环贡献的保持、森林长期多种社会效益的保持和加强、法律及政策保障体系、信息及技术支撑体系。该指标体系还需要在实践中进一步修改和完善，不断提高其科学性和可操作性。

第三个层次，在国家内部，根据地域差异规律进行区域级森林可持续经营标准的研究。此层次指标体系的研究是森林资源可持续经营由理论走向实践的重要步骤和内容。

第五节　我国森林可持续经营的重要领域

森林可持续经营是一项涉及面广、内容复杂的系统工程，既涉及与森林经营相关的社会经济、法律法规、政策制度等领域，又与资源环境、科技创新等密切相关。具体来说我国森林可持续经营主要包括以下领域。

一、森林资源调查与状况评价

森林资源调查与评价是掌握森林资源的数量与质量、生长与消亡等动态变化规律，评价森林经营效果的重要基础工作，其成果对于制定森林经营区划与规划、编制森林经营方案，确定生产计划与经营措施等具有重要作用。建立和完善符合森林可持续经营要求的森林资源与生态状况综合调查、监测与评价体系，掌握森林资源现状、消长变化和经营效果，是森林资源调查与评价的重要任务。

二、森林经营规划

我国要求依法编制森林经营长远规划、森林经营方案和年度森林经营作业计划，并依据森林经营长远规划、森林经营方案和年度森林经营作业计划组织开展森林经营活动。各级人民政府应当组织制定森林经营长远规划，并纳入同级国民经济和社会发展规划。森林经营长远规划制定必须与上一级森林经营长远规划相协调。森林经营单位也需要编制森林经营长远规划，同时要依据森林经营长远规划，原则上每10年，必要时每5年编制或修订一次森林经营方案。编制森林经营方案，要在满足区域生态建设和保护需要的基础上，充分考虑森林经营成本、管理成本和经济承受能力，确保森林经营单位具有足够的财力和人力资源执行森林经营方案。森林经营单位还要依据森林经营方案编制年度实施计划，报上级有关部门批复后实施。年度实施计划包括森林管护、造林、幼林抚育、抚育间伐、森林收获（采伐、采集）、森林更新、低质低效林改造、防止地力衰退、林业有害生物防治、林火控制、营林基础设施建设等内容，并将上述内容的技术模式、建设任务等落实到山头地块，明确具体的作业时间等。

三、森林培育

森林培育是森林经营的重要组成部分和林业生产的重要环节。森林培育包括人工林培育和天然林保育。人工林培育是从林木种子、苗木、造林到成林、成熟的整个培育过程中，按既定经营目标和自然规律进行的综合培育活动。天然林保育是在尊重自然演替规律的原则下，充分利用天然林自我修复能力，按照森林经营目标所进行的天然林更新、恢复等培育活动。森林培育过程要按照分类经营的思想和原则，充分利用立地分类评价成果，在适地适树原则的基础上，根据经营目标选择适宜的造林更新树种、造林更新方式和经营措施，并按照森林生态系统经营理念积极开展森林经营活动，提高森林生产力，维护森林生态系统健康和活力，提高水土资源保护能力及维护生物多样性。

四、营林

营林工作是维护森林生态系统健康、提高环境服务功能、充分发挥林地生产潜力的重要举措。营林工作必须按照森林分类经营目标，根据人工林和天然林的不同特点，采取相应的森林经营措施。重点公益林经营要充分利用天然林的自然演替和更新能力，以天然更新为主，人工更新和人工促进天然更新为辅，加强封山育林。促进乡土针叶树种或珍贵阔叶树种在林冠下或林中空地更新，诱导形成多树种、多层次、复层异龄混交林，增加生物多样性。一般公益林经营的主要任务是调整林分结构和树种组成。要严格按照生态公益林建设技术规程、生态公益林抚育技术规程进行抚育采伐设计和施工，从抚育采伐设计到实施作业，都要保留珍贵树种和关键物种，保护次要树种、下木、幼苗幼树和地被物。商品林经营以提高森林的物质产品功能和经济效益为主要任务。商品林经营要根据不同树种的特性，按照相关的技术规程进行经营。坚持速生丰产优质高效原则，充分发挥林地生产潜力，防止林地生产力退化。加强培育具有较高经济价值的珍贵阔叶树种，加强对具有地方特色的商品林的经营与利用。

五、林地生产力维持与森林健康维护

林地生产力维持与森林健康维护是森林可持续经营的基本准则和重要目标。人工商品林要避免同一树种连栽，及时开展必要的抚育间伐。对于一般公益林和商品林，提倡营造混交林，倡导人工林近天然化经营技术的应用，提高林地自我修复能力。天然林要充分利用其自然更新能力，促进地力自我维护。森林采伐要严格遵守国家采伐规程，防止森林生态系统和林地土壤退化。制定诊断森林生态系统健康状况和林地地力评价标准，建立监测系统，提高林分的抗火能力。应根据各地水热条件和树种特性，选择合适的方式修建防火隔离带。南方及其他湿润地区，优先选择防火树种，营造混交防火隔离带。北方及其他干旱、半干旱地区，必须开辟防火隔离带，并每年对隔离带进行必要清理。及时开展中幼林抚育和抚育间伐等营林活动，并清除林中可燃物，降低火险等级。建立林业有害生物监测预警体系，确定林业检疫性有害生物和补充林业检疫性有害生物名单，划定疫区和保护区，积极开展林业检疫工作。

对森林经营活动中的化学品使用要严格控制，应提供使用、处理和贮存化学品及其废料的说明。严禁在湿地及其集水区、溪流河道附近的缓冲区与保护区、人类居住区附近、特别重要的生态区、珍稀濒危物种的栖息地等环境敏感地区使用化学品。森林经营活动应尽量避免使用化学杀虫剂及过量使用化肥。严格遵守有关国际公约和国家规定，不得使用危险和禁用的化学品。

六、森林利用

森林利用包括木质林产品、非木质林产品和森林服务功能利用。木质林产品生产，必须严格遵照森林经营方案要求，考虑市场对木材材种的需要，只能对达到设计收获水平的用材林和工业原料林等商品林进行采伐利用。对于一般公益林的采伐利用，必须在不影响主导生态服务功能的基础上，慎重采取相应的采伐利用方式，获取木质林产品。禁止在重点公益林中从事以获取木材产品为主要目标的采伐活动。木材生产过程中，应充分注意维持森林整体结构功能的稳定及良好的更新能力，森林采伐活动要有利于调整林龄结构、树种结构，保持森林持续生产木材的能力。非木质林产品的利用应与森林经营目标相适应，在维护森林健康和生物多样性的基础上，尊重当地居民开发利用非木质林产品的传统习惯和利用权力，加强对非木质林产品利用的科学管理，并教育当地居民科学合理地利用资源。森林旅游资源开发必须以保护森林生态系统为前提，在自然保护区开展森林旅游活动时，要切实解决好生物多样性保护与森林旅游的关系，依据相关规定划定休闲娱乐区，防止森林非法利用，森林利用活动要充分考虑社区居民与相关利益者的合法使用权和传统使用权，加强与相关利益者的协商，控制非法采伐、狩猎、捕鱼和采集活动，禁止毁林开垦、采石、采砂、采土等毁林行为。制定合理的林地保护计划，防止林地非法流转。

七、水土资源保护

水是各种生命赖以生存的基础。科学合理的森林经营活动能充分发挥森林的保持水土、涵养水源、调节河川流量、为水生生物提供良好的栖息环境等作用，并且有利于森林自身的生长。不合理的经营活动则可能导致水土流失、水质恶化，引发生态系统退化等结果。森林经营活动，必须以提高林地水土保持功能、改善水质为原则，严格控制森林经营的各个环节。

编制森林经营方案过程中，要以当地水资源状况和水土流失状况为基础，结合水资源利用规划、水土保持规划，充分考虑水资源承载能力（特别是干旱地区），科学确定森林经营目标，合理进行林种区划与布局，正确选择造林树种和造林方式。要特别注意对经营区域内水系的保护。在坡度较大、离水体距离较近、土质疏松的造林地，不能进行高强度、大范围的林地清理和整地，整地方式以小规格穴状整地为宜，尽可能减少对原有植被的破坏。整地期应避开雨季和土壤水分饱和时期。在水系沿岸缓冲区禁止采取机械化整地。商品林施肥时，要根据林地养分状况和树木生物学特性，合理确定肥料种类、施肥量、施肥方法和施肥时间，避免过量施肥产生养分流失，造成水体富营养化，污染水体。使用农药进行森林病虫害防治时，要严格执行相关规定和技术规程，正确选择经国家登记的农药品种。在中幼林抚育和成林抚育过程中，要特别注意保护作业区内的小河、小溪等水体中的水生生物。对于小河小溪岸边的林分不能进行高强度的抚育间伐，应进行多次、低强度的间伐，避免造成短时间内光照强度急剧增加、水体温度急剧升高、水中氧气含量急剧下降，危害水生动植物的栖息环境。河流、溪流、湖泊等水系的沿岸缓冲区应以培育长周期、大径级林木为目标，主要采用择伐的经营方式开展采伐活动，提倡推广应用环境友好型生态采伐技术。不得使用重型履带式采伐机具。采伐剩余物要及时清理，不得抛弃在缓冲区和水体中。在坡度较陡、易造成水土流失的作业区，应尽可能采用绞盘机集材，禁止顺坡集材。集材道的坡度应控制在 15°以内。如无法达到此要求，应将集材道分为若干段，每段之间修建横隔排水沟等设施。楞场应尽量设置在水系沿岸缓冲区之外，选择土质坚实、排水良好、略有坡度的地段，并设置或保留一定宽度的植被保护带。造材剩余物应尽量远离排水沟。如果可能，应尽量使用现有楞场。采伐机械设备维修场地要远离河流、溪流、湖泊等水体，不能设置在水系沿岸缓冲区。

林区道路应避开河湖等水系沿岸缓冲区，道路与河、湖等水面岸边应保持足够的距离。路线选择应尽量少跨河流、溪流等水系，如必须跨越河流、溪流等水系，应将交叉点选在河流、溪流的较低处，且河床为坚硬岩石的地方。要定期对林区道路、桥涵等设施进行检查维护，特别是大雨过后，要及时修补坑洼，严禁路面积水，保持路面平整。及时清理道路排水沟、桥涵内的采伐剩余物、废弃物及淤泥，确保排水沟、桥涵水流畅通。

八、生物多样性保护与持续利用

生物多样性保护与持续利用是森林可持续经营中必须考虑的重要指标。在森林经营的每个环节，既要注意保护、维持和合理利用本地特有的生物物种资源，也要合理利用外来物种。在森林培育、利用过程中，要加强对具有观赏价值、特殊文化价值等景观资源的保护。

生物多样性保护不仅是生态公益林培育的重要任务，在商品林的培育中也要注意保护生物多样性。应在对原有林地植被生态、经济、观赏等价值进行评估的基础上选择造林地，避免对具有较高价值的植被造成人为破坏。在树种选择上要充分考虑树种的多样性和地域适应性。要重视天然林保育，加强珍稀树种特别是珍贵用材树种培育。在景观尺度充分考虑景观异质性，保持林分类型的多样性。森林经营活动不得破坏珍稀濒危物种及其栖息地，要防止对野生动物种群自然活动造成严重的人为干扰，切实采取必要措施，尽量保障野生动物基本的食物需求。

森林利用过程中应尽量保持森林生态系统的基本物种组成、主要结构特征和森林景观的整体性。要从国家、区域和森林经营单位等层次上开展森林物种种质资源的保护与合理利用。

建立完善的种质资源保护与利用体系，通过建立国家、区域和经营单位的林木种质资源保存机构，完善各级林木种质资源保存网络。加强外来物种管理，严格防范外来有害物种入侵。

对入侵危险性大的外来有害生物，制定专项应急预案，采取严密的预防措施，在组织、技术、物质等方面做好应急准备。加强野生动物疫源疫病监测基础工作，继续完善监测体系，尽快形成国家级站监测与省级站监测相结合的监测网络。开展信息平台和信息处理系统建设，完善监测信息快速传递系统。建立健全野生动物疫源疫病监测规章制度体系，建立和完善野生动物疫情应急机制。

九、公众参与和社区发展

森林可持续经营是实现人与自然和谐相处的重要途径，开展森林经营活动必须保障相关利益群体的合法权益，特别要保护好贫困社区和弱势群体的合法权益，实现森林经营和人民生活改善双赢。要建立健全公众参与森林经营的法律、法规保障体系，为公众依法参与森林经营决策、经营活动，以及有关项目立项、实施、监督、评估等过程提供保障。要制定有利于当地社区居民参与森林经营的林业政策，保护并尊重当地居民合理的传统森林使用权。按照森林分类经营和事权划分的基本要求，简化行政审批程序。促进林区经济发展和社会就业。加强对妇女和少数民族居民的技术与有关政策培训，提高其参与林业发展的能力。在开展森林经营过程中，要高度重视传统文化和传统知识的特殊作用。加强对传统森林知识的保护、收集、整理和研究。要根据各地的特点，推广和应用具有历史传承、保护和利用相协调的森林经营传统技术和模式。保护和尊重具有地方特色的森林文化。

十、技术支撑

建立健全森林经营相关信息管理规章制度，对有关信息的采集、保存、处理、使用、更新、管理和维护进行规范。建立健全森林经营及其效果评价的档案管理制度。促进有关森林经营的国家标准、行业标准、地方标准与国际标准衔接。加强森林经营动态信息管理系统和决策支持系统的研究、开发与应用。逐步建立国家、区域和森林经营单位多层次的森林经营信息共享网络体系。建立森林可持续经营的信息处理、转换与传输的有效运行机制，逐步实现信息管理自动化、动态化、实时化和可视化。

在强化现有成熟技术综合集成、推广应用的基础上，加强对森林经营重点技术难题的研究和科技成果推广的转化。重点加强林木良种和抗逆植物选育、困难立地造林技术、地力恢复、森林分类经营技术体系、森林可持续经营模式、森林生态系统综合管理、退化天然林保育和恢复、灾害防治、森林资源管护及综合经营利用、森林资源调查监测评价技术体系等重大关键技术的研究和成果转化，逐步普及"3S"技术的综合应用，推进"数字林业"建设，提高林业建设的科技管理水平。加强森林可持续经营标准体系建设，强化森林可持续经营的标准研制及其体系建设，落实森林经营标准的实施和监督，倡导开展森林认证工作。

逐步建立国家、省级和地方森林可持续经营试验示范区、示范网络和林业科技示范园区，及时总结和推广建设经验和成果。

建立森林可持续经营效果监测体系，确定科学合理的监测参数，注重引进发达国家先进的森林可持续经营监测技术，完善监测方法。建立森林可持续经营定期评价制度，逐步向社会公告监测结果。

围绕森林可持续经营的需要，加强森林生态系统结构、功能和动态变化过程等研究，为森林可持续经营提供生态学基础。加强森林环境效益核算体系和技术研究，为构建绿色 GDP 提供理论与方法。加强对《濒危野生动植物种国际贸易公约》《生物多样性公约》《联合国防治荒漠化公约》《关于特别是作为水禽栖息地的国际重要湿地公约》《保护世界文化和自然遗产公约》等有关国际公约的研究，提出国家履约策略和行动措施。

十一、保障措施

政策、法规、制度和基础设施建设对于推动实现森林可持续经营至关重要，是中国实现森林可持续经营的重要保障。坚持科教兴林、人才强林战略。完善现有成熟技术、规程推广和使用的技术政策，提高森林经营技术成果转化率。

建立健全科研与生产紧密结合的森林可持续经营技术政策，保证研究资金、成果推广、培训考察的必要投入。对于生态公益林，要建立以公共财政为主的森林经营投入机制。商品林经营逐步形成以市场融资为主、政府适当扶持的投入机制。加强对森林经营的金融支持，实行长期限、低利息的信贷扶持政策，并视情况给予财政贴息。以工代赈、农业综合开发等财政支农资金要适当向森林经营倾斜。积极吸引社会力量投资林业。兴办联营、股份制林场，鼓励各种社会团体、工矿企业投资开发治理荒山，建立起全社会投资办林业的机制，加强社会化服务体系建设。建立国际金融组织投资中国林业建设的有效机制。全面实施森林生态效益补偿基金制度，并逐步提高补偿标准，扩大补偿范围，将非公有制经营主体经营管理的生态公益林，按照事权划分的原则纳入各级政府的补偿范畴。明确界定森林资源（含林地）的所有权、使用权、收益权和处置权。对所有类型森林及林地，勘定界限、制图、确权发证并建档。建立解决有关所有权、使用权及其他相关权利纠纷的有效机制。加强各级森林经营管理机构建设，明确管理职能，强化政府行为，加强对森林经营规划、布局、经营管理、资源管理、市场规范等方面的宏观调控和监管。加强和完善林区道路建设，形成结构完善、布局合理的配套林区道路体系。道路建设要尽量减少对环境的不利影响。要加强森林防火基础的设施建设。要加强林区电力和通信设施建设，保障森林经营和保护过程中电力供应和信息畅通。要加强森林公安装备和基础设施建设，积极从多种渠道筹措资金，为森林公安机关配备必要的警用装备，努力改善森林公安基础设施落后的现状。要加强森林病虫鼠害防治。建立和完善森林病虫鼠害预测预报体系、检测体系和防治体系，实行森林病虫鼠害防治工程治理。要加强和完善森林资源监测基础建设，推动遥感技术、全球定位、网络等新技术在森林资源监测中的研究和应用。要加强森林资源林政管理系统基础设施建设，实现管理队伍体系化、基础设施标准化、技术装备现代化、行政执法规范化。

第六节　我国实现森林可持续经营的战略举措

当人类进入 21 世纪后，可持续发展的思想已经深入到人类社会的各个领域和部门，林业作为农业的一个重要组成部分，其经营思想也从传统向可持续加速转变，森林作为陆地最大的生态系统，是陆地生态环境建设的主体。林业不仅仅肩负着向人类社会提供生态服务的重要使命，还承担着促进社会经济文化发展的重要任务。林业任务定位的新变化意味着林业的发展目标要随着林业经营思想的变化而变化，可持续林业建设目标必须围绕构建发达的产业体系、完备的生态体系和繁荣的文化体系而确立，林业分类经营和林业的五大战略性转变，标志着中国森林资源可持续经营战略思想的形成，勾画出中国林业跨越式发展的蓝图。六大重点工程则是实现中国森林资源可持续经营的战略性举措，是实现中国林业跨越式发展的重要载体。

一、中国林业的五大战略性转变

中国林业的五大战略性转变是中国新世纪林业的战略方针，也是森林可持续经营战略思想形成的标志性事件，中国林业的五大战略性转变的基本内容为：由以木材生产为主向生态建设为主转变、由以采伐天然林为主向采伐人工林为主转变、由毁林开荒向退耕还林转变、由无偿使用森林生态效益向有偿使用森林生态效益转变、由部门办林业向社会办林业转变。在五大战略性转变中，由以木材生产为主向生态建设为主转变是五大战略性转变的核心和根本，是对林业定性定位的一个巨大飞跃。中国林业的五大战略性转变是社会经济发展的必然结果。

二、林业六大重点工程

五大战略性转变是林业跨越式发展的保证,而六大重点工程则是林业跨越式发展的载体,它们相辅相成,共同构建了新时期我国林业发展的理论平台,共同推动着林业跨越式发展向前迈进。抓住了六大重点工程,就是抓住了推进五大战略性转变的关键。对中国林业和森林资源可持续经营有重要意义的六大重点工程,系指以下 6 个重大林业建设工程。

(一)天然林资源保护工程

天然林资源保护工程建设的目的是解决这些区域天然林资源的休养生息和恢复发展问题,突出保护对生态环境有重大意义的宝贵天然林资源,为生态建设确立坚实的基础。具体包括三个层次:全面停止长江上游、黄河上中游地区天然林采伐,大幅度调减东北、内蒙古等重点国有林区的木材产量,同时保护好其他地区的天然林资源。工程范围涉及云南、四川、贵州、重庆、湖北、西藏、甘肃、青海、宁夏、山西、河南、内蒙古、吉林、黑龙江、海南、新疆、湖南等 17 省(自治区、直辖市)734 个县、167 个森林工业局。工程建设规模涉及有林地面积 0.682 亿 hm^2,天然林 0.564 亿 hm^2,造林任务共 1273.13 万 hm^2。

(二)"三北"和长江中下游地区的重点防护林体系建设工程

这是我国涵盖面最广、内容最丰富的防护林体系建设工程。具体包括"三北"防护林四期工程、长江中下游及淮河太湖流域防护林二期工程、沿海防护林二期工程、珠江防护林二期工程、太行山绿化二期工程和平原绿化二期工程,造林 1334 万 hm^2,封育 792 万 hm^2,低效林改造 743 万 hm^2。工程突出生态脆弱地区和生态地位重要的森林资源建设,形成生态保护体系的基本框架。主要解决"三北"地区的防沙治沙问题和其他区域各不相同的生态问题。

(三)退耕还林还草工程

退耕还林还草工程突出改变不合理的土地利用模式,扩大生态建设的地域环境。主要解决重点地区的水土流失问题。工程的主要对象为坡度大于 25°的坡耕地和严重沙化的耕地。工程范围以西部为主,兼顾中部和东部,包括北京、天津、河北、山西、江西、安徽、河南、湖北、湖南、广西、海南、辽宁、吉林、黑龙江、重庆、四川、贵州、云南、西藏、陕西、内蒙古、甘肃、青海、宁夏、新疆25个省(自治区、直辖市)和新疆生产建设兵团,共 1897 个县(市、区、旗)。工程主要建设内容包括退耕地造林 1.388亿 hm^2(包括京津风沙源治理工程的退耕地造林 134.2 万 hm^2),规划宜林荒山荒地造林 1.68 亿 hm^2(包括京津风沙源治理工程的退耕地还林 128.73 万 hm^2)。

(四)环北京地区防沙治沙工程

环北京地区防沙治沙工程突出改善国家首都的生态环境,充分发挥生态建设的社会效益。主要解决首都周围地区的风沙危害问题。工程实施范围包括北京、天津、河北、山西、内蒙古5省（自治区、直辖市），75个县（市、区、旗）。工程建设内容为宜林地造林757.33万 hm^2，具体措施为在对现有植被实行有效保护，防止产生新的沙化土地的基础上，对现有沙化耕地实行退耕还林还草，对现有沙地通过大力封沙育林育草、植树造林种草，营造并恢复沙区植被，建设灌草乔相结合的防风固沙体系；对退化草原进行综合治理，恢复草原生态及产业功能；搞好以小流域为单元的水土流失综合治理，合理开发利用水资源。

（五）野生动植物保护及自然保护区建设工程

野生动植物保护及自然保护区建设工程，坚持保护第一的原则，重点考虑野生动植物的濒危程度，集中、优先保护一些濒危、特有和有重要经济价值的物种及生态关键种；以就地保护为主，迁地保护为辅，优先建设一批重点自然保护区，对受危程度高、濒临灭绝的野生动植物采取积极有效的拯救和保护措施，建设一批重点野生动植物种源基地、珍稀野生动植物培育基地。野生动植物自然保护区建设工程，突出生物多样性保护，建设生态保护体系。主要解决基因保存、生物多样性保护、自然保护、湿地保护等问题。工程实施范围包括全国具有典型性及代表性的自然生态系统、珍稀濒危野生动植物物种的天然分布区、生态环境脆弱地区、野生动植物资源及产品流通活跃地区。

（六）速生丰产林基地建设工程

这是我国林业产业体系建设的骨干工程，也是增强林业实力的"希望工程"。主要解决我国木材和林产品的供应问题。工程实施范围包括广东、广西、海南、福建、长江中游地区、南方集体林区、海南和云南思茅林区、东北、内蒙古及黄河中下游地区的18个省（自治区、直辖市）的886个县（市、区）和114个林业局（林场）。工程建设的基本思路以解决天然林资源保护工程实施后的木材供需缺口、增加林产品的有效供给为目标，按照分类经营的战略部署和比较优势原则，以市场需求为导向，通过市场配置资源，主要依靠市场机制调节，政府宏观指导和扶持，以追求最大经济效益为原则，采取定向培育、定向利用，实行企业化经营管理，以我国南方地区为主建设一批速生丰产用材林基地和工业原料林基地；同时，按照市场经济的要求，加快名特优新经济林、竹林、薪炭林及花卉基地建设，满足国民经济与社会可持续发展对木材和林产品的需求。

六大重点工程突出体现了生态优先的原则，是实现五大战略性转变的重大举措。通过这些工程，初步建立起乔灌草搭配、点线面结合、带网片结合，具有多种功能与用途的森林生态网络和林业两大体系框架，重点地区的生态环境得以明显改善，与国民经济发展和人民生活改善要求相适应的木材及林产品生产能力得以基本形成。

三、森林资源可持续经营需要兼顾的问题

可持续思想体现了人与环境协调发展的精神，森林资源的可持续经营需要关注人类的各种经营措施对环境和社会的影响，也必须坚持"以生态效益为主导，三大效益的合

理兼顾"的原则。但是，这些并不是说森林的可持续经营只讲生态效益，而忽视经济效益和社会效益的发挥。

以生态建设为主，并不是要排斥森林的木材生产功能。而是在生态效益优先的前提下，仍要持续获取木材和多种林产品来满足人类经济社会发展的需要，但木材和林产品的供给者从天然林转变到人工林。人工林的速生丰产林和短轮伐期用材林将成为木材和林产品供给的主体，天然林将成为木材供给的储备基地。木材和林产品资源的配置方式也将从计划配置方式转为以市场配置为基础，政府从事林业生产的宏观调控和政策引导为导向。

以生态建设为主，也绝不是要放松或放弃林业产业的发展，而是在构建完备的生态体系（森林生态系统、湿地生态系统和荒漠生态系统）的前提下，继续发展培育发达的森林培育产业、林产加工产业、森林游憩产业和林产品进出口贸易。在坚持生态优先的原则下，继续协调好各个层次产业的发展，坚持市场配置资源的模式，创新林业产业发展的新模式。

第七节　森林可持续经营与林业可持续发展的关系

森林可持续经营是实现林业可持续发展的前提和基础。没有森林的可持续经营就谈不上林业的可持续发展。从 20 世纪 90 年代开始，森林可持续经营从概念开始走向实践，现在世界各国都将森林可持续经营作为实现林业可持续发展的关键措施来执行。但反之，如果没有林业可持续发展中的其他许多条件的存在，森林的可持续经营也难以实现。包括森林可持续经营在内的林业可持续发展的许多因素之间，也存在相互促进和相互制约的关系。从本质上讲，森林可持续经营是满足林业对实现地区经济、社会和环境可持续发展目标的需要，同时也是保障全球或国家可持续发展的服务性手段，而林业可持续发展是指林业对整个国家或全球发展的贡献，因此，森林可持续经营与林业可持续发展的关系是一种从属关系，但也是一种交互作用。第十一届世界林业大会上有论文指出：林业可持续发展是指林业对整个国家或全球发展的贡献，它经常涉及林地向其他用途的永久性或暂时性转化；而森林可持续经营是指地区性的森林经营必须满足林业对实现地区经济、社会和环境目标的需要，同时在国家或全球意义上它又是保障可持续发展的服务性手段。

第八节　森林可持续经营与森林永续利用的关系

森林可持续经营是对永续收获思想的完善和发展，其内涵与外延均有明显扩大。森林可持续经营的主体是人，是在一定技术条件、作业手段的前提下，通过对人经营行为的规范，以人、社会、经济与环境协调发展、代内公平（穷人与富人之间要公平、穷国和富国之间要公平）、代际公平（当代人和后代人之间要公平）、伦理公平（人与自然界其他生物要公平）为宗旨，建立起包括体制制度、法律法规、政策技术、公众参与、标准与指标等内容的人类经营森林的行为规范。而森林永续利用的思想则以森林资源为主体，侧重经营技术方案和技术手段的引用研究。两种经营思想代表着人类社会不同发展阶段的特征，在内涵方面有 4 方面不同之处。一是森林永续利用强调木材和林副产品等的实物或价值收获；而森林可持续经营注重物质（木材和林副产品等）收获和非物质公益（生态效益和社会效益）两个方面，强调森林资源的全部价值和综合效益。二是森林永续利用的作业对象是林分或狭义森林，而森林可持续经营将森林资源作为一个生态系统整体来看待，经营的对象包括林分、景观和区域或广义的森林资源系统。三是森林永续利用注重实物的收获量，关注森林的林地面积和林木蓄积的总量及定期生长量，而森林可持续经营更注重森林生态系统的功能、结构和过程，目的是改善生态系统的结构和维持功能与过程的平衡。四是森林永续利用仅仅依靠经营者自身的行动就可以实现，而森林可持续经营需要全社会共同的参与来实现。

主要参考文献

陈柳钦．2007．林业经营理论的历史演变．中国地质大学学报（社会科学版），7（2）：50-56

丁思统．1996．关于森林经理学的正名、定位与开拓．江西农业大学学报，18（1）：73-75

郭晋平．2001．森林可持续经营背景下的森林经营管理原则．世界林业研究，14（4）：37-41

侯元兆．2003．林业可持续发展和森林可持续经营的框架理论（上）．世界林业研究，16（1）：1-5

侯元兆．2003．林业可持续发展和森林可持续经营的框架理论（下）．世界林业研究，16（2）：1-6

胡建国．2001．森林可持续经营手册．北京：科学出版社

黄清麟，江训强．1998．森林经营思想的发展概况．华东森林经理，12（1）：12-14

黄选瑞，张玉珍，高敬武，等．2000．对森林可持续经营目标的认识．林业资源管理，（4）：30-33

黄选瑞，张玉珍，关毓秀，等．1999．森林可持续经营基本任务与实现途径．中国人口·资源与环境，9（4）：80-84

江腾宇，彭检贵，胡纯杰，等．2017．森林经营理论的发展历程．湖北林业科技，46（3）：50-52

金成德，贾炜玮．2008．森林可持续经营的目标体系．林业科技情报，40（1）：22-23

亢新刚．2001．森林资源经营管理．北京：中国林业出版社

李明阳．2006．从教材演变谈森林经理学科建设．林业调查规划，31（6）：1-5

李万杰．1982．加强森林经理 实现永续利用．中南林业调查规划，（2）：1-6

陆元昌，甘敬．2002．21 世纪的森林经理发展动态．世界林业研究，15（1）：1-11

潘存德，师瑞峰．2006．森林可持续经营：从木材到生物多样性．北京林业大学学报，28（2）：133-138

潘辉，江训强，赖彦斌，等．1999．迈向可持续发展的森林资源综合管理——面向 21 世纪的森林经理学发展动向分析．世界林业研究，（1）：7-11

施昆山．2004．世界森林经营思想的演变及其对我们的启示．世界林业研究，17（5）：1-3

苏月秀．2015．森林经营理论研究的演变．林业建设，（1）：10-13

王红春，崔武社，杨建州．2000．森林经理思想演变的一些启示．林业资源管理，（6）：3-7

王评，马凤云，董金伟，等．2019．国内外森林经营思想与技术的演变．山东林业科技，（4）：130-135

严强．2020．森林经理理论研究文献学分析与展望．生态经济，（15）：93-95

杨礼旦，陈应平．1999．初论森林可持续经营的概念、内涵和特征．林业科学，35（2）：118-122

杨夏捷．2016．浅谈森林可持续经营背景下的经营管理原则．中国农业信息，（1）：71，80

殷鸣放，雷庆国，殷友. 1999. 可持续森林经营研究的现状及未来发展. 沈阳农业大学学报（社会科学版），1（3）：203-205

张会儒. 2018. 森林经理学研究方法与实践. 北京：中国林业出版社

张治军，周红斌. 2019. 关于森林可持续经营管理的几点思考. 林业建设，(3)：29-31

赵德林，朱万才，景向欣. 2006. 森林可持续经营概述. 林业科技情报，38（4）：10-11

朱宸忠. 2020. 基于森林可持续经营背景下的森林经营管理原则. 现代园艺，(14)：187-188

第三章 森林可持续经营理论基础

第一节 可持续发展理论

一、可持续发展的由来

环境与发展问题的演变过程是提出可持续发展的时代背景。到目前为止，环境与发展关系的演替过程大致可以划分为 4 个阶段。

经济增长阶段（20 世纪 50 年代之前）。这一阶段最显著的特征是把经济增长等同于发展，没有把环境问题排在人类的议事日程上。

经济发展＋工业污染控制阶段（50 年代末到 70 年代初）。这一阶段人类开始认识到发展不仅要追求经济增长，还包括经济结构的变化，并且要解决由于发展而引起的环境污染问题。但没有把污染与生态紧密联系起来，也没有把环境问题与社会问题联系起来，因此还不能称其为完整意义上的环境保护。

经济、社会发展＋环境保护阶段（20 世纪 70 年代开始到 90 年代初）。这一阶段人们开始强调社会因素和政治因素的作用，把发展问题同人的基本需求结合起来，把发展的概念逐步由经济推向社会。把环境问题由工业污染控制推向全方位的环境保护。

环境与经济、社会和资源协调发展阶段（1992 年联合国环境与发展大会之后）。这一阶段人类开始认识到要从根本上解决环境问题，必须要转变发展模式和消费模式。由资源型发展模式逐步转变为技术型发展模式，即依靠科技进步，节约资源与能源，减少废物排放，实施清洁生产和文明消费，建立经济、社会、资源与环境协调、可持续发展的新模式。

二、可持续发展的定义

有关可持续发展的定义多达上百种。其中最有代表性，也是影响较大的是布氏可持续发展定义，该定义为"满足当代人的需求，又不损害子孙后代满足其需求能力的发展"。这个定义鲜明地表达了两个基本观点：一是人类要发展，尤其是穷人要发展；二是发展有限度，不能危及后代人的发展。就其社会观而言，它主张公平分配，以满足当代和后代全体人民的基本需求；就其经济观而言，它主张人类与自然和谐相处。这些观念是对传统发展模式的挑战，是为谋求新的发展模式和消费模式而建立的新发展观。

三、可持续发展的内涵

可持续发展思想认为发展与环境是一个有机的整体。可持续发展并不否定经济增长，但需要重新审视经济增长。它主张发展要以自然资本为基础，强调发展目标与环境承载力相协调。主张通过适当的经济手段、技术措施和政府干预实现经济发展与自然环境相协调。要求大幅度降低自然资本的消耗速率,对于可再生自然资源,使消耗率低于再生速率,对于不可再生资源,使消耗率低于新型替代品的开发速率。强调正确的发展路径是鼓励清洁生产方式和可持续的消费方式,使每单位经济产出所产生的废物数量越来越少。强调发展要以提高人们生活质量为目标,同社会进步相适应。要使社会和经济结构发生进化、使一系列社会发展目标得以实现。同时主张发展要承认并体现出环境资源的价值,这种价值不仅体现在环境对经济系统的支撑和服务价值上,还体现在环境对生命支持系统的存在价值上。应当把生产中环境资源的投入和服务计入生产成本和产品价值中,并逐步修改和完善国民经济核算体系。最后强调可持续发展的实施要以适宜的政策和法律体系为条件,强调"综合决策"和"公众参与"。

四、可持续发展的理论基础

(一)环境承载力论

环境承载力是环境系统对人类社会经济发展活动的支持能力,是指某一时期,某种环境状态下,某地区的环境所能承受的人类活动作用的阈值。这里,"某种环境状态",是指现实的或拟定的环境结构不发生明显不利于人类生存的方向改变的前提条件。所谓"能承受"是指不影响环境系统正常功能的发挥。由于它所承载的是人类社会活动(主要指人类经济发展行为)在规模、强度或速度上的限值,因而环境承载力的大小可用人类活动的方向、速度、规模等量来表现。当人类经济活动(载荷现量)/环境承载力>1时,表明经济发展对环境的索取远大于环境对经济活动的支持度,环境已"严重超载";此值=1,表明环境处于基本满负荷状态;此值<1,表明环境尚未满负荷,允许进一步发展。

(二)环境价值论

环境的价值是指环境对人们的有用性,其实质上是反映了客体与主体需要之间的一种特定关系。这里所指的主体需要是一种客观的、社会的需要,而不是某个具体的人或集团的主观需要。环境的价值属性不是类似于物理、化学或生物学意义上的纯自然属性,也不是由主体根据自己的主观愿望随意赋予客体的,而是在客体的自然属性的基础上,通过主体的社会实践活动后获得的社会属性。环境的价值有三个层次:一是响应主体(人类社会)需求的价值;二是符合主体需求的价值。这是"需求响应价值"与"劳动价值"之和;三是满足主体需求的价值。这是"需求符合价值"与"市场价值"之和。

(三)协同发展论

协同发展是可持续发展的理论原则,也是行动准则,可持续发展的核心问题实质上是在每一个历史时段中社会、经济、环境三大系统的协同发展问题,也就是人类社会通过采取适当的发展行为,使这三大系统相互作用的结果达到社会效益、经济效益和环境效益统一的问题。如果说"可持续发展"是从时间域上表达了人类社会的追求和信念的话，那么"协同发展"则是从由发展要素构成的空间域上表达了人类社会的追求和信念。与"可持续发展"相比，"协同发展"更具有可操作性，只有实现了"协同发展"才能从过程上保证"可持续发展"目标的实现。

第二节　可持续林业理论

一、可持续林业的概念

20 世纪 80 年代中期提出"可持续农业"概念之后，80 年代末提出了"可持续林业"。可持续林业是在确保森林经营活动不破坏森林生态系统生产力、更新能力及物种多样性的前提下，能持续均衡地为人类提供林产品、生态和社会服务。它是通过综合开发、培育和利用森林，以发挥森林的经济、生态、社会和文化等多种功能，从而持久地提供林产品、文化产品并保护土壤、空气和水的质量，以及森林野生动物、植物的生存环境，既满足当前社会经济发展过程中对木材、林副产品和良好生态环境、社会、文化服务功能的需要，又不损害未来社会满足其需要的林业。

二、可持续林业的内涵

林业本身是一种经营森林生态系统的事业，是一个由人-经济-生态复合的大系统，其中包括林业生态系统、林业经济系统和林业经营管理系统 3 个子系统，可持续林业最大的特点就是其林业系统的稳定性和发展的持续性，也就是说林业生态系统的结构、功能和过程不易受外界干扰因素的变动而明显变化，能保持长期的稳定，林业经济系统和林业管理系统能正常运转，稳定持续地发展，系统的生态和经济效益均能稳定增长。

三、可持续林业目标的构成

根据森林在社会经济发展过程中的作用和预期目的，可持续林业的目标由相互联系、制约的生态环境目标、社会目标、经济目标构成。

（一）生态环境目标

可持续林业生态环境目标就是为当代人和后代人持久地提供适宜与可利用的生态环境。通过科学管理、合理经营森林资源，充分发挥森林水土保持、农田防护等土壤质量保持功能；发挥固碳制氧、净化空气、消尘减噪等空气质量提升功能；发挥涵养水源、改善气候、流域治理等水质保持功能及生物多样性保护、生物制药、美化环境等美学保健功能。

（二）社会目标

可持续林业的社会目标就是林业在社会经济发展过程中肩负起发展经济、消灭贫困的责任，除此之外还包括为社区群众提供就业机会、增加林农收入，为满足人的精神文化需求提供森林旅游、科普教育、宗教娱乐等多方面精神文化服务。一般来说，持续不断地提供多种林产品，满足人类生存发展过程中对森林生态系统中与衣食住行密切相关的多种林产品的需求是林业可持续发展的一个主要目标。对于像中国这样的发展中国家而言，林业可持续发展还必须肩负起发展经济、消除贫困的社会目标。

（三）经济目标

可持续林业的经济目标就是通过收获木材和林副产品、发展林产工业及森林旅游服务业等为国家或区域社会、经济发展提供经济贡献。同时要带动与林业密切相关的水利、渔业等产业的发展，提高其经济效益，并提升国家防灾减灾的能力。

四、可持续林业与森林永续利用的关系

森林永续利用主要是指通过森林更新、抚育、采伐等经营手段合理利用林地，不断提高林地生产力，持久和相对均衡地供应木材和林副产品，并在扩大林地面积的基础上适当扩大木材采伐量，实现永续利用，森林永续利用最关键的条件是要有理想的森林空间结构和时间结构，同龄林类型的理想森林结构模型是法正林，异龄林类型要求林分中的大、中、小各径级林木蓄积量比例以 5：3：2 最适宜，这种多年龄、多径级多林层的森林群落有利于维持森林的生态平衡，并通过定期径级择伐，从而实现森林永续利用。可持续林业是针对当代人面临的环境问题，在借鉴可持续发展思想的基础上提出的，它强调的是森林生态系统在维护和维持人类生命支持系统中的地位和作用，关注的是综合森林经营环境的生态完整和保障未来选择的可能。而森林永续利用关心的主要是森林能不间断甚至每年向人类提供木材和林副产品。随着林业经营目的的变化，森林永续利用不再是林业经营的唯一目的，森林经营的目的追求多效益。综上所述，森林永续利用只是实现林业可持续发展的措施之一，本质上是把森林生态系统当成只生产木材和林副产品的封闭系统，而林业可持续发展把森林生态系统看成是同时生产物质产品和环境服务的开放系统，目的是实现人与自然协同发展。

五、可持续林业与森林可持续经营的关系

可持续林业与森林可持续经营的内涵既有联系也有区别。可持续林业是将林业作为全球、国家、区域可持续发展战略体系的一个重要组成部门，从行业发展的角度，从森林生态系统在林地、湿地和沙地生命支持系统中的地位和作用出发，以人与森林生态系统之间的相互作用关系和森林生态系统的固有特征为依据，来规范和调整林业主管部门、森林所有者和经营者等林业利益相关者的行为以实现林业的可持续发展。而森林可持续经营的重点在于通过对森林生态系统的科学经营和管理，为社会经济发展过程提供木材和林副产品、生态环境服务产品，从而实现人与森林协同发展的目的。因此森林可持续经营同时也是实现林业可持续发展的有效途径和具体体现，没有一个持续经营的森林就不可能有持续发展的林业，没有一个持续发展的林业，必然会严重影响社会经济的持续协调发展。

第三节　森林生态系统经营理论

一、森林生态系统经营产生的背景

　　长期以来，森林经营管理的目标是在一定的社会、经济和环境的约束下，使木材和林副产品的收获最大，即追求最大的经济效益，而忽视了生态效益和社会效益。随着人们对森林功能和价值认识的逐渐深化，这一占统治地位的传统森林木材永续利用的观点，从理论到实践均受到了森林生态系统经营的挑战。尽管森林生态系统经营是近几十年才受到普遍关注的，但这一概念并不是最近提出的。早在 20 世纪 20 年代，美国林学家及野生动物学家就主张把土林地作为一个"完整有机体"来管理，并保持土地所有的组成部分协调有序。即土地在满足人类生存发展需要的同时，维持其生态系统的完整性和可持续性。他们的这一观点，已经初具了森林生态系统经营的合理内核。在实践上，美国也相继制定了一系列法律法规。自 1960 年以来，相继通过了《综合利用永续作业法案》《国家环境政策法》《森林、牧地可再生资源计划法》和《国有林经营法》等法律法规。但由于基础研究没跟上，这些法律、法规大都缺乏实践操作的标准和指标，导致执行困难。因此，在实践中，森林经营单位仍最大限度地推行以木材生产优先的经营方针。但随着林业实践对科学技术的要求越来越高，反推林学家和生态学家提出新的森林经营理论以满足林业实践发展的需求，森林生态系统经营理论就这样应运而生了。到 20 世纪 70 年代，人类社会所面临的生态环境问题越来越严重，水土流失、空气和水污染严重、土地退化、山洪泥石流频发等，而这些生态问题都与森林经营不善密切相关，在这种背景下，国际社会开始倡导以生态系统作为公共土地政策的基础。生态系统经营一词也开始出现在环境组织的出版物中。但当时的生态系统经营仅局限于单纯的环境保护主张，并没有促成传统森林经营思想的转变。到 20 世纪 80 年代，全球生态环境仍在持续恶化，且新一代的环境问题面临更大的政治、经济、社会甚至文化的复杂性，单靠环境保护部门的力量已经无法解决，需要协同社会、经济和环保部门的力量来共同解决。因此，人们只能摒弃单纯的保护和发展观，可持续发展很快成为世界各国的共识。同时，人们也深刻认识到富有活力且健康的森林生态系统对于维持地球陆地生态系统健康及提升人类生活质量方面的主要生命支持作用，并反思传统森林永续收获经营不能解决森林资源利用与环境保护之间矛盾的难题。到 20 世纪 80 年代后期，森林经营的一条生态系统途径——森林生态系统经营，受到许多学者、政府工作人员、森林经营者及其他人的支持。森林生态系统经营模式的第一个标志是 1989 年由福兰克林提出的"新林业"思想：森林的生产、保护和游憩功能不会自然、均衡地出现，需要转变为多目标经营的新林业。之后美国林业局在"新观念"的提法下开始实施生态系统经营，提出了"适应性经营"。美国林学会于 1993 年发表了《保持长期森林健康和生产力》的专题报告，认为需要找到一条生态系统经营的途径，要在景观水平上长期保持森林健康和生产力，即森林生态系统经营，并广为人们所接受。它把人类对森林产品和服务的需要，以及对环境质量和生态系统健康长期保护的需要综合为一体，形成森林经营历史上一次重大的转变，被认为是 21 世纪森林经营的趋势。

二、森林生态系统经营的概念

自从 20 世纪 80 年代，美国第一本关于生态系统经营的专著《公园和野生地的生态系统经营》出版以来，涌现出大量有关森林生态系统经营的文献。许多政府部门、社会公共机构及专业人士在多种意义上使用此书。美国林业局称："在不同等级生态水平上巧妙、综合地应用生态学知识，以产生期望的资源价值、产品、服务和状况，并维持生态系统的多样性和生产力""它意味着我们必须把国家森林和牧地建设为多样的、健康的、有生产力的和可持续的生态系统，以协调人们的需要和环境价值。"美国林业及纸业协会称："在可接受的社会、生物和经济上的风险范围内，维持或加强生态系统的健康和生产力，同时生产基本的商品及其他方面的价值，以满足人类需要和期望的一种资源经营制度。"美国林学会称："森林生态经营是森林资源经营的一条生态途径。它试图维持森林生态系统复杂的过程、路径及相互依赖关系，并长期地保持它们的功能良好，从而为短期压力提供恢复能力，为长期变化提供适应性。"简言之，森林生态系统经营是"在景观水平上维持森林全部价值和功能的战略"。美国生态学会称："由明确目标驱动，通过政策、模型及实践，由监控和研究使之可适应的经营。并依据对生态系统相互作用及生态过程的了解，维持生态系统的结构和功能。"中国一些学者也对森林生态系统经营进行了定义，徐国祯和黄山如（1998）认为，森林生态系统经营本质是维持长期健康的森林生态系统和持久的林地生产力，关键是建立起一个自适应机制。邓华锋（1998）认为，森林生态系统经营是协调社会与经济发展及利用自然科学原理经营森林生态系统，并确保其可持续性。

显然，这些定义反映了不同部门、学者的立场和观点，但仍有一些共同点，即反映生态学原理、重视森林经济效益、生态效益及社会效益的全部价值，考虑人在森林生态系统经营的重要作用和意义。实质上森林生态系统经营，就是把森林看成乔木、灌木、草本、地被物、动物、微生物等组成的有机体和土壤、水、岩石、空气等非生物环境构成的等级组织和复杂系统，是通过一种开放的、复杂的大系统来经营森林资源，是以人为主体的、由人类参与活动的、由人类社会-森林生物群落-自然环境组成的复合生态系统。

三、森林生态系统经营的内涵

（一）以生态学原理为指导

现代林业是以森林生态系统为经营对象，以科技创新为手段，坚持经济效益与生态平衡相结合，实现林业的生态化发展，并协调好各利益相关者之间的关系，最终实现人与人、人与自然的高度和谐。在这种情况下，森林生态系统经营强调以生态学原理为指导显得尤为重要。要重视森林生态系统的等级结构，从林分、生态系统和景观三个等级序列中寻找解决问题的路径，科学确定生态系统的边界及规模水平，采用仿自然的经营模式维持森林生态系统结构、功能和过程的稳定性与可持续性。

（二）重视生态系统的可持续性

生态系统的可持续性是指生态系统维持其组成、结构和功能能力的可持续性和提供木材、林副产品、就业和森林旅游等能力的可持续性。前者是维持林地生产力和森林物种多样性的必要条件，后者是满足社会经济发展对木质纤维需求和文化需要的必要条件，只有生态合理且益于社会良性运行的可持续森林经营才能同时满足二者的可持续性。

（三）重视社会科学在森林经营中的作用

首先，生态系统经营承认人类社会是生态系统的有机组成，人类在其中扮演调控者的角色。人类既是许多可持续性问题的根源，又是实现可持续性的主导力量。森林生态系统经营不仅要考虑技术和经济上的可行性，而且要有社会和政治上的可接受性。它把社会科学综合进来，促进处理森林经营中的社会价值、公众参与、组织协作、冲突决策，以及政策、组织和制度设计，改进社会对森林的影响方式，协调社会系统与生态系统的关系。其次，森林经营越来越要面对如何处理社会关于森林的价值选择问题。社会关于森林的价值，既是冲突的，又是变动不居的。森林价值的演变，形成了森林经营思想的演变。

（四）强调适应性经营

这是一个人类遵循认识和实践规律，协调人与自然关系的适应性的渐进过程。根据以上关于森林生态系统经营的概念、定义及内涵的论述，可以这样认为：所谓森林生态系统经营，是森林经营的一条生态途径，它通过协调社会经济和自然科学原理经营森林生态系统，并确保其可持续性。

（五）强调人与自然的和谐相处

森林生态系统经营的价值观、理论和方法与传统森林经营有明显区别，特别是对森林价值的认识。从林分水平到景观水平，空间尺度拓展，通过满足人类需要与维持和增进森林生态系统的健康和完整性，使人类与自然在一个大的空间范围和较长的时间尺度上协同、持续与发展，为实现森林可持续经营奠定了基础，是实现林业可持续发展的重要途径。

（六）需要全社会的支持

森林生态系统经营以维持森林生态系统在林分尺度和景观尺度方面长期健康与稳定为目标，强调维持森林生态系统的活力与完整性。科学经营措施的制定要求建立在生态合理的基础上，这对信息、知识、技术和决策都提出了更高的要求，需要多来源的信息、多学科交叉的知识和技术、多部门合作的决策体制来协同完成。因此，它要求林业工作者在观念、行为上有大的转变，同时在知识和技术上不断更新，也要求全社会的参与和支持。

四、森林生态系统经营目前面临的主要问题

（一）缺乏较成熟的森林生态系统经营理论及技术体系

森林生态系统经营理论提出到现在只有短短几十年，我国在这方面起步更晚。对一些主要概念的理解还存在很大的争议，如森林生态系统经营的概念和内涵至今都没有统一、严格的定义，这在一定程度上影响了其研究的进一步发展。另外，关于森林生态系统经营技术也比较零散，还没有形成严密的逻辑体系，如生态系统经营体系在森林更新、森林抚育、森林采伐、林地生产力维持及投入产出经济分析等方面都缺乏具体成熟的技术支撑。因此，今后应加强对森林生态系统经营概念、内涵及技术体系方面的研究。

（二）缺乏被证实的示范实例

尽管森林生态系统经营从概念的提出再到实践已经有几十年的发展历程，但由于有关森林生态系统经营的知识和技术储备还不完善，再加上人类对森林复杂生态系统的结构、功能及过程之间的响应机理还不十分了解，因此，在森林生态系统经营理念指导下的森林经营实例至今并不是非常多。基于此，对森林生态系统经营计划的制定和实施、经营效果的监测和评价、实施计划的再修订和完善等不断重复这样一个适应性经营过程是必不可少的，适应性经营是发展和完善生态系统经营的一个重要手段。

（三）缺乏整体性研究

森林生态系统经营是将人看成自然生态系统的一部分，通过人和自然的共同作用在林分、生态系统及景观三个尺度维持森林的全部价值和功能，这就需要林学、生态学、社会学、环境科学等学科知识与技术的交叉与综合，为森林生态系统经营提供知识和基础支撑，从而同时实现森林的生态、经济和社会效益。因此，森林生态系统经营研究必须超越传统的时空尺度和专业、学科分工，实行专业、学科交叉融合，综合、系统、全面地研究。但目前国内森林生态系统研究都是孤立分散地进行，缺乏学科交叉研究。今后的研究应从局部发展到整体，从单一尺度发展到多尺度，从单一专业、学科发展到多专业、学科交叉融合。提出森林生态系统经营管理的具体目标、科学可行的理论模式、指标和评价体系，为森林生态系统经营提供理论依据。

（四）缺乏社会的普遍理解和支持

森林生态系统经营彻底打破了传统森林经营形成的经济平衡、社区稳定性及森林经营理念，势必对整个社会及林区人们的生产生活方式、就业、文化传统、工业产值等产生重要影响，这在一定程度上影响了政府在森林生态系统经营方面的投入及社会对其的支持。因此，要成功地进行森林生态系统经营，必须有体制、政策、制度和法律上的支持；要求林业工作者在观念、行为上有较大转变，要有公众的积极参与。

第四节　森林永续利用理论

一、森林永续利用的概念

森林永续利用是指在一定经营范围内能不间断地生产经济建设和人民生活所需要的木材和林副产品,持续地发挥森林的生态效益、经济效益和社会效益,并在提高森林生产力的基础上,扩大森林的利用量。

二、森林永续利用的发展历程

(一)森林永续利用的起源

从历史上来看,对森林永续利用问题的研究,是从我国开始的。早在 2000 多年前的周代,我国就出现了合理利用可再生生物资源思想的萌芽,此后的许多思想家和学者在他们的著述中,关于森林资源的开发利用问题也在不同程度上有所涉及,并提出了许多具有科学性的理论,如春秋时期,管仲就提出:"山泽虽广,草木毋禁;壤地虽肥,桑麻毋数;荐草虽多,六畜有征,闭货之门也。"孟子也认为:"斧斤以时入山林,材木不可胜用也。"孟子的这一思想,同我们今天的"采伐量不能超过生长量"的经营指导思想也有很多的相似之处。但森林永续利用作为一种具体的科学理论研究,却还是近 300 来年的事,它的产生是为了解决木材供需矛盾,实现木材的永续利用,是森林资源经营管理技术发展的必然。当欧洲发生工业革命以后,木材成了主要的工业原料,木材的需求大幅增加,私有林林主为保证木材均衡持久地生产而获取长期稳定的收入,对森林永续利用进行了大量研究。1669 年法国率先颁布了《森林与水法令》,明确规定森林经营管理的原则是既要满足木材永续生产,又不得影响森林的自然更新,木材的均衡永续生产首次被列入国家法规。德国也因工业的快速发展,对木材的需求量猛增,开始大规模采伐森林,并导致 18 世纪初的震动德国的木材危机。危机的出现,促使林业工作者对过去的森林经营理念进行了反思。1713 年,德国林学家 H.卡洛维茨首先提出了森林永续利用原则和人工造林思想。他指出:"努力组织营造和保持能被持续地、不断地、永续地利用的森林,是一项必不可少的事业。"卡洛维茨也因此被认为是森林永续利用理论的创始人。所谓森林永续利用原则,就是"森林经营管理应该这样调节森林采伐,通过这种方式使木材收获不断持续,以致世世代代从森林中得到的好处,至少有我们这一代这样多"。之后,在此基础上,德国林学家乔治·路德维希·哈尔蒂希在全世界率先明确提出了"森林永续利用理论",即"法正林"理论。从 18 世纪以来,以德国的"法正林"为中心的森林资源永续利用学说,成为当时各国传统林业发展的理论基础,并逐渐风行于邻近的奥地利、瑞士和法国等国。森林永续利用理论出现的最大的贡献是人类认识到森林资源并非取之不尽、用之不竭的,只有在培育的基础上进行适度开发利用,即森林的采伐量小于或等于森林的生长量,才能使森林持久地为人类的发展服务。

（二）木材永续利用阶段

从人类社会产生以来，人类主要利用森林的木材、树皮、树叶、树枝和树根等林副产品。这种利用一直伴随着人类的社会发展。直到工业革命发生前，由于森林经营并未企业化，木材的需求量也较少，森林的经营者个人或集团追求的眼前利益和长远利益都属经济性和福利性的，很少顾及森林永续利用。1759年，德国首先在森林经营管理方面提出了材积分配法，它将林木按直径大小分为成熟林木和未成熟林木，在一个时期内伐完现有成熟林木，而未成熟林木生长到成熟林木的时间与成熟林木采伐期间所用时间相等，从而实现木材永续利用。不久发展到具有划时代意义的平分法，对永续性的内容用数量加以严密的规定，即要求将轮伐期划分为几个分期（5年、10年、20年），各个分期的收获量均要相等。从而萌发了森林永续利用的概念，这个概念随着19世纪初德国洪德斯哈根"法正林"学说的提出得到了进一步巩固，人们开始自觉地去研究和执行森林中的木材永续利用问题。"法正林"学说的基本要求是：在一个作业级或一个作业单位内的森林，从1年生到U年生的林分都有，而且面积相等，整个作业级内林分的地域配置要合理，每个林分都具备最高的生长量，每年采伐的是最老林分的蓄积量，而最老林分的蓄积量就是所有林分的生长量，这样就实现森林的永续经营利用。从现在的观点看，"法正林"学说最大的贡献是从理论上论证了只要"年采伐量等于或小于年生长量"就可以实现森林的永续利用。这对世界各国通过控制采伐量实现森林永续利用都有现实意义。"法正林"学说经过后人不断的补充和完善，成为森林经理学发展史上森林永续和均衡利用的最经典理论。"法正林"是人工同龄林实现森林永续收获的理想森林结构模式，不过，"法正林"要求的条件近乎苛刻，与现实的森林结构差距较大。现实林要导向"法正林"，往往需要几十年甚至上百年的时间，为此，1954年，美国 K. P. Davis 提出"完全调整林"经营思想，扩展森林经营在林龄结构不变的前提下定期收获质量、数量大体一致的木材，实现在现实林中近似地进行"法正林"方法的经营。1961年日本铃木太七论证并提出了"广义法正法"理论，针对大片森林提出按"减反率"采伐。但无论是"法正林"作业，还是后来的调整作业和"广义法正林"的经营技术，都是以保证私有林业企业的简单再生产为中心，而不是扩大再生产，最终目的只是保证私有林业企业主的长期稳定的收益，因而，"法正林"理论具有一定的理论局限性。木材永续利用阶段的森林资源永续利用的含义较窄，是有林地资源"永续作业""永续经营"和"永续收获"等的同义语，基本含义就是指对有林地生产作业和木材生产收获的不断继续。这一理论的产生是反对把森林当作"采掘性"的物质资源生产部门，而要充分发挥森林资源的再生作用，在运用先进的森林资源经营管理理论和森林经理技术的基础上，对现实森林进行持续不断的作业，以期待把现实森林改良成为生生不息、不断利用的资源。

（三）森林多效益永续利用阶段

随着科学技术的不断进步和人们对森林资源多种功能效益与价值认识的加深，木材永续利用越来越不能满足社会经济发展对森林资源多效益的需求。第一，从经济发展的角度看，经济不是仅停止在简单再生产要求上，而是还要求扩大再生产。第二，从森林经理技术发展来看，在现有林学技术和集约经营的条件下，林木生长量和收获量可以逐步提高，从而打破那种简单重复的低水平生产。第三，从保护生态环境及发挥森林资源的多种效益来看，森林资源永续利用也不能简单停止在木材生产上，而必须实现森林资源生态效益和社会效益的永续。尽管森林资源的不同功能和作用可以通过划分林种来体现，但就现代经济的发展对森林资源提出的新需求来看，即使对于用材林的经营，也必须充分考虑其公益效用的永续发挥。第四，就森林资源所包含的内容来看，也具有广义和狭义之分，狭义的森林资源概念仅包括林木资源。广义的森林资源概念包括了以林木资源为主体的，森林环境内的其他一切可利用的经济植物资源、动物资源和微生物资源。与之相对应，森林资源永续利用也必须是包括林木资源在内的其他所有林副产品资源的连续不断的生产和收获。因此，在现代林业科技用语中，森林资源永续利用具有了更加广泛的含义，它要求有一定规模、数量和质量的森林资源，在地域上和龄级上有合理的结构与布局，在全国范围实行全面经营。根据森林培育的对象进行分类经营，严格控制用材林的采伐量，在不断扩大森林资源的前提下，实现森林资源生态效益、社会效益和经济效益的持续发挥，以走向森林多功能、多效益永续利用的道路。

三、森林永续利用与林业可持续发展的区别

（一）经营目标的去向不同

传统的森林永续利用理论以获得森林资源的使用价值为目标，它强调单一的产品产出，即木材和林副产品收获最大，目的是满足社会对木材和林产品源源不断的需求，而忽略了森林的生态效益和社会效益，尽管目标是森林的多效益利用，但是现实中仍以经济效益为主导，其他效益处于从属地位。而林业可持续发展以维持森林生态系统在陆地生命支持系统的重要作用为目标，它强调维持森林生态系统的结构、工程和过程的可持续性，目的是通过对森林生态系统的科学经营和管理，以维持人类赖以生存的地球陆地上最大最复杂的生命支持系统，即森林生态系统的可持续性。

（二）经营模式不同

传统的森林永续利用的经营模式采用龄级法经营，有固定的轮伐周期，采用人工造林和皆伐方式收获成熟木材，同农业的经营模式基本没有区别。而林业持续发展的经营模式强调遵循森林生态系统的自然规律，森林资源的开发和利用要以维护森林生态系统的健康和活力为目标，目的是提供最优的经济、生态和社会效益，实现人与自然的和谐相处，表现为森林健康化，提供最优的功能和效益。

（三）核心理论不同

森林永续利用的核心理论是"法正林"理论，它通过控制木材的采伐量与生长量大致相同来实现森林蓄积量的稳定。目标是将现实林分经营成具有法正龄级分配的理想结构和稳定状态，从而实现森林永续利用。而林业可持续发展的核心是可持续发展理论，它强调人与自然的和谐，森林结构与功能的和谐，更强调当代人与后代人在利用森林资

源方面的代际公平。

（四）技术保障体系不同

以森林采伐为手段，通过对现实林分的龄级结构进行调整，以达到法正林的理想龄级结构，从而实现森林蓄积量的收获最大，并能为社会均衡持续地提供木材生产，这是森林永续利用技术保障体系的核心。而林业可持续发展的技术保障体系是综合的，包括森林可持续经营、森林分类经营、生态系统经营和森林资产化管理。从不同侧面反映了林业可持续发展实现的路径、技术基础、保障体系和配套措施。

（五）操作尺度不同

森林永续利用经营措施实施单位（操作尺度）以"法正林"理论为依据，在林场或林业局范围内划出具有相同经营目标、相同经营措施的地段，称为作业级或森林经营类型。它是建立在林分尺度上的生产组织形式。而林业可持续发展经营措施的操作尺度建立在更宏观的景观尺度上，它是区域化、社会化的管理组织形式，目的是维持森林生态系统结构、功能和效用的相互协调。

第五节　社会林业理论

一、社会林业产生的背景

农民作为林区森林经营活动的主体和重要的利益相关者，对林业的可持续发展起着非常重要的作用，特别是随着林业多效益经营目标的提出，仅仅依靠林业部门已无法实现林业的可持续发展，它需要广大农民的广泛参与，但在林业发展过程中，一味地追求木材生产和经济发展，往往忽略了农民的利益诉求和林区农民的文化习俗，导致农民参与林业的积极性不高，林区经济发展和环境退化的矛盾也日益突出。在这种背景下，从20世纪70年代开始，社会林业随之产生。在早期，社会林业主要解决的是由毁林开荒和过度樵采导致的森林资源大面积被破坏和质量下降及农村环境恶化问题。主要内容是通过鼓励农民植树造林和恢复植被，解决农村薪材短缺问题，它被认为是一种适合温饱型经济的特殊林业类型。许多国家和国际组织尝试将社会林业作为一种不同于传统林业的森林经营形式。

1978年10月16~18日在印度尼西亚雅加达召开的第八届世界林业大会，重点讨论了发展中国家的林业发展战略问题，提出林业要为农村社会、经济的全面发展服务，最重要的是要为农村的扶贫脱困服务，要为农村环境质量的提高服务。要把以林业为基础的经营生产活动转变成农村社会经济变革发展的动力源泉。会议提出林业规划要顾及农民的利益，要调动农民参与林业的积极性，要将林业发展规划纳入农村社会经济发展的总体规划中，从而从根本上扭转了传统林业脱离乡村发展的局面。同时，世界银行发表的林业政策报告中也提及林业方面的发展重点将从工业林业转向环境保护和满足林区人民的需要，围绕人民和依靠人民来发展林业。从这时起，林业在社会经济发展中的基础作用得以巩固，林业在农村环境保护中的核心作用得以强调，农民在林业发展的主体作用得以加强。社会林业在世界范围内得到了各国广泛的重视和推广。都认识到了社会林业在促进乡村经济发展、森林资源保护、改善生态环境和解决乡村贫困等方面具有重要的作用。普遍认为社会林业是林业与社会发展相结合的一种好形式。至此，社会林业对农村社会和经济的发展所产生的影响，已日益为世人所关注，如在作为发展中国家的中国。

二、社会林业的定义

由于各国的社会经济制度、森林资源现状和发展基础、民情风俗和文化存在显著差异，加上经济发展水平也是高低不同，因而各国对"社会林业"的定义不尽相同，不同的机构对"社会林业"也有不同的定义。联合国粮食及农业组织 1978 年将社会林业定义为参与式林业或社区林业。第八届世界林业大会把"社会林业"定义为能吸引当地林农广泛参与，并能取得经济收入的营林、林产品加工及手工艺生产等一切与林业有关的活动。《南非可持续森林发展白皮书(1995)》认为社会林业包括农场林业、农业林业、村社及城区和郊区的造林活动，以及由农民参与的林地管理活动。亚太地区社会林业培训中心对社会林业的定义是任何一种能使当地群众自我驱动、自我激发，且拥有自主权，从而投身于植树并收获树木产品的，旨在促成土地系统持续利用的社会活动。联合国粮食及农业组织出版的《世界森林资源状况》一书认为社会林业涉及的范围包括公共林业、农场林业和联合林业管理，它采用参与方式方法帮助当地人民及其组织机构，通过提高对林木和林业资源的利用与管理达到目标，并解决林木和林业问题。

综上所述可知，社会林业是群众参与性林业，是农村人民和城市人民自主地参加管理与经营的林业，是以当地居民为主体，并以当地居民的自愿参与为主要特征，通过采用农林复合经营等手段，参与森林经营管理各方面的活动，使当地农民直接受益、增加收入、发展地方经济和保护森林资源、改善生态环境、促进乡村社会综合、协调与可持续发展的森林经营管理组织形式。

三、社会林业的内涵

目前社会林业还没有统一的定义，但在其核心观点上已经取得了一致看法。社会林业的核心是参与性，包括乡村农民、政府部门、科技人员、非政府组织等利益相关者的支持参与，涉及与林业相关的方方面面。社会林业的目标是提高乡村农民的生活质量，改善乡村的森林质量和生态环境，并促进乡村社会、经济、资源和生态的协调可持续发展。社会林业的本质是森林经营管理的一种组织形式，技术手段包括农林复合经营在内的一系列培育森林、经营管理森林和森林更新技术，并把先进的现代林业科学技术与传统的森林培育、经营、保护知识相结合。社会林业的具体内涵包括以下 3 个方面。

（一）社会林业的核心是参与性

追求林业的经济、生态和文化功能是现代林业发展的目标，林业不仅要向人类提供木材和林副产品，还要向人类提供生态服务产品和文化服务产品。这使得林业同时具有产业属性和公益属性的特点，林业公益属性的特点，决定了林业发展的群众性。公益林作为一项改善人类生存环境的重要工程，离不开广大人民群众的积极参与。这是因为公益林的生态和社会服务产品没有公开交易市场，无法实现其价值。没有人愿意投资公益林建设。因此，没有政府的投入和社会力量的支持，公益林的再生产无法维持。同时，林业活动的调查评估、项目规划和决策实施也需要群众参与其中，通过直接参与制订林业发展规划、计划，能提高群众参与实施林业活动的积极性，即林业发展到今天，必须依靠社会的力量来推动可持续发展，而社会林业就是适应这一历史需求的林业发展组织形式，它是政府、技术人员和乡村农民共同参与和合作的林业发展组织形式。体现了林区群众当家做主的局面，它最适合发展中国家的林业发展，它以多元化的主题参与林业开发，既减轻了政府开发林业的负担，又能发展社区经济，安定林区社会。

（二）社会林业的目标是提高乡村农民的生活质量

社会林业最终目的是使林区的群众受益，提高他们的生活质量，社会林业一方面要满足林区群众对木材、薪柴、经济林产品和林副产品的需要；另一方面要通过植树造林和低质低效林的提质增效经营活动使林区的局部生态环境与生活环境改善，从而增加林地肥力，提高森林的生态和社会服务功能，间接地使林区群众受益。在此基础上，社会林业还要服务于乡村振兴战略，要将林区乡村的综合开发与扶贫、森林资源的持续管理与利用相结合，不仅要完成国家下达的造林计划，还要开展林业综合开发，包括营林、木材生产和林产工业林业多种经营，如林木种植业、林下养殖业、林副产品加工业、森林食品、药材、香料的采集和培植业、森林旅游业、花卉盆景业、野生动物驯养繁殖业等，以增加就业机会，同时提高居民的生活水平。即通过一系列的林业改革，促进乡村社会的生态、经济与社会协同发展，从根本上使林区群众摆脱贫穷和生态、社会环境长期从根本上得不到改善的困境。

（三）社会林业的本质是森林经营管理的一种组织形式

森林经营管理是对森林经营活动中的人、财、物通过合理组织、科学经营来实现森林资源可持续发展的目标，以更好地服务于人类社会的发展。社会林业主要以乡村林业为对象，以林区广大群众为主体，通过林区群众的积极自愿参与调查评估、项目规划和决策实施等活动，最大限度地从森林中直接获得明显的经济效益和社会效益、生态效益等。社会林业能更好地把森林经营管理技术与人文社会关系相结合，通过重构林业产权主体、彻底变革大规模、长轮伐期、同龄林经营的传统林业经营机制，从根本上促进了独立的、小规模的和分散的力量相对集中，扩大了林业管理和组织的群众基础。所以说社会林业是森林经营管理的一种组织形式。

四、社会林业研究的重点领域

社会林业研究的重点领域主要包括以下几点。一是林区群众的主动性和参与性。林区群众是社会林业的基础，没有林区群众的参与，社会林业就成了无源之水。二是权属问题。只有明确了社区林业的产权关系，将林区群众的权利和义务制度化、法律化，才能调动林区群众参与社会林业的积极性。三是社会林业的理论基础。社会林业跨自然学科和社会学科，是一门交叉学科，林学、社会学、生态学、经济学、森林经营管理学是其主要的理论基础。四是社会林业的外部支持系统。在社区林业市场中，出现在生产、分配、交换、流通等领域的各种问题，需要外部支持系统（如政府组织、非政府组织、政策法规系统、金融服务系统、技术与教育系统、社会化服务系统）来解决。五是社会林业调查评估方法。社会林业调查评估是通过调查获得社会林业地区的自然、社会、经济条件，通过发现、分析问题，并找到解决问题的途径。社会林业调查评估重点研究的是：针对面临的问题，通过乡村群众的参与，采用激发和鼓励等方式，使群众主动提供相关资料，最终找到相应的答案。

第六节　结构化经营理论

一、结构化经营的提出

森林是以乔木为主体的生物群落与其周围环境所组成的生态系统。它作为面积最大的陆地生态系统，被人类称为"地球之肾"，森林在人类文明的发展史中，一直起着举足轻重的作用，与人类的衣食住行密切相关，除提供人类社会发展需要的大量木材和林副产品外，森林还维护着整个地球的大气平衡和生态安全，是人类的"绿色保护伞"，但当人类进入工业革命之后，人口极速增长及人类对自然生态系统无节制地开发利用，使森林面积减少，特别是原始森林破坏严重，造成了森林结构的不稳定及生态环境的持续恶化。如何解决由不合理开发森林资源而引起的系列环境生态问题，已经成为现阶段人类首先要考虑的重大生态问题。目前人类面临增加森林面积、提高森林质量、增加森林生物多样性、维护生态系统功能和林地生产力等一系列重大挑战。传统的森林资源经营管理以实现木材的永续利用为核心，围绕用材林更新、培育、采伐及结构调整等相关技术，进行了长期研究与实践探索，形成了一整套有关用材林可持续经营的理论、技术与实践经验成果储备，但这些经典森林经理学理论与技术已不能适应现代林业对森林多功能经营的需求。森林的多功能经营是在森林可持续经营的原则指导下，以培育健康、稳定、优质、高效的森林资源和稳定可持续的森林生态系统为目标，更加强调创建或维护最佳的森林空间结构。国际上无论是德国的近自然森林经营，还是美国的生态系统管理，其实质都是为了维护森林生态系统的健康和活力，发挥森林的多功能和增强森林抵御自然灾害的能力。众所周知，森林经营是林业发展的永恒主题，森林经营的实质就是遵循结构决定功能的原理，通过优化森林空间结构实现森林多功能的发挥。我国以惠刚盈为代表的森林经理专家紧紧抓住"结构"这一控制系统功能发挥的"中枢"，汲取林业发达国家的成功经验，通过多年的潜心研究，系统地提出了创新性的森林经营理论与技术——结构化森林经营。结构化森林经营是在德国近自然森林经营方法的基础上形成的，以培育健康稳定的森林生态系统为目标，以林分间伐空间结构优化和林分补植空间结构优化为手段，在采伐木选择和林木补植位置确定方面，既考虑定性原则，也创造性地提出了进行林木水平和垂直分布格局、林木竞争、林木混交等量化调整方法，该经营体系最突出的特点在于既能科学、准确地量化描述森林结构，揭示森林结构与林木竞争、树种空间多样性的关系，又能够制定有针对性的经营措施，指导经营者对森林结构进行量化调整。结构化经营理论和技术的提出为破解我国森林可持续经营难题和精准提升我国森林质量、加速推广和应用结构化森林经营技术做出了突出贡献。

二、结构化经营的基础理论

（一）林分空间结构单元

林分空间结构单元是由林分中任意一株中心木与其周围最近邻木组成的基本单位，它是计算空间结构指数和分析林分空间结构特征的基础，最近邻木的株数是确定林分空间结构单元的最关键的问题，但对于如何确定邻近木株数还存在争议。

有学者以混交林为实例研究不同树种间的隔离程度时，提出最近邻木 $n \geq 2$ 的结论，这样的林分空间结构单元在研究由 2 个或 3 个树种组成的混交林时还可以，但对于林分中有 4 个及以上的混交树种时，n 以上的取值显然小了，惠刚盈和胡艳波（2001）认为 n 的取值既不能太大，也不能太小，恰当的 n 应该具有操作简单、可释性强的特点，认为 $n=4$ 可以满足林分空间结构分析的要求，同时指出在采用林分平均混交度分析林分树种隔离程度时，应该结合树种混交比。这样有利于更加准确地分析林木的隔离程度。但是采用固定邻近木确定林分空间结构单元的方法会造成两种不科学的结论，一是有可能将非邻近木算到中心木的邻近木中，二是有可能将中心木的邻近木排斥在外。为了克服上述缺点，汤孟平等（2009）提出利用 Voronoi 图来确定中心木的最近邻木。然而利用普通 Voronoi 图确定林木的最近邻木时仅考虑林木的位置关系，而没有考虑林木的自身生长状况对林木影响范围的作用，基于此，有的学者尝试采用加权 Voronoi 图来确定邻近木株数的新方法。2012 年郝月兰利用冠幅加权 Voronoi 图单元的面积确定林近木的营养面积，采用加权 Voronoi 图来确定对象木的邻近木，确定的空间结构单元更合理，计算的空间结构指数更能反映林分的实际空间结构特征，能够有效减小空间结构指数的有偏估计。利用 Voronoi 图确定中心木的最近邻木的方法已经被诸多学者认可和应用，正在成为研究的热点。

（二）林分空间结构量化指标

空间结构量化是林分空间结构研究的一个热点领域，目前，国内外许多学者主要从林分树种隔离程度、竞争、林木空间分布格局三个方面来量化分析林分空间结构，林分的垂直结构量化分析近年来也被广泛研究。

1. 林分树种隔离程度　　在森林生态系统中，同一物种之间的竞争几乎永远是最激烈的，而且影响一般是不良的，这就要求树种间有相互隔离的需要，传统上采用混交比来描述林分的混交程度，它是一个非空间结构指标，表示的是某一树种的株数占整个林分中所有树种株数之和的比例，混交比的缺点是不能反映某一树种与周围树种的隔离关系。Fisher（1933）提出的多样性指数只能反映物种的丰富程度，却不能反映物种间的空间分布关系。Pielou（1961）提出的分隔指数仅能用来分析随机分布混交林的树种种间隔离关系，不能描述属于均匀与团状分布的林分中树种的隔离程度。基于此，Gadow

（1992）提出了混交度的概念，即中心木 i 的 n 株最近邻木中与中心木不同属种的个体所占的比例，也常被称为树种混交度和简单混交度，用公式表示为

$$M_i = \frac{1}{n}\sum_{j=1}^{n} v_{ij} \tag{3.1}$$

式中，M_i 为中心木 i 的混交度；n 是中心木 i 的邻近木株数；v_{ij} 为离散型变量，当中心木 i 的第 j 株邻近木与中心木 i 为不同树种时，$v_{ij}=1$，否则 $v_{ij}=0$。混交度考虑了林木的空间位置，能够描述某株中心木与其周围最近邻木的树种异同情况，但没有考虑周围邻近木相互之间的树种异同情况。这说明简单混交度不能完全反映树种之间的隔离程度，为了解决这个问题，汤孟平（2003）提出树种多样性混交度的概念，它不仅考虑了中心木与邻近木之间的树种异同情况，还考虑了邻近木之间树种的异同情况。具体的计算公式为

$$M_i = \frac{n_i}{n^2}\sum_{j=1}^{n} v_{ij} \tag{3.2}$$

式中，M_i 为林木 i 的树种多样性混交度；n_i 为中心木 i 的 n 株最近邻木中不同树种的个数；n 为中心木 i 的最近邻木株数；v_{ij} 取值同上。树种多样性混交度指标相比简单混交度指标更能真实地反映林分中树种间的隔离程度，但却无法区分 4 株邻近木中有 2 株属同种或 3 株属同种的情况。针对这种缺陷，惠刚盈等（2018）提出基于相邻木关系的树种分隔程度空间测度方法，用公式表示为

$$Ms_i = \frac{s_i}{5}M_i \tag{3.3}$$

式中，Ms_i 为中心木 i 及其最近邻木组成的空间结构单元的物种空间状态；s_i 为结构单元中的树种数；M_i 为树种混交度。基于相邻木树种分割程度测定方法的优点是既能科学地进行不同林分树种隔离程度相对大小的比较，也能对同一林分树种间隔离程度的大小做出科学合理的判断。汤孟平等（2012）综合分析了简单混交度、物种多样性混交度及物种空间状态各自存在的问题，认为基于相邻木关系的树种分隔程度空间测度方法在一定程度上提高了描述树种空间隔离程度的灵敏度，但是仍没有解决物种多样性混交度存在的问题，不能准确描述上述两种不同空间结构单元的混交度。因此，汤孟平提出了全混交度指标。它不仅考虑了林木空间结构单元中邻近木之间的隔离程度，还考虑了林木空间结构单元的物种多样性 Simpson 指数，用公式表示为

$$M_{c_i} = \frac{1}{2}\left(D_i + \frac{c_i}{n_i}\right)\cdot M_i = \frac{M_i}{2}\left(1-\sum_{j=1}^{s_i} P_j^2 + \frac{c_i}{n_i}\right) \tag{3.4}$$

式中，M_{c_i} 为中心木 i 的全混交度；D_i 为中心木 i 所在空间结构单元的 Simpson 指数；M_i 为中心木的简单混交度；n_i 为邻近木株数；s_i 为中心木 i 所在空间结构单元内的树种个数；P_j 为中心木 i 所在空间结构单元内第 j 树种的株数；c_i 为邻近木中不同树种的个数。

随着混交度概念的日益成熟和完善，采用混交度进行林分树种隔离程度的研究也广泛开展起来。

2. 竞争　　林分生长导致的营养空间和生活空间的不足必然引起林木种内和种间的激烈竞争，导致林窗产生、林木枯死等结果，从而引起林分空间结构的变化，因此，

在研究林分空间结构因子时，竞争指数是一个关键因子。林木竞争指数研究的重点和难点是量化林木之间的竞争对林木生长的影响程度，即如何以林木之间的距离、林木的胸径、冠幅等影响林木竞争的因素为自变量，以林木竞争指数为因变量构建林木生长竞争模型。到目前为止，现有的竞争指数按照是否与单木的距离有关大致可以分为两类，即与距离有关的竞争指数和与距离无关的竞争指数（关毓秀，1992）。与距离无关的竞争指数无须林木的空间信息和坐标，一般都是林分变量函数，如与林木相对大小有关的竞争指数相对胸径、相对树高、相对冠幅、相对断面积、相对直径、株数、林分密度指数、树冠伸展度、树冠冠长率、树冠圆满度、树冠投影比、树冠体积（李根前等，1993）。与距离无关的林木竞争指数虽然容易求得，但是没有林木位置等空间信息，应用不是很广泛。与距离有关的竞争指数考虑林木的空间信息，应用较多。Staebler 提出的竞争木距离和竞争木距离倒数和是最早的与距离有关的竞争指数，之后 Lorimer 竞争指数、Daniels 竞争指数、Hegyi 竞争指数、Bella 竞争指数、APA 竞争指数等与距离有关的竞争指数被相继提出。在采用与距离有关的竞争指数计算林木竞争强度时，确定竞争木的影响范围至关重要，传统的是以对象木为中心，在给定半径圆内的所有林木为竞争木，但依据前人经验和野外观测采用固定样圆确定样圆半径的方法有待改进。首先这种固定样圆的办法计算的竞争指数由于尺度不统一，无法进行比较。其次，采用固定样圆有可能把一些竞争木排除在外，而把一些非竞争木计算在内，在确定样圆的半径时应该综合考虑对象木的树高、冠幅能影响的范围、林分中林隙的半径及选取的竞争木所得结果的拟合效果等因素。基于此，一些学者提出通过逐步扩大对象木的影响范围来确定竞争木的个数，当对象木的竞争强度不随着对象木的影响范围逐步扩大而增加时，此时影响范围包括的树木即为竞争木的个数。有的学者依据树冠和光合作用的密切关系，提出以对象木为中心，将在空间上与对象木林冠有重叠的其他树木作为竞争木。但这种方法只考虑了树冠对光照的竞争而没考虑根系对土壤营养物质的竞争，因此确定的竞争木范围被人为缩小，为了克服这种缺陷，有学者吸取固定样圆法的优点，通过内外两圈来界定林木竞争影响范围。内圈是以对象木为中心，以距对象木最近的竞争木为半径围成的圆，在这个范围内竞争木和对象木之间竞争的主要是光资源和土壤资源，而外圈是其他竞争木围成的圆，竞争的主要是土壤资源。还有的学者采用 Voronoi 图或者加权 Voronoi 图来确定竞争单元，克服了固定样圆错划竞争木的缺点，保证了对象木和竞争木之间的最大相关性，提高了结果的精度。雷相东等（2012）提出采用对象木与周围邻近木之间的距离小于二者树高之和的一定比例时，即可确定为对象木的竞争木，即以相对动态的固定半径方法确定竞争木的个数。这种方法既考虑了对象木和竞争木自身的生长状况是形成竞争关系的重要因素，又考虑了林木的竞争关系是在一定空间范围内为争夺有限资源才发生的，常用的比例有 1/4、1/6 和 1/8。

除与距离有关的竞争指数和与距离无关的竞争指数外，1999 年惠刚盈等提出一个新的描述林木大小分化和反映树种优势的林分空间结构参数——大小比数。大小比数被定义为大于参照木的相邻木数占所考察的全部最近邻木的比例，值越小，表明比中心木大的相邻木越少。用公式表示为

$$U_i = \frac{1}{n} \sum_{j=1}^{n} k_{ij} \tag{3.5}$$

式中，U_i 为相邻木 i 的大小比数；n 为中心木 i 的邻近木株数；k_{ij} 为离散型变量，当相邻木 j 小于中心木 i 时，$k_{ij}=0$，否则 $k_{ij}=1$。U_i 的值越小，表明比中心木大的相邻木越少。大小比数作为一个用于描述树种或单株生长优势状态的单木参数，反映相邻木间在连续尺度上的大小分化，从而描述了林木大小的空间分布，被我国很多学者成功地用于我国林分空间结构分析中。

3. 林木空间分布格局　　林木空间分布格局为林木个体在水平空间上的配置状况或分布状态，反映的是某一种群个体在其生存空间内相对静止的散布形式，它是单株林木生长特征、竞争植物及外部环境因素等综合作用的结果，分为聚集分布、随机分布和均匀分布 3 种。研究和阐明林木空间分布格局信息，在森林经营的理论和实践上均具有重要的意义，一方面有助于了解林木空间格局分布规律，掌握其演化过程及预测未来变化趋势；另一方面通过分析林木生长状况和分布格局，可以解决森林经营过程中采伐木的选择及造林树种的造林位置及空间配置问题。但是如何定义和量化林木空间分布格局一直是林木空间分布研究的重点和热点问题，按照与距离的相关性，林木分布格局指数分为与距离有关的和与距离无关的两种空间分布格局指数。

与距离无关的空间分布格局指数是最初采用一些离散分布的数学模型对样地的实测数据进行理论拟合和分析，将种群类个体分布分为随机分布、聚集分布和均匀分布。随机分布的数学模型是泊松分布，均匀分布的数学模型为二项分布，聚集分布的数学模型有负二项分布和奈曼分布。

与距离有关的林木空间分布格局指数包括最近邻体分析、聚块样方方差分析及 Ripley's $K(d)$ 函数分析。1954 年由 Clark 和 Evans 提出的简单最近邻体分析，又叫聚集指数 R。聚集指数 R 是相邻最近单株距离的平均值与随机分布下的期望平均距离之比，用公式表示为

$$R=\frac{\frac{1}{N}\sum_{i=1}^{N}r_i}{\frac{1}{2}\sqrt{\frac{F}{N}}} \qquad (3.6)$$

式中，r_i 为第 i 株林木与其最近邻木之间的距离；N 为样地林木株数；F 为样地面积。

大量的科学研究表明 Ripley's $K(d)$ 函数分析方法是林木空间分析最有效的方法，它较其他分析方法利用了更多的信息，并且其结果显示出多尺度上的格局信息，而且不受种群密度的影响，目前已被广泛应用。

1999 年惠刚盈提出了一个描述林木个体在水平面上分布格局的结构参数——角尺度，角尺度被定义为 α 角小于标准角 α_0 的个数占所考察的最近邻木的比例，用公式表示为

$$W_i=\frac{1}{n}\sum_{j=1}^{n}Z_{ij} \qquad (3.7)$$

式中，Z_{ij} 为离散性变量，其值为

$$Z_{ij}=\begin{cases}1, & \text{当第 } j \text{ 个}\alpha\text{角小于标准角}\alpha_0 \\ 0, & \text{否则}\end{cases}$$

角尺度的均值可以用来反映一个林分的整体分布情况，用公式表示为

$$\overline{W}=\frac{1}{N}\sum_{i=1}^{N}W_i \qquad (3.8)$$

角尺度的优点在于它不需要测距，而结果既可以用单个 W_i 值分布，又可以用具有说服力的平均值 $\overline{W}$，从而使一个详细的林分结构分析和接近实际的林分重建成为可能。对林分空间结构具有很强的解析能力，因此被广泛地用于林分格局分析研究中，惠刚盈（1999）在确定邻近木 $n=4$ 和标准角 $\alpha_0=72°$ 的基础上，通过分析 2000 个模拟林分角尺度的均值，采用 3 倍标准差原理林分角尺度均值评判标准。当角尺度均值 $\overline{W}<0.475$ 时，林分格局为均匀分布；当角尺度均值 $\overline{W}$ 的取值为 $0.475\sim0.517$ 时，林分格局趋于随机分布；当角尺度均值 $\overline{W}>0.517$ 时，林分格局为团状分布。这一判别标准被很多学者采用并用于林分格局分析。

4. 分层性　林分的空间结构包括水平空间结构和垂直空间结构，林分的垂直空间结构是指林分在垂直方向上的层次性，是林分中植物个体在垂直空间上的配置方式。林分的垂直空间结构直接影响着林分中林木个体的生长，也直接影响着林下植被的群落结构和物种多样性。因此，对林分垂直空间结构的定量描述和研究有着十分重要的意义。

分层性是植物群落结构特征的基本特征之一。种群之间相互竞争及种群与环境之间的相互选择导致了林分垂直方向的分层现象。研究植物群落垂直结构配置时，究竟分为几个层次比较合理，取决于群落的结构特征及群落内植物个体的形状和大小。方精云（2003）在研究海南岛尖峰岭山地雨林的群落结构时，按乔木胸径（diameter at breast height，DBH）将乔木层划为小乔木层（DBH≤20cm）、中乔木层（20cm<DBH≤50cm）、乔木层（50cm<DBH≤80cm）和高大乔木层（DBH>80cm）4 个层次。安慧君（2003）提出了林层比来描述复层林中林层的结构。但林层比无法反映出结构单元内林层结构的多样性，为此，吕勇等（2012）提出了林层指数，解决了林层比无法反映林层结构多样性的问题。

林层指数是反映林层多样性的指标，是中心木的 n 株邻近木中与中心木不属同层林木所占的比例与空间结构单元内林层结构多样性的乘积，计算公式为

$$S_i=\frac{z_i}{3}\times\frac{1}{n}\sum_{j=1}^{n}S_{ij} \qquad (3.9)$$

式中，z_i 为中心木 i 的空间结构单元内林层的个数；S_{ij} 为离散性变量，其取值为

$$S_{ij}=\begin{cases}1, & \text{当中心木}\,i\,\text{与第}\,j\,\text{株邻近木不属同层}\\0, & \text{当中心木}\,i\,\text{与第}\,j\,\text{株邻近木在同一层}\end{cases}$$

很显然 $S_i\in[0, 1]$，林层指数越接近 1，表明林分在垂直方向上的成层性越复杂。计算林分或某一树种平均林层指数采用计算公式（3.10），其中 N 为林分或者某一树种中心木的株数。

$$\overline{S}=\frac{1}{N}\sum_{i=1}^{N}S_i \qquad (3.10)$$

三、结构化经营目标

培育健康、稳定、优质、高效的森林是森林结构化经营的目标，随着森林可持续经

营对精确信息需求的增加，创建或维持最佳的森林空间结构是森林结构化经营的关键。它要求在分析森林空间结构与功能的基础上，通过优化经营寻求合理的空间结构，从而实现森林的可持续经营。森林空间结构优化的本质就是通过林分空间结构的调控途径实现森林的多功能经营。

主要参考文献

曹小玉，李际平．2016．林分空间结构指标研究进展．林业资源管理，（4）：65-73

陈方．1999．社会林业的主要本质特征．西南林学院学报，19（4）：241-243

邓华锋．1998．森林生态系统经营综述．世界林业研究，（4）：9-15

关百钧，施昆山．1995．森林可持续发展研究综述．世界林业研究，（4）：1-6

侯元凯．1999．森林生态系统经营研究．生态农业研究，7（4）：59-60

惠刚盈，胡艳波．2001．混交林树种空间隔离程度表达方式的研究．林业科学研究，13（1）：23-27

惠刚盈，胡艳波，赵中华．2018．结构化森林经营研究进展．林业科学研究，31（1）：85-93

蒋有绪．1996．中国森林生态系统结构与功能研究．北京：中国林业出版社

雷加富．2010．中国森林生态系统经营．北京：中国林业出版社

李明阳，菅利荣．1999．森林生态系统持续经营的技术体系与管理模式．林业资源管理，（2）：29-32

李贻林．2013．社会林业概述．安徽农业科学，41（10）：4419-4420

李永宁，孟宪宇，黄选瑞，等．2005．森林经营管理系统的多层次结构．北京林业大学学报，27（1）：99-102

林迎星，张建国．2001．社会林业研究评述．林业经济，（10）：11-15

欧阳勋志．2002．森林生态系统经营探讨．林业资源管理，（5）：43-47

石小亮，陈珂，曹先磊，等．2017．森林生态系统管理研究综述．生态经济，33（7）：195-201

苏春雨．2004．我国森林经营管理的发展趋势综述．林业资源管理，（5）：11-15

汤孟平，周国模，陈永刚．2009．基于Voronoi图的天目山常绿阔叶林混交度．林业科学，35（6）：1-5

王长富．1985．试论森林永续利用理论．林业经济，（4）：5-8

徐国祯，黄山如．1998．研究森林生态系统经营有效的途径——开放的复杂巨系统理论与方法//系统工程与可持续发展战略——中国系统工程学会第十届年会论文集．北京：科学技术文献出版社

徐化成．2004．森林生态与生态系统经营．北京：化学工业出版社

许金叶．1999．社会林业是林业组织发展的必然选择．林业经济问题，（2）：17-20

叶文虎．1994．可持续发展之路．北京：北京大学出版社

叶文虎．2001．可持续发展引论．北京：高等教育出版社

占君慧，朱永杰，谷瑶．2015．美国森林生态系统管理的理论与实践．安徽农业科学，43（28）：306-309

赵庆建，温作民．2009．森林生态系统适应性管理的理论概念框架与模型．林业资源管理，（5）：34-38

赵中华，惠刚盈．2019．21世纪以来我国首创的森林经营方法．北京林业大学学报，41（12）：50-57

郑景明，罗菊春，曾德慧．2002．森林生态系统管理的研究进展．北京林业大学学报，24（3）：103-109

中国林业科学研究院多功能林业编写组．2013．中国多功能林业发展道路探索．北京：中国林业出版社

第四章　森林可持续经营政策路径

第一节　森林经营方案编制制度

一、森林经营方案概述

（一）森林经营方案的起源及概念

森林经营方案的概念最早始于 1669 年法国颁布的柯尔柏法令，法令规定矮林及中林按轮伐期的年数分配面积进行区划轮伐，并有采伐计划及预算。此后林业发达的欧洲国家奥地利、德国也相继出现森林经营方案形式的林业发展文件。到了 20 世纪初，美国各州林业局开始大量编制森林经营方案。中国开始编制森林经营方案的时间比较晚，20世纪 30 年代在个别实验林中有编制。1949 年中华人民共和国成立至 20 世纪 50 年代末，森林资源经营管理工作基本沿用苏联模式，森林经营方案也被称为施业案，60 年代初称为森林经营利用设计方案，到 70 年代改称为森林经营方案，并一直沿用至今。

森林经营方案是森林经营者为了科学、合理、有序地经营森林，充分发挥森林的生态、经济和社会效益，根据森林资源状况和社会、经济、自然条件，编制的森林培育、保护及利用的中长期规划，以及对生产顺序和经营利用措施的规划设计。

（二）森林经营方案在各国的编制和实施现状

世界上林业发达国家都非常重视森林经营方案的编制和实施，森林经营方案是科学经营和依法管理森林资源的重要手段。法国 1669 年的柯尔柏法令是最早森林经营方案的雏形。德国森林法规定，无论是国有林、集体林，还是大面积的私有林都要编制森林经营方案，森林经营方案要突出考虑生态环境保护和森林永续利用等问题，同一个轮伐期内成熟林木不管采用择伐还是皆伐方式，采后的林中空地或采伐迹地都必须在 3 年内完成森林更新。美国规定每块森林的培育、保护和利用的经营管理实践活动都需依照森林利用计划来执行，实行分权管理的每一个国有林经营组织，都需依据法律编制详细的经营方案和发展规划并作为法律去实施。编制的森林经营方案要突出每块森林的主导利用功能和培育目的，以实现生态、经济、社会三大效益作为基本目标，促进森林经营者科学合理经营管理森林资源。芬兰将森林经营方案作为森林经营的一条基本原则和制度。瑞典和立陶宛的私有林及其他国有林都严格按森林经营方案进行森林经营和管理。

新中国成立后的一段时间内沿用苏联模式编制森林施业案。并于 1951 年编制了长白山林区森林施业案，后一直沿用此模式编制森林经营施业案。与此同时，黑龙江带岭等东北国有林区、福建省等部分南方集体林区也开始编制森林施业案，到 20 世纪 60 年代初的时候，全国 40%面积的森林编制了森林经营方案并开始将森林施业案和总体规划设计内容合并编制森林经营利用设计方案。1979 年国家颁布了重视森林永续利用的《中华人民共和国森林法（试行）》，这为许多国有林业企事业单位开始编制和实施森林经营方案提供了法律依据。1985 年颁布修改后的《中华人民共和国森林法》规定，国有林业局、林场、自然保护区、森林公园等森林经营单位应根据林业发展的长远规划，编制森林经营方案，并报上级林业主管部门批准后实施，而集体林和国有农场、牧场和工矿企业应在林业主管部门的指导下编制森林经营方案。这成为新中国第一部明确要求开展森林经营方案编制与实施工作的法律。1986 年初，林业部制订下发了《国营林业局、国营林场编制森林经营方案原则规定（试行）》；中国逐渐脱离苏联模式，编制具有中国特点的森林经营方案。1991 年林业部资源司下发了《集体林区森林经营方案编制原则意见（试行）》；1996 年林业部制订下发了《国有林森林经营方案编制技术原则规定，国有林森林经营方案执行情况及实施效益评价办法（试行）》，2006 年国家林业局颁布实施《森林经营方案编制与实施纲要（试行）》林资发〔2006〕227 号，成为指导我国森林经营方案编制与实施工作的专门法律法规。

（三）编制森林经营方案的意义及其作用

森林经营方案贯穿森林更新、森林抚育和森林采伐等整个森林生长发育的全过程，是科学经营、合理利用、有序管理森林的技术措施、生产规划和组织安排。编制并实施科学合理的森林经营方案，有利于推动由单纯森林采伐限额管理向森林科学经营管理转变，林业增长方式从粗放型向集约型转变，由单纯控制森林资源消耗向保护生态安全与维护产权主体利益并重转变，由单纯行政决策向充分尊重经营者意愿和相关利益者共同参与的决策机制上转变。同时，有利于增加森林资源数量和提高森林资源质量，有利于林业经济、生态和社会效益协调发展，有利于林业生态、产业、文化"三大体系"建设，并实现森林可持续经营和林业可持续发展。也对巩固农村集体林权制度改革成果、落实林农经营自主权及科学制定年度计划、组织经营活动、帮助山区农民由贫困走上富裕的意义重大。总之，森林经营方案为建立科学、有序、高效的森林资源经营管理体系提供了科学可行的路径。

（四）森林经营方案的编案原则

森林经营方案的编制与实施要以可持续发展观为指导，以森林可持续经营理论为依据，以培育健康、稳定、高效的森林生态系统为目标，通过严格保护、积极发展、科学经营、持续利用森林资源，提高森林资源质量，增强森林生产力和森林生态系统的整体功能，实现林业的可持续发展。森林经营方案的编制与实施要坚持资源、环境和经济社会发展协调，坚持所有者、经营者和管理者责、权、利统一，坚持与分区施策、分类管理政策衔接，坚持保护、发展与利用森林资源并重，坚持生态效益、经济效益和社会效益统筹的原则。森林经营方案编制与实施要有利于优化森林资源结构，提高林地生产力；有利于维护森林生态系统稳定，提高森林生态系统的整体功能；有利于保护生物多样性，改善野生动植物的栖息环境；有利于提高森林经营者的经济效益，改善林区经济社会状况，促进人与自然和谐发展。

（五）森林经营方案的编案单位

森林经营主体、森林资源经营管理决策权的所有者，可以是法人或自然人。而编案单位指的是拥有森林资源资产的所有权或经营权、处置权，经营界限明确，产权明晰，有一定经营规模和相对稳定的经营期限，能自主决策和实施森林经营，为满足森林经营需求而直接参与经济活动的经营单位、经济实体或个体。根据《森林经营方案编制与实施纲要》，按编案单位性质、规模等将编案单位分为以下三类。

一类：国有林业局、国有林场、国有森林经营公司、国有林采育场、自然保护区、森林公园等国有林经营单位。一类编案单位应依据有关规定组织编制森林经营方案。

二类：达到一定规模的集体林业组织、非公有经营主体，一般经营面积大于 500hm²。二类编案单位可在当地林业主管部门的指导下组织编制简明森林经营方案。

三类：其他集体林业组织、个体或非公有经营主体。三类编案单位由县级林业主管部门组织编制规划性质森林经营方案。

（六）森林经营方案编案内容和深度

1. 根据不同编案单位类型确定编案内容

1）一类单位编制完整森林经营方案，内容一般包括：森林资源与经营评价、森林经营方针与经营目标、森林功能区划、森林分类与经营类型、森林经营与采伐利用、非木质资源经营、森林健康与森林保护、生态保护、森林经营基础设施建设与维护、投资估算与效益分析、森林经营生态与社会影响评估和实施保障措施等。

2）二类单位根据单位性质与需要选择编案内容，一般包括：森林资源与经营评价、森林经营目标与布局、森林培育、森林采伐利用、森林保护、生态保护、基础设施维护和投资与效益分析等内容。

3）三类单位应在区域（县域）森林经营规划的指导与控制下，编制简明的森林经营方案，包括森林经营规划和简要说明。

2. 依据编案单位类型、经营性质与经营目标确定编案深度

1）森林经营方案应将经理期前 3～5 年的所有森林经营任务和指标按森林经营类型分解到年度，并选择适宜的小班进行作业进度排序；后期经营规划指标分解到年度。在方案实施时按时段（2～3 年）滚动式地落实小班。

2）简明森林经营方案，应将森林采伐和更新任务分解到年度，规划到小班（地块）并进行作业进度排序，其他经营规划任务落实到年度。

（七）编案数据及资质要求

编制森林经营方案必须建立在翔实、准确的森林资源信息基础上，包括及时更新的森林资源档案、近期森林资源二类调查成果、专业技术档案等。编案前 2 年内完成的森林资源二类调查，应对森林资源档案进行核实，更新到编案年度。编案前 3～5 年完成的森林资源二类调查，需根据森林资源档案，组织补充调查更新资源数据。未进行过森林资源调查或调查时效超过 5 年的编案单位，应重新进行森林资源调查。编案应由具有林业调查规划设计资质的单位承担。一类和三类编案单位应由具有乙级以上林业调查规划设计资质的单位承担;二类编案单位应由具有丙级以上林业调查规划设计资质的单位承担。

二、完整的森林经营方案编制

(一)编案程序

1. 编案准备　　包括组织准备、基础资料收集及编案相关调查,确定技术经济指标,编写工作方案和技术方案。

2. 系统评价　　对上一经理期森林经营方案执行情况进行总结,对本经理期的经营环境、森林资源现状、经营需求趋势和经营管理要求等方面进行系统分析,明确经营目标、编案深度、编案广度与重点内容,以及森林经营方案需要解决的主要问题。

3. 经营决策　　在系统分析的基础上,分别从不同侧重点提出若干备选方案,对每个备选方案进行投入产出分析、生态与社会影响评估,选出最佳方案。

4. 公众参与　　广泛征求管理部门、经营单位和其他利益相关者的意见,以适当调整后的最佳方案作为规划设计的依据。

5. 规划设计　　在最佳方案的控制下,进行各项森林经营规划设计,编写方案文本。

6. 评审修改　　按照森林经营方案管理的相关要求进行成果送审,并根据评审意见进行修改、定稿。

(二)森林经营分析与评价

1. 收集基础资料　　编制经营方案应使用翔实、准确、时效性强,并经主管部门认可的森林资源数据,包括及时更新的森林资源档案、近期森林资源二类调查成果、专业技术档案等。

2. 经营成效评价　　经营方案编制应全面进行森林生态系统分析与森林可持续经营评价,以及前一经理期经营状况评价,评价重点包括以下内容。

1)森林资源数量、质量、分布、结构及其动态变化趋势。

2)森林生态系统完整性、森林健康与生物多样性。

3)森林提供木质与非木质林产品的能力。

4)森林保持水土、涵养水源、游憩服务、劳动就业等生态与社会服务功能。

5)森林经营的优势、潜力和问题。

6)编案单位的经营管理能力、机制、经营基础设施等条件。

3. 经营需求分析　　分析重点包括以下几方面。

1)国家、区域和社区对森林经营的经济、社会和生态需求,找出外部环境影响森林经营管理的有利和不利因素。

2)森林经营活动、规模对外部环境的影响及其影响程度。

3)森林经营政策、林业管理制度的约束与要求。

4)相关利益者包括当地居民生活与就业对森林经营需求或依赖程度。

5)生态安全与森林健康对森林多目标经营的要求与限制等。

（三）编制技术要求

1. 经营方针　　编案单位应根据国家和地方有关法律、法规及政策，结合现有森林资源及其保护利用现状、经营特点、技术与基础条件等，确定经理期的森林经营方针，作为特定阶段森林可持续经营和林业建设的行动指南。经营方针应有时代性、针对性、方向性和简明性，统筹好当前与长远、局部与整体、经营主体与社区利益，协调好森林多功能与森林经营多目标的关系，充分发挥森林资源的生态、经济和社会等多种效益。

2. 经营目标　　经营方案应确定本经理期内通过努力可望达到的经营目标，确定的基础是森林经营方针。确定依据是上一期森林经营方案的实施情况，森林经营需求分析和现有森林资源、生产潜力、经营能力分析情况。经营目标确定要将森林经营目标作为当地国民经济或经营单位发展目标的一部分；经理期的经营目标应是森林可持续经营和林业发展战略目标的阶段性指标，与国家、区域森林可持续经营标准和指标体系相衔接；经营目标应有森林功能目标、产品目标、效益目标、结构目标等，应依据充分、直观明确、切实可行、便于评估。

3. 森林经营组织

（1）森林功能区划　　一类编案单位应根据经营需求分析结果，以区域为单元进行森林功能区划，其他类型的编案单位根据具体情况确定。

1）区划依据：国家主体功能区规划、林业发展规划和《全国森林资源经营管理分区施策导则》对当地森林经营的功能要求。

2）功能区：森林集水区、生态景观与游憩区、生物多样性重点保护区、自然或人文遗产保护区、种质资源保存区、重点有害生物防控区等。

3）优先区划条件：具有下列一种或多种属性的高保护价值森林集中区域应优先，①具有全球、区域或国家意义的生物多样性价值（如地方特有种、濒危种、残遗种）显著富集的森林区域；②拥有全球、区域或国家意义的大片景观水平的森林区域，其内部存活的全部或大部分物种保持分布和丰度的自然格局；③包含珍稀、受威胁或濒危生态系统或者位于其内部的森林区域；④在某些重要情形下提供生态服务功能（如集水区保护、土壤侵蚀控制）的森林区域；⑤从根本上满足当地社区的基本需求（如生存、健康）的森林区域；⑥对当地社区的传统文化特性具有重要意义的森林区域（通过与当地社区合作确定森林所具有的文化、生态、经济或宗教意义）。

（2）森林经营类型组织　　编案单位在森林分类区划和功能区划的基础上，以小班为单元组织森林经营类型。在综合考虑生态区位及其重要性、林权（所有权、使用权、经营权）、经营目标一致性等的基础上，将经营目的、经营周期、经营管理水平、立地质量和技术特征相同或相似的小班组成一类经营类型，作为基本规划设计单元。

4. 森林经营规划设计

（1）公益林经营

1）以小班为单元，按照森林分类经营的要求，区划界定公益林，国家级公益林按照《国家级公益林区划界定办法》的要求进行区划界定，地方级公益林应根据区域相关规划并结合业主意愿进行区划界定。已经划定的公益林不宜变动，如确需变动的，宜在编案前根据国家、地方相关规划和业主意愿进行适当调整，并按相关要求履行报批程序。国家级公益林确需变动的应按原申报程序审批。

2）依据《全国森林资源经营管理分区施策导则》，明确编案单位内采取严格保护、重点保护和保护经营的公益林小班。根据森林功能区经营目标的不同分别确定经营技术与培育、管护措施，包括造林更新、抚育间伐、低效林改造和更新采伐措施。具体技术要求参考《生态公益林建设 导则》（GB/T 18337.1—2001）、《生态公益林建设 规划设计通则》（GB/T 18337.2—2001）、《生态公益林建设 技术规程》（GB/T 18337.3—2001）。

3）生态公益林要因地制宜，采取集中管护、分片承包或个人自护等不同措施，制订管护方案。

（2）商品林经营

1）根据立地质量评价、森林结构目标调整、市场需求与风险分析，以及森林资源经济评估等成果综合确定不同森林经营类型的培育任务。

2）分别对造林更新（宜林地造林、迹地更新）、抚育间伐、低产林（低产林分、疏林、灌木林）改造三个主要经营措施类型组进行规划设计。培育任务按林种—森林经营类型—经营措施类型（组）进行组织，各项规划任务落实到每个森林经营类型。造林技术要求参考《造林技术规程》（GB/T 15776—2006）。

3）经济林规划应根据种植传统，因地制宜地选择果树林、食用原料林、林化工业原料林、药用林或其他经济林，按照名特优新原则和市场导向原则选择优先发展的经济林种类与规模。

4）生物质能源林经营可按木质能源林和油料能源林两种类型组织。油料能源林经营应与国家、区域生物质能源林发展规划相衔接，充分考虑就近加工的条件和能力，因地制宜地选择可商业性开发的树种，规划经营规模。木质能源林经营应重点考虑当地居民生活能源的需求及发展趋势，也可根据当地生物质电能源生产的原料需求发展木质能源林培育基地。

（3）森林采伐

1）森林采伐应考虑木材市场和区域经济发展的需求，通过采伐作业措施的科学应用，提升森林资源的保护价值，建设和培育稳定、健康与高效的森林生态系统，保持森林长期、稳定提供物质产品和生态、文化服务的能力。

2）森林采伐量测算应依据功能区划和森林分类成果，以及《森林采伐作业规程》（LY/T 1646—2005）等标准要求，分为主伐、抚育间伐、低产林改造、更新采伐等采伐类型，采用系统分析、最优决策等方法进行测算论证，确定森林合理采伐量和木材年产量。

3）建立以生态采伐为核心的经营管理体系，有条件的区域推进梯度经营体制，适当增加小流域、沟系、山体的景观异质性，保证野生动植物生存繁衍所需的生态单元和生物通道，作业区配置应具有可操作性，合理确定更新方式。

4）基于时间和空间分析，应将采伐量和更新造林任务量按小班落实到山头地块。

5）作业区与一些易发生水土流失的区域保持一定距离，设定一定宽度的缓冲带（区），将采伐对生态破坏或环境的影响减少到最低程度。

（4）种苗生产　　根据森林经营任务和现有种子园、母树林、苗圃和采穗圃的供应状况，测算种子、苗木的需求与种苗余缺，安排采种与育苗生产任务。应创造条件建立以乡土树种为主的良种繁育基地，根据引种试验成果繁育和推广林木良种，大力研究和推广生物制剂、稀土、菌根等先进育苗技术，积极利用生物工程等新技术培育新品种。

5. 非木质资源经营与森林游憩规划

（1）非木质资源经营　　应以现有成熟技术为依托，以市场为导向，分析非木质产品原料自给率及来源、产品竞争能力、市场占有率，规划利用方式、程度、产品种类和规模。在保护和利用野生资源的同时，发展人工定向培育，提高产品产量与质量，创导培育技术密集型的非木质资源利用产业，延长产业链、增加林产品附加值。

（2）森林游憩规划　　按照功能区或森林旅游地类型进行规划，充分利用林区地文、水文、天象、生物等自然景观和历史古迹、古今建筑、社会风情等人文景观资源，开展游览、登山、探险、疗养、野营、避暑、滑雪、狩猎、垂钓、漂流等森林游憩活动。以利用自然景观为主，适度点缀人造景观，因地制宜地确定环境容量，规划景区、景点、游憩项目和开发规模。

6. 森林健康与生物多样性保护

（1）森林防火　　应针对森林火灾突发性强、蔓延速度快的特点，重点进行森林火险区划，制定森林防火布控与森林防火应急预案，规划森林防火通道、森林扑火装备、专业防火队伍、防火基础设施等。有条件的林区可以规划林火利用方案，利用控制火烧技术减少林下可燃物，以达到控制火灾蔓延的目的。

（2）林业有害生物防控　　应体现预防为主、防治结合的方针，将林业有害生物防控纳入森林经营体系，与营造林措施紧密结合，通过营林措施辅以必要的生物防治、抗性育种等，降低和控制林内有害生物的危害，提高森林的免疫力。主要内容包括林木有害生物预测预报系统和监测预警体系建设、防治检疫站与检疫体系建设、林业有害生物防控预案建设，以及外来有害生物和疫源疫病防控方案建设等。

（3）林地生产力维护　　应与营造林措施紧密结合，将维护措施贯穿于森林经营的全过程。在森林经营类型设计时，应考虑有利于地力维护的培育技术、采伐要求、培肥技术、化学制剂应用及防污染措施、保护对策等。提倡培育混交林和阔叶林，速生丰产林培育应考虑轮作、休歇、间作种植等措施。水土流失严重的地区应在造林、采伐规划时，制订土壤水肥保持措施。

（4）森林集水区管理　　应根据河流、溪流、沼泽等级将经营区按流域分为不同层次或类型的集水区，因地制宜地确定森林经营策略，将采伐、造林、修路等森林经营活动导致的非点源污染降到最小，规划内容主要有以下几点。

1）溪流两岸缓冲区（带）管理：邻接多年性河流、间歇性河流或其他水体（湖泊、池塘、水库、沼泽等）的缓冲性条形地带，应按照《森林采伐作业规程》（LY/T1646—2005）的要求划出缓冲带，采取特殊的考虑以保护水质为主的管理措施，在培育和采伐更新规划前需要明确。

2）敏感区域管理：坡度大、土层浅薄林地，以及山脊森林、湿生森林、沼生森林等，应划为防护林等公益林，按照公益林的要求进行管理。

3）经营限制指标：每类集水区应按照相关经营规程要求，确定容许一次性采伐更新、整地造林、集材道的面积/长度、分布等指标，作为经营决策时的主要限定因素。

（5）生物多样性保护　　应充分考虑生物资源类型与主要保护对象特点、制约因素及影响程度、法律与政策保护制度等。规划时应突出以下几点。

1）注重对景观、生态系统、物种和遗传基因等不同层次多样性的系统保护规划，以生态系统保护途径为主线，通过对生态系统和栖息地的保护，有效地维护物种、遗传基因多样性。

2）将高保护价值森林区域作为生物多样性保护规划重点，在规划前明确高保护价值区域范围、类型与保护特点，因地制宜地提出保护措施。严格保护自然保护区，保护自然保护区的森林、林木，保留地带性典型森林群落和原始林。

3）植被类型、年龄结构与时空配置在景观层次上对生物多样性有重要影响。经营决策时应以林班或小流域为单位，保持物种组成的异质性、空间结构的异质性和年龄结构的异质性。以指示型物种确定适宜的树种比例、森林类型比例和龄组结构，作为经营决策的主要约束条件。

4）采伐、造林等森林经营规划设计应注重保护珍稀濒危物种和关键树种的林木、幼树和幼苗，在成熟的森林群落之间保留森林廊道。

5）对于某些特定物种或生态系统可以规划控制火烧、栖息地改造等措施，满足濒危野生动植物物种特定的栖息地要求。

7. 基础设施与经营能力建设

（1）林道　　林道规划应根据森林经营的需要，确定林道布局、林道等级，明确经理期的建设和维护任务量等。

1）林道密度以满足森林经营的最低要求为原则，数量、长度和宽度最小化，既能够进行有成效的经营活动以节约经营成本，又能使土壤和水质方面的影响降到最低程度。

2）新建林道应尽可能沿等高线布设，有利于保持土壤、坡面的稳定性。同时，尽量结合防火阻隔道、巡护路网等建设。

3）道路选址尽量避开高保护价值森林区域、缓冲带和敏感地区，跨越河流设施数量应最少，以减少沉积物进入水系，改变溪流的流动格局，使鱼类和水生生物的生境变坏。

（2）其他设施　　林产品储保设施规划应根据林产品生产布局、销售、储运条件及发展前景等进行。主要内容有林产品生产加工市场、销售及储运能力、储运需求与必要性分析，建设任务、工程量及施工年度，选址及土建工程设计与技术要求，保储技术与产品质量检验等。

森林保护、林地水利、产品加工、科研、生活及其他营林配套基础设施应因需规划、量力而行。充分考虑国家、地方相关基础建设与生产建设对经营性基础设施规划的影响，以利用和维护已有基础设施为主，并考虑设施的多途利用。

（3）经营机构队伍　　森林经营队伍与管理机构应依据森林经营单位的经营目标、经营任务及规模、生产与管理工作量、劳动定额、岗位设置、季节性临时用工等进行规划，有利于形成专业化的森林培育、采伐更新管理队伍，有利于形成较固定的经营技术人员体系，有利于形成合理的用人用工机制和竞争激励机制，不断提高森林经营单位的经营管理能力。

（4）经营档案　　森林经营档案包括森林资源档案、森林经营技术档案、生产管理档案、生产作业和验收等管理档案、经营决策与评价文献等与森林经营相关的数据、图表、文本或电子材料等。档案建设规划应充分利用现代技术，以分类、准确、及时、便捷为建档原则，规划档案管理设施设备、技术开发与更新、人员岗位设置及技术培训、档案管理制度建设等内容。

（四）编制方法与公众参与

1. 编制方法

（1）技术方法　　森林经营方案编制应以生态系统经营理论为指导，在对前期经营方案执行情况分析评价的基础上，借鉴成功案例，应用运筹学、经济学、生态学、森林经理学、森林培育学、计算机技术、信息技术等科学方法和技术手段进行系统分析、决策优化、综合评价和规划设计，以提高森林经营方案的科学性、先进性和可行性。

（2）决策方法

1）一类、二类编案单位的森林经营决策应针对森林经营周期长、功能多样、受外界环境影响大等特点，分别从不同侧重点对森林结构调整和森林经营规模提出若干个优选备用方案，进行森林经营多方案比选。

2）每个备选方案一般测算一个半经营周期，分别在不同阶段（一个经理期，后期可以延长）提出一系列木材生产、非木质资源生产、社会与生态服务，以及投入与效益指标。

3）对照森林经营目标，以经营收益最大化与生态社会服务功能最完善作为方案评选依据。

（3）影响评估　　在进行森林经营决策时，应对不同方案进行至少一个半经营周期的生态与社会影响评估，分别评估不同备选方案将会带来的短期、中期、长期社会与生态影响，评估内容应考虑以下几点。

1）水土资源保持、生物多样性与重要栖息地保护、森林碳汇、地力保持与维护、森林健康与维护、森林生态文化与宗教价值等生态影响。

2）社区劳动就业、基础设施条件改善、游憩服务、对地方经济发展贡献、促进生态道德建设、社区发展、传统文化传承等社会影响。

2. 公众参与　　经营方案编制应采取参与式规划方式，建立公众参与机制，在不同层面上，充分考虑森林所在地的居民和所有利益相关者生存与发展的需求，切实赋予其在森林经营管理中的参与权、受益权和知情权，逐步建立森林资源民主分权管理制度框架，将公众参与式管理制度化和组织化，以保证自然资源利用公平和有效。

（五）编制成果

1. 成果组成　　森林经营方案成果的形式包括文本文件、图表文件、档案文件、管理系统（各类数据库及更新说明）等。每个编案单位一般应提交：①完整的森林经营方案文本；②能在时间、空间上体现经营方案的图件；③附件，一类编案单位一般编写数据收集、处理与分析报告、森林经营多方案比选分析报告、森林经营生态与社会影响评估报告。

2．成果论证　　森林经营方案编制成果由设计部门签署意见后送审。一类编案单位由上一级林业主管部门组织论证；二类编案单位由县级林业主管部门组织论证，跨县级行政区域时由上一级林业主管部门组织论证；三类编案单位由县级林业主管部门或委托林业工作站组织论证，论证要求以下几点。

1）森林经营方案论证可采用会议或函审的方式，由指定的专业委员会或专家小组执行。

2）参与论证的人员应有技术专家、管理者代表、业主代表、相关部门和相关利益者代表等。

（六）方案实施

1．方案执行与监测　　编案单位依据经营方案中设计的各项年度任务量制定年度生产计划，编制作业设计，组织各项营林活动。每年或每个阶段经营活动结束后，森林经营单位应进行自查，依据年度计划和有关标准、规定，验收经营作业成果，检查森林经营方案执行情况，建立系统的森林经营成效监测体系。

2．方案实施评估　　森林经营单位定期根据监测情况，评价森林经营方案执行和实施效果。依据国家、区域森林可持续经营标准与指标体系，进行可持续经营状态评估。

3．方案调整　　森林经营单位一般在经理期中期依据监测、评估结果对森林经营方案进行一次调整。针对经营目标、森林分类区划、采伐利用规划等进行的重大调整，应由规划设计部门形成补充修改意见。

4．方案实施监管　　方案实施单位应配合林业主管部门对方案执行情况进行监管。方案实施中的重大调整，除应由规划设计部门形成补充修改意见外，还应报原森林经营方案批准单位重新审批。

三、简明森林经营方案编制

（一）概念

简明森林经营方案是通过简化编制程序、内容与方法，对经营范围内的森林资源按时间顺序和空间秩序安排林业生产措施的简化技术性文件。

（二）编案单位

1．小型森林经营主体

1）经营规模：一般小于 $500hm^2$。

2）经营对象：以森林资源为主要生产资料。

3）经营范围：有明确经营范围的单位、个人或联合体。

2．集体林经营单位——集体林主

1）产权属性：林地所有权或森林经营权为集体所有。

2）经营对象：以森林资源为主要生产资料。

3）经营范围：有明确经营范围和单位法人资质的单位。

3．个体林主

1）经营单元：单个农户或由若干农户组成联合体。

2）经营单元性质：个体森林承包经营体。

4．编案单位的条件

1）森林资源的所有者或从事森林资源经营管理活动的经营主体，具有明确、固定的经营范围。

2）经营面积在 $10\sim500hm^2$，达不到最小面积要求的个体林主可以采取联户编制的方式，联户编案单位的经营地域可以不相连。

3）森林资源权属明确，具有明晰的森林资源所有权、经营权、处置权和收益权。

（三）编案依据

1）《中华人民共和国森林法》、《中华人民共和国野生动物保护法》等相关法律法规。

2）县级森林经营规划、其他国家和区域性社会经济发展规划、林业中长期发展规划和有关工程建设项目的规划设计等。

3）经理期开始前两年内完成的森林资源规划设计调查、分类区划调查成果，或虽在两年以上但按《森林资源档案建立与更新技术规程》要求更新的森林资源数据。

4）相关的国家、行业与地方标准，以及林业基础数表、森林经营数表、造价与核算指标等。

5）林权证、森林经营承包合同等证明文件。

（四）编案广度（任务）与深度

1．编案广度

1）森林资源状况、经营环境、经营需求趋势和经营条件评估。

2）确定经营目标与主要经济技术指标。

3）明确森林功能区、森林类别和森林经营管理类型。

4）组织和设计森林经营类型。

5）森林培育规划与作业安排。

6）森林采伐规划与作业安排。

7）森林多资源利用规划与安排。

8）森林资源及生物多样性保护规划。

9）森林经营成本、管理成本和投资概算与效益分析。

2．编案深度

1）以森林经营类型为基本的规划设计单位，森林经营活动较频繁地区或经营范围不超过 30 个经营小班的编案单位宜以小班为基本的规划设计单位。

2）立地类型、森林经营类型明确到小班。

3）造林、抚育间伐、低产林改造、采伐更新、林下种植等森林经营规划任务落实到小班，并分别经营措施类型进行作业时间排序。

4）森林资源及生物多样性保护规划等其他内容只进行宏观规划。

5）经济分析与综合效益评价。

（五）编案程序

1．编案准备　　包括编案小组组建、基础资料收集、确定主要技术经济指标等。

2．调查评价　　进行编案补充调查，对经理期的经营环境、森林资源现状、经营需求趋势和经营管理要求等进行分析，明确经营目标、编案深度与任务，以及编案应解决的主要问题。

3．规划设计　　在分析评价的基础上，以县级森林经营规划或相关林业规划为宏观指导，进行森林经营类型设计、森林经营项目规划和时空安排，形成经营方案主要成果。

4．公告公示　　对森林采伐、抚育、改造等经营规划应进行公告、公示，征求利益相关者的意见。

5．上报备案　　简明森林经营方案与"县级森林经营规划"或相关林业规划无冲突后，上报县级林业主管部门备案。

（六）森林经营方案说明书

1．基本情况

1）所处区域、位置、范围。

2）森林资源状况，包括林地利用状况，以及森林类别、林种、树种组成、林龄、起源、森林质量等。

3）森林资源权属、可利用状况。

2．森林经营评价

1）森林经营管理情况，包括以往经营作业状况、经营成效等。

2）森林经营环境分析，如分析区域生态、社会及经济发展对森林经营的需求、影响。

3）森林经营能力分析，包括劳动力、技术、投入等。

4）森林经营存在的主要问题。

3．经营目标

1）明确经理期内通过森林经营管理应达到的主要目标，包括资源发展目标、经济发展目标等。

2）经营目的应符合当地或"县级森林经营规划"提出的区域森林可持续经营和林业发展战略目标的要求。

4．森林培育规划

1）经营小班较多的编案单位应分别对公益林、商品林进行森林经营类型设计。

2）宜林地、采伐迹地、火烧迹地等应规划造林更新措施，树种选择、造林方式等应依据"县级森林经营规划"确定，技术要求执行《造林技术规程》（GB/T 15776—2006）、《生态公益林建设 技术规程》（GB/T 18337.3—2001）等的规定。

3）分别小班按照《森林抚育规程》（GB/T 15781—2015）、《生态公益林建设 技术规程》（GB/T 18337.3—2001）等的要求，落实需要抚育的小班，依据"县级森林经营规划"确定本经理期抚育作业规模、各小班的作业时间，按森林经营类型表设计抚育方式、强度、主要产出等内容。

4）分别小班按照《低效林改造技术规程》（LY/T 1690—2007）等要求，落实需要进行改造作业的小班，依据"县级森林经营规划"确定本经理期改造规模、各小班作业时间，并规划设计改造方式、强度，更新树种与密度等内容。

5．采伐更新规划

1）分别小班按照《森林采伐作业规程》（LY/T 1646—2005）等要求，选择并落实经理期内可以主伐的小班，依据"县级森林经营规划"确定本经理期内森林主伐的规模，包括不同主伐方式的采伐面积、消耗蓄积等，并落实各小班的作业顺序。

2）分别小班按照《森林采伐作业规程》（LY/T 1646—2005）、《生态公益林建设 技术规程》（GB/T 18337.3—2001）等要求，选择并落实经理期内可以更新采伐的小班，依据"县级森林经营规划"确定本经理期内更新采伐的规模，包括不同采伐方式的采伐面积、消耗蓄积等，并落实各小班的作业顺序。

3）分别年度和主伐、更新采伐、抚育间伐、低产低效林改造等采伐类型测算木材产量、各材种产量。

6．非木质资源经营规划　　分别经济林经营、薪炭林经营、林下资源种植采集、种子培育采集等项目，规划每年的经营规模、作业小班、经营方式等，测算投入、产出等。规划要求见《森林经营方案编制与实施规范》（LY/T 2007—2012）。

7．森林资源保护　　依据"县级森林经营规划"，并根据森林防火、有害生物防控等面临的问题，说明经理期内的森林防火、森林有害生物防治规划措施，规划要求见《森林经营方案编制与实施规范》（LY/T 2007—2012）。

8．生态与生物多样性保护　　依据"县级森林经营规划"，并根据生态重要性、脆弱性程度，以及高保护价值森林的分布状况，说明生态保护规划、生物多样性保护规划措施，并将主要保护措施落实到小班。规划要求见《森林经营方案编制与实施规范》（LY/T 2007—2012）。

9．森林经营投资与效益分析

1）测算经理期内各年度森林经营所需的资金投入，包括造林更新、森林抚育改造、森林采伐、非木资源培育、森林保护、生态与生物多样性保护等不同方面。

2）说明森林经营的经济效益，包括各项收入、成本、利润、税费，以及现金流等。

3）说明森林经营的社会效益，主要是用工机会、社会公益贡献等。

4）说明森林经营的生态效益，主要是保持水土、防风固沙、改善气候、美化环境等方面。

5）说明森林经营对森林资源状况的改善，包括数量、质量、结构和覆盖率等。

（七）森林经营规划图

1. 位置图

1）宜以大于 1∶10 000 比例尺的地形图为底图。

2）有清晰的坐标信息，能明确经营范围的四至边界、林班与小班界线等。

2. 经营规划图

1）宜以大于 1∶10 000 比例尺的地形图为底图。

2）森林经营类型图：明确每个小班的森林经营类型。

3）森林经营规划图：明确标示造林、抚育、改造、主伐、更新采伐等不同经营措施的小班。

4）森林经营顺序图：按作业年度标示每年经营的小班。

四、编好森林经营方案的措施

（一）提高编制森林经营方案的意识

依法编制森林经营方案是《中华人民共和国森林法》对森林经营单位的明确规定。要按照《中华人民共和国森林法》和国家林业局颁布实施《森林经营方案编制与实施纲要（试行）林资发〔2006〕227 号》的要求，真正把编制和实施森林经营方案作为贯彻落实习近平生态文明思想，提高林业科学经营管理水平，转变林业增长方式，提高森林资源质量和功能的重要措施摆上议事日程，以全面推动森林可持续经营工作。

（二）明确森林经营方案编制原则

实现森林可持续经营是编制森林经营方案的最高原则，构建包括产业、生态和文化三位一体的现代林业体系是编制森林经营方案的最终目的，为把编制森林经营方案的原则落到实处和最终实现编制森林经营方案，应用整体和系统的观点研究与解决森林经营问题，制定的经营措施必须维持森林生态的可持续性且符合林区利益相关者的眼前利益和长远利益，同时不能超越林区的经济发展水平，应采用谨慎的态度制定经济合理的森林经营措施。

（三）注重林业技术创新

准确、及时、翔实的森林资源调查数据是编制科学合理森林经营方案的前提和基础，森林资源调查数据包括对森林经营单位或县级以下行政区域的自然条件和社会经济条件的调查、历史沿革与现状调查。在进行森林资源调查的时候尽可能采用先进的调查方法和调查手段，提高调查质量，并加强专业专题调查和调查数据分析工作，以提高调查成果的精度。在利用调查数据编制森林经营方案的过程中，要遵循编案准备、系统评价、经营决策、公众参与、规划设计、评审修改的编制步骤。其中经营决策是编案的核心，公众参与是关键环节。编制森林经营方案的技术要创新，尽可能应用先进技术、采用先进手段。编制森林经营方案要实行专业技术人员、森林经营主体和林业行政管理者共同参与，才能编好森林经营方案，并自觉地实施好方案。为编好森林经营方案，还必须加强森林资源调查、专业调查和编案等专业人才骨干培训。根据不同类型的编案主体选择有条件的场（局）建立示范区，进行试点示范工作。

五、实施好森林经营方案的措施

（一）严格维护森林经营方案的权威性

森林经营方案一经上级林业主管部门依法批准后，就要严格维护森林经营方案在森林经营过程中的指导地位和权威性。凡是森林经营方案确定的森林经营项目，都要优先考虑，森林更新、抚育项目和森林采伐限额更要严格按照森林经营方案的计划，不折不扣地执行，凡是任意修改方案计划或不按森林经营方案实施的，都要依法追究责任。

（二）要加强监督，不断优化调整森林经营方案

森林经营周期的长期性，决定了森林经营方案的制定和实施有一个较长的周期，大多森林经营单位制定的经营方案都会持续到 10 年，在这个过程中，必须按照程序不断修正完善，特别是发生重大虫灾、火灾等不可抗拒的事件后，应及时对方案评估修订，但不得随意变化已经批准的方案，而且对方案的执行效果要定期分析评价，总结经验教训，以提高森林资源经营管理水平。总之，森林可持续经营是促进林业发展的永恒主题，而森林经营方案则是森林经营管理工作的核心，更是实现森林可持续经营的必然选择。实践反复证明，编制科学合理、操作性强的森林经营方案并有效地实施，是提高森林质量的关键所在。

第二节　森林生态效益补偿制度

一、森林生态效益补偿概述

（一）森林生态效益补偿的定义

对于生态效益补偿确切而完整的定义，国内外的文献中均未见报道过。《环境科学大辞典》曾将自然生态补偿定义为"生物有机体、种群、群落或生态系统受到干扰时，所表现出的缓和干扰、调节自身状态使生存得以维持的能力，或者可以看作生态负荷的还原能力。或是自然生态系统对社会、经济活动造成的生态环境破坏所引起的缓冲和补偿作用"。这显然不是通常所说的生态效益补偿。

在林学界，所谓的生态效益补偿实际上指的是一种促进资源环境保护和生态建设的社会经济手段，它强调对那些在为社会提供生态效益这一公共物品的过程中承担了其义务范围以外的成本的补偿。其理论支点是承认环境价值或生态价值，政策取向是为了改善生态环境。强调把重点放在通过天然林保护、退耕还林、防护林建设、防沙治沙和自然保护区等生态工程建设从而扩大生态资源存量的增量战略上。用经济学的术语表达就是森林生态效益补偿是为了使森林生态效益外部经济性内部化。综合起来，可以给森林

生态效益补偿下一个这样的定义：森林生态效益补偿是通过对参与生态林建设的主体所付出的超越其义务范围以外的成本进行经济补偿，以弥补其收入损失或提高其经济收益，从而激励单位和个人参与生态林建设，达到维持和改善森林生态服务的目的。这一定义突出森林生态效益补偿是对公益林经营主体在公益林经营过程中所投入的整地成本、造林成本、抚育成本、管护成本等成本的经济补偿，是对公益林所有者和经营者超出义务范围以外的成本的补偿，补偿是对损失（成本）的补偿，补偿的目的是维持和改善森林生态效益的正常发挥，以满足国家和社会对森林生态服务产品的需求。

综上所述，森林生态效益补偿是指为了适应林业分类经营改革的需要，遵循森林可持续发展的原则，保证森林在社会主义市场经济条件下正常发挥其生态效益，由国家、社会、集体、个人等多对象、多渠道、多层次对公益林的经营主体按价值规律进行资金、技术等多方面的补偿，使得公益林的经营主体能够进行公益林生产和再生产活动，向社会提供持续的森林生态效益。森林生态效益补偿实质上是通过对特定行为主体进行经济补偿的手段来达到维持和改善森林生态效益的目的。

（二）森林生态效益补偿制度的定义

森林生态效益补偿制度可以定义为为了维持森林生态系统的可持续性，以正常发挥森林的生态效益，政府组织、社会团体、森林生态效益受益人及其他组织以资金等方式给予森林生态效益的供给者适当的经济补偿，用于生态公益林的营造、抚育、保护和管理，加强森林资源持续发展的法律制度。

（三）森林生态效益补偿的必要性

1. 外部经济效益内部化的迫切需求　森林的生态效益之所以要补偿，是因为生态效益是森林的外部经济效益，即不通过市场交换使其他经济主体受益，通常也将其称为公共商品，对这种公共商品就应有特殊的价值计量方法和补偿措施。森林生态补偿就是对森林生态效益的一种价值回报，是商品经济价值规律的客观要求。在我国林业发展战略中将"建立完备的林业生态体系"作为林业的首要奋斗目标。而目前公益林建设的资金缺口严重，建立森林生态补偿机制是我国公益林实现跨越式发展的迫切需要，这将使我国林业建设步入一个新的阶段。

2. 国家实施可持续发展战略的基本要求　过去人类对自然资源掠夺性开发和以牺牲环境为代价的经济增长，造成森林资源锐减和环境退化。据统计，全世界每年大面积森林被砍伐，造成大量物种灭绝和大面积水土流失。我国的洪涝灾害严重，荒漠化扩展，环境状况也令人担忧。加强生态环境的保护和建设，是国家实施可持续发展战略的基本要求，目前正在实施的天然林资源保护工程、退耕还林工程、"三北"防护林工程、环京津防沙治沙工程及自然保护区工程，虽然已经取得了巨大的成就，但后续的保护任务，还需要相应的机制来保证建设成果的长期巩固。为此，只有建立和完善生态效益补偿机制，才能为生态公益林地持久建设和维护提供强而有力的法律、政策支持和稳定、充足的建设资金渠道，这也是国家生态文明建设战略得以落地生根、长期实施的关键。

3. 实施生态公益林体系建设的重要保证　根据森林分类经营的要求，生态公益林是以发挥水土保持、涵养水源、防风固沙、农田防护等生态效益为主的防护林，以及发挥美化环境、科普教育等用途的特种用途林。公益林的建设以维护国家生态安全和改善生态环境为主要目的，它提供的生态服务产品，没有公开的交易市场，本身并不直接产生经济效益，但却是一项受益于全民、全社会的公益事业。实施森林生态效益补偿机制，可以实现依靠全社会的力量来保证公益林建设的可持续性，从根本上既改变了生态公益林只靠林业部门建设后乏无力的局面，也改变了森林生态效益长期无偿享用，森林的经营者积极性不高的现状。比如说，长江中下游的渔民主动给长江中上游沿岸森林经营主体的适当补偿，既调动了上游林农植树造林的积极性，又保证了中下游水质水量，增加捕鱼量，这是一种利益互补，而不是"扶贫"或"恩赐"，是一种社会分工。

4. 一些贫困生态脆弱区走出恶性循环的一个重要途径　贫困地区多为生态脆弱区，是急需生态治理的重点地区，目前由于普遍存在着"出力区"和"受益区"的"区域错位"现象，需要实行生态补偿政策。第一，贫困生态脆弱区的贫困人口生存压力很大，没有外力支持是难以有力量改善生态环境的。而"受益区"大多是经济发达地区，它们有能力帮助"出力区"的生态恢复与建设。第二，外部性较大的生态脆弱区的生态环境具有较强的公共物品性质，不仅"出力区"且受益区的生存与发展也建立在这个公共物品健在的基础上。随着地区之间生态环境的密切关系越来越被人们所认识，贫困生态脆弱区中那些生态外部性较大的地区越来越为人们所重视，建立生态补偿机制（特别是跨行政区划的）将成为一些贫困生态脆弱区走出恶性循环的另一个必要条件。

（四）森林生态效益补偿的理论基础

关于森林生态效益补偿的理论基础，主要有两种观点：一是劳动价值补偿理论，二是公共物品补偿理论。前者认为，森林在形成过程中凝结了人类劳动，因而具有价值，对天然林而言，虽然它不是人类劳动的产物，但由于森林不同于一般天然矿产，它是可再生资源，用"等效替代法"来研究，可以推算出重置价，因而其生态效益也具有价值，所以应通过市场或其他方式实现森林生态效益的补偿。后者认为，森林尤其是生态公益林具有排他性、非竞争性，属于社会公共物品，具有典型的外部经济性，"当一个人从事一种影响旁观者福利而对这种影响既不付报酬又得不到报酬的活动时，这种影响是有利的，这样就产生了外部经济性"。这使得社会成本与私人成本、社会效益与私人效益不对称，引起资源配置失误。为了达到资源的优化配置，实现森林资源的可持续发展及生态环境的改善，需要采取适当的补偿措施对森林生态效益进行补偿，以解决森林的外部效应即市场失灵。

（五）森林生态效益补偿的法律依据

1.《中华人民共和国森林法》　1998 年 4 月 29 日，第九届全国人民代表大会常务委员会第二次会议通过《中华人民共和国森林法》修正案。新《中华人民共和国森林法》第八条第二款规定：国家设立森林生态效益补偿基金，用于提供生态效益的防护林和特种用途林的森林资源、林木的营造、抚育、保护和管理。

2000 年 1 月发布的《中华人民共和国森林法实施条例》第十五条规定：防护林和特种用途林的经营者，有获得森林生态效益补偿的权利。从而使森林生产经营者获取补偿的权利法定化。

2. 中共中央国务院有关规范性文件　　1992 年《国务院批转国家体改委关于一九九二年经济体制改革要点的通知》中明确指出，"要建立林价制度和森林生态效益补偿制度，生态效益补偿制度，实行森林资源有偿使用"。这是森林生态效益补偿制度一词首次在国家层面的官方文件中出现，已有的研究基本上也将这一文件视为中国政府将建立森林生态效益补偿制度正式纳入政策框架的开始。

1993 年《国务院关于进一步加强造林绿化工作的通知》中指出，要改革造林绿化资金投入机制，逐步实行征收森林生态效益补偿制度。

1994 年 3 月 25 日国务院第 16 次常务会议讨论通过的《中国 21 世纪议程——中国 21 世纪人口、环境与发展白皮书》中也要求建立森林生态效益有偿使用制度，实行森林资源开发补偿费。

1996 年 1 月 21 日，中共中央国务院关于"九五"时期和今年农村工作的主要任务和政策措施，再次明确"按照林业分类经营的原则，逐步建立森林生态效益补偿费制度和生态公益林建设投入机制，加快森林植被的恢复和发展"。

1997 年，中央 6 号文件中也指出，县和县级以上各地方政府要尽快建立水资源建设基金，森林生态效益补偿基金也要抓紧研究，尽快建立起来。

2001 年，国家财政投入 10 亿元在 11 个省的 658 个县和 24 个国家级自然保护区进行生态效益补助资金试点，规模设计重点防护林和特种用途林 0.1333 亿 hm²。2004 年 10 月 21 日，财政部、国家林业局关于印发《中央森林生态效益补偿基金管理办法》的通知，为规范和加强中央森林生态效益补偿基金管理、提高资金使用效益提供了制度保障。

3. 民法有关规定　　民法中的无因管理是指没有法定的或约定的义务，为避免他人利益受损而对别人的义务进行管理或服务的行为。对于无因管理，管理人有权请求本人偿还管理所需的必要费用，本人有义务偿还。在我国南方集体林区，90% 以上的林地由农户承包，农户依法独立自主经营。当农户经营的森林被区划，界定为国家、省、地、市等各级公益林时，农户当时的承包合同依然合法有效，而农户承包的森林的主要目的则转化为为社会公益事业服务。此时作为一个经营主体，农户对自己所承包的现实森林地管理，就应视为一种无因管理行为。按照各级公益林事权管理的原则，农户所支出的管理费用理应得到各级受益主体的补偿。

4. 行政法有关规定　　按照《中华人民共和国森林法实施条例》第八条规定，公益林区划界定后，还要由政府予以公布。根据《森林分类经营区划技术操作细则》：公益林要落实到农户，并签下区划界定书，写明四至范围，附上界限图。从以上规定可以看出，农户经营的山林被区划界定为公益林，完全是一种政府行为，这种行政行为限制了农户经营自主权，对原来的山林承包合同进行了变更，造成农户经济损失。按照行政合同的有关规定，理应得到经济补偿。同理作为独立经营，自负盈亏的国有林场和森工企业，与政府之间也存在一种全民所有制企业行政承包合同关系，对原有的商品林被区划界定为公益林所造成的损失也应得到补偿。

二、我国森林生态效益补偿存在的问题

2004 年，财政部和国家林业局联合出台了《中央财政森林生态效益补偿基金管理办法》，该办法明确规定："中央补偿基金是对重点公益林管护者发生的营造、抚育、保护和管理支出给予一定补助的专项资金，由中央财政预算安排。"这标志着我国森林生态效益补偿工作已由试点发展到全面推开的新阶段。森林生态效益补偿基金制度的确立与全面实施，结束了我国长期无偿使用森林生态效益的历史，开始进入有偿使用森林生态效益的新时期。但目前补偿工作尚未完全到位，存在补偿标准偏低，补偿标准单一，不能适应各地情况，补偿项目不全，只补偿管护费用未包括造林费用、抚育费用、管理费用，补偿资金管理体系不够完善，存在补偿资金使用不合理的现象。

这些问题就其实质来讲，是由于我国的森林生态效益补偿基金制度本身是一种不成熟的制度，中央森林生态效益补偿基金对生态公益林管护者的"补助"算不上真正意义上的"补偿"。"补助"毕竟不是"补偿"，这是两个完全不同的概念，"补助"是政府为扶持某一特定行业而给予的优惠，这种优惠是非常有限的，"补偿"是指特定受益者因消费某一产品或服务给予生产者一定额度的支付，具有持续市场交换的意义。同时也没有达到《中华人民共和国森林法》关于"国家设立森林生态效益补偿基金，用于提供生态效益的防护林和特种用途林的森林资源、林木的营造、抚育、保护和管理"的规定，因此，要从根本上解决上述问题，持续不断地调动公益林生产者的积极性，不断推进生态环境建设，必须建立森林生态效益补偿制度。

三、完善我国森林生态效益补偿制度的措施

（一）明确补偿对象并搞好森林分类区划

森林是经营者的经营对象，森林资源是经营对象的物质表现，森林生态效益是经营成果，无论是森林、森林资源、森林生态效益都不能自己投入、自己组织生产经营过程、自己提出并需要补偿，这里要补偿的只是森林经营者，而且需要外在补偿的还只是特定森林——公益林的经营者。

明确了补偿对象，就要搞好森林分类区划工作，合理界定生态公益林。首先要搞好公益林、商品林的分类规划工作。要从各地社会经济发展水平和森林资源状况出发，因地制宜、科学规划、合理布局。其次要搞好实地区划界定工作，把按照国家有关规定规划的公益林和商品林，落实到山头地块，做到权属和地类清楚、事权划分和经营主体明确、检查监督人员落实。再次要搞好公开认定工作，把经营者的森林划定为公益林，是以取得生态效益补偿权的民事行为，必须得到经营者和当地干部群众代表、县乡人民政府的公开确认，并签字画押，登记造册，张榜公布，千万不能先行划定，侵犯经营者合法权益，伤害老百姓的积极性。

（二）科学合理的补偿标准

补偿标准是森林生态效益补偿制度的核心问题，关系到补偿的效果和补偿的承受能

力。目前在理论上有两个补偿标准：一是以森林生态价值作为森林生态效益补偿标准的依据，即森林生态效益补偿标准应是森林生态服务对全社会所具有的全部经济价值。但根据这一原则建立的补偿标准会显得过高。日本林野厅在其 1978 年完成并发表的《森林公益效能计量标准——绿色植物调查》研究成果中，计算了全国 7 种生态效益，其评价价值为 910 亿美元。1999 年，北京市林业局和林业科学研究院对北京市森林资源和环境价值做了评估，其价值为 2313.71 亿元人民币，如按此标准进行补偿是国家财力目前无法承受的。二是根据劳动价值论和再生产理论作为补偿标准的根据，即森林生态效益补偿标准应是凝结在公益林中的价值，而不是使用价值（即公益林所能发挥的生态效益）。这里的价值补偿不仅仅是生产资料投入和劳动力投入，还应包括利润，因为全社会的公益林不能只进行简单再生产，而要进行扩大再生产，因为人口还在急剧增长，增长的人口必然提出增长的生态需求，即使人口规模不增长，随着人类社会的发展，人们的生活水平不断提高之后也必然会有更高的生态水平需求。公益林要扩大再生产，物质基础是什么，显然单纯补偿投入部分只能进行简单再生产，要进行扩大再生产还必须补偿其利润部分，即必须保证它有增值，有盈利。

因此，科学的补偿标准应包括投入和利润两部分，其构成要素有以下几点。①营林直接投入：包括地租、造林、抚育、管护及基本建设（如林道、管护棚、防火线等）的投入，这是营造林过程中直接发生的成本费用，必须得到全额补偿。其地租反映公益林立地和地理状况，应与经营商品林时的地租等额。②间接投入：包括公益林规划设计、调查、监测、质量管理、工资及其他管理费用等间接投入部分，这也是一项成本费用，应得到补偿。③灾害损失：包括病虫害、火灾、洪灾、风灾、崩塌等自然灾害使公益林受到损失而需要恢复生态效能所需的费用，应得到补偿。④利息：使用资金只能用于经营公益林而不能改变用途投入到赢利性更大的项目中，因此公益林投入资金的利息也应得到补偿，且应按同期商业利率计算额给予补偿。⑤非商品林经营利益损失：由于经营公益林而限制商品林经营所造成的经济损失，这种损失也应得到合理补偿，使其获得社会平均营林利润。

（三）拓宽补偿资金来源渠道

森林的生态效益是多方面的，除一些效益属特定对象享有（如库区周围的水源涵养林、村庄周围的风景林）外，其大多数效益都属于一个较大地域范围的全社会享有。因此，基于森林生态效益的公共物品属性，其森林生态效益补偿资金的来源也应该是多元的，可通过以下渠道筹集：一是财政投入。由国家、省拨付公益林补偿基金，以承担公益林建设与管理单位的人员经费及基础设施建设费用。公益林的主导利用是发挥生态功能，受益的是全社会，由于社会利益的总代表只能是各级人民政府，理应由财政支付公益林的价值补偿。财政投入应是森林生态效益补偿资金的主要资金来源。二是向森林生态效益的直接受益者收取森林生态效益补偿费用。笔者认为当前可以从以下几个方面收取补偿费：①国家大中型水库、城市自来水厂，按实际供水量营业收入的一定比例缴纳；②从水电站电费收入中，按每度电固定金额征收；③从事内河航运的单位和个人，按其营业收入的一定比例缴纳；④各类旅行社，按其营业收入的一定比例缴纳；⑤在风景名胜地森林公园、自然保护区、旅游度假村、城市园林绿化公园、狩猎场、滑雪场内从事各种经营活动的单位和个人，按其营业收入的一定比例缴纳。三是银行给予这些生态公益林建设工程较大数额的低息长期贷款。四是向社会积极募捐，如成立生态公益林的慈善机构，设立慈善基金，接受社会各界人士和有关单位的捐赠，慈善机构通过广播、报刊、电视等媒体举办慈善活动，筹措生态公益林生态效益补偿资金。

（四）加强森林生态效益补偿资金使用的监督管理

森林生态效益补偿资金的监督管理主要有两方面：一是看森林生态效益补偿制度是否得到认真执行，资金运行的安全性是否得到保证，补偿金有无发生侵吞、挪用、截留、串用等违规行为的发生。森林生态效益补偿面向森林经营者的资金，应落实到森林经营者的头上。如果出现发放过程中层层截留等违规现象，生态效益补偿资金就不会发挥任何作用。因此，必须加强森林生态效益补偿资金发放情况的监督，把资金运作监督体系作为补偿政策设计的重点。第二是看补偿资金安排是否合理，使用的效果是否明显，是否保质保量完成公益林的建设任务，达到预期的目的。因此，各级林业主管部门应当建立生态公益林档案和森林生态效益补偿资金支出财务档案。同时对每一个生态公益林经营者建立森林生态效益补偿落实情况监督卡，并把它发到公益林经营者手中。这样，上级主管部门就可以根据补偿标准定期对生态公益林档案、森林生态效益补偿资金支出档案和森林生态效益补偿落实情况监督卡的一致性进行检查，发现问题及时纠正。

（五）完善森林生态效益补偿的立法

森林生态效益补偿的法律制度是协调经营者和收益受益者之间的利益关系，为公益林提供稳定资金来源的重要保障。这一制度已在我国法律、部门规章和部分地方法律中得到体现，但其法律体系还很不完善，不能适应社会经济发展，从国际上看，运用强制性的法律手段，对开发利用自然资源造成的生态功能丧失和生态公益林的生产者进行经济补偿是许多国家成功的经验，如瑞典1991年颁布了世界上第一个生态税法案；欧盟已建议在其成员国内部推广 CO_2 税，并制定了具体措施；日本《森林法》规定："国家对划为保安林（即生态公益林）的森林所有者，国家补偿由于被划为保安林而遭受的损失。"我国目前需要完善生态效益补偿的立法任务有：第一，修改《中华人民共和国环境保护法》。目前，作为综合性基本法的《中华人民共和国环境保护法》存在着结构性缺陷，实际上是防治污染的法律，并没有规定保护自然资源的基本原则、基本制度和监督管理机制。森林是生态环境建设的主体，应增加保护森林等生态资源的法律规定，使保护生态和防治污染并重。应增加森林生态效益补偿原则的规定，把森林生态效益补偿与征收污染排污费制度结合起来，促进补偿工作开展。第二，修改《中华人民共和国森林法》。首先，明确森林生态效益补偿渠道。其次，明确公益林清查、核定和评价机构，提高补偿数据的法律地位，增加补偿的严肃性。再次，明确对非公益林的经济扶持政策。第三，制定和颁布《生态效益补偿基金管理条例》。森林生态效益补偿是一项涉及多方面利益的复杂的系统工程，需要由依据国务院颁布的《生态效益补偿基金管理条例》，从而把生态效益补偿的目的、主体、对象、标准等，用法律的形式固定下来，取得全社会共同遵守的效力，才能使法律手段的强制作用得以充分发挥。

第三节 森林限额采伐管理制度

一、森林限额采伐管理制度的相关概念

（一）采伐管理制度

我国森林采伐管理制度是以森林限额采伐管理制度为核心，以年度木材生产计划管理制度和林木凭证采伐管理制度为具体保障的制度体系。年度木材生产计划管理制度是保证商品材年采伐量不突破相应的采伐限额的具体措施，而林木凭证采伐管理制度则是保证采伐限额得以落实的一项具体措施。

（二）年度木材生产计划

实行年度木材生产计划管理是依据我国国情、林情决定的，是国家用来控制、调节年度商品材消耗林木数量的法律手段，保证商品材年采伐量不突破相应的采伐限额的具体措施。年度木材生产计划一经国家批准，就成为指导木材生产单位生产木材的法定指标。按照《中华人民共和国森林法》《中华人民共和国森林法实施条例》的有关规定，国家制定统一的年度木材生产计划不得超过批准的年采伐限额。采伐森林、林木作为商品销售的，必须纳入国家年度木材生产计划，超过木材生产计划采伐森林或者其他林木的，按滥伐林木处罚。作为商品销售的各类木材均应纳入年度木材生产计划管理。

年度木材生产计划是在已批准的年森林采伐限额的基础上制定的，森林采伐限额包括商品材、农民自用材、烧柴等一切人为消耗的森林资源，其中消耗最大的可控制部分，是商品材所消耗的森林资源。木材生产计划所消耗的森林蓄积量应当小于已批准的森林采伐限额。林木采伐许可证发放的除薪炭林外的采伐数量不得超过木材生产计划规定的数量。为了加强对森林采伐限额的管理，国家在下达年度木材生产计划的同时，也下达森林总采伐量。森林总采伐量包括商品材采伐蓄积量、农民自用材采伐蓄积量和烧柴采伐蓄积量。其中农民自用材和烧柴采伐指标不具体分解下达，仅包含在总采伐量中。商品材生产计划按采伐类型分为主伐、抚育采伐和其他采伐等三种类型。各级林业主管部门的年度木材生产计划不得突破国家年度木材生产计划，各级林业主管部门只能依据上级主管部门下达的木材生产计划指标进行分解下达，不能随意增加，也不得擅自编制下达。采伐的单位和个人不得突破上级林业主管部门下达的木材生产计划。

（三）年森林采伐限额

年森林采伐限额是指国家所有的森林和林木，以国有林业企业事业单位、农场、厂矿等为单位；集体所有的森林和林木及个人所有的林木，以县为单位，按照法定程序和

方法经科学测算编制，经各级地方人民政府审核，报经国务院批准的年采伐消耗森林蓄积的最大限量。实行限额采伐的范围，制定年采伐限额应将用材林的主伐和抚育伐、防护林和特种用途林的抚育与更新性质的采伐、低产林分的改造及"四旁"林木的采伐等，都纳入年森林采伐限额。《中华人民共和国森林法》规定严禁采伐特种用途林中的名胜古迹和革命纪念地的林木、自然保护区的森林及居民房前屋后、自留地个人所有的零星林木，这些不计算在年森林采伐限额之内。

《中华人民共和国森林法》规定将"个人所有的林木"也纳入年森林采伐限额范围内进行管理，房前屋后和自留地个人所有的零星林木除外。农村居民在自留山种植的林木、个人承包国家所有和集体所有的宜林荒山荒地种植的林木归个人所有，承包合同另有规定的除外，将这部分林木纳入年采伐限额对其采伐进行管理，并不意味这部分林木权属的变化。对利用外资营造的用材林达到一定规模需要采伐的，可以在国务院批准的森林采伐限额内采伐，由省、自治区、直辖市林业主管部门批准，实行采伐限额单列，以鼓励利用外资造林。国务院确定的国家所有的重点林区的年森林采伐限额，由国务院林业主管部门审核后报国务院批准。国务院批准的年森林采伐限额每年核定一次。

二、年度木材生产计划与年森林采伐限额的关系

年度木材生产计划与年森林采伐限额是既有联系又有区别的两个概念。两者的不同在于以下几点。第一，制定原则不同，年森林采伐限额根据用材林的消耗量低于生长量和合理经营、永续利用的原则制定。而年度木材生产计划根据不突破年森林采伐限额的原则制定。第二，指标含义不同，年森林采伐限额的指标是立木的蓄积，而木材生产计划的指标一般是木材的材积，两者之间依据核定的出材率进行换算。第三，修订的年限不同。年森林采伐限额每年调整一次，年度木材生产计划则是每年制定一次。林木凭证采伐管理制度是保证采伐限额得以落实的一项重要措施，是维护森林、林木所有者、经营者合法权益，控制不合理采伐消耗森林资源，确保森林资源持续增长，防止乱砍滥伐等违法行为发生的有效手段。

三、森林限额采伐管理制度对森林经营的影响

森林限额采伐管理制度实施的目的在于通过控制森林年采伐量来达到逐年增加森林资源存量的目的，从而最终实现森林的永续利用，改善生态环境。执行森林采伐限额制度，对我国森林资源的保护与管理起到了非常积极的作用。

四、合理年采伐量的确定

森林采伐是森林资源开发利用的主要方式，确定森林采伐量的理论和技术，也就成为森林经营的核心问题之一。一个森林经营单位内采伐量的确定是否合理，关系到该森林经营单位现实林分调整能否趋于合理结构，关系着森林资源的可持续经营能否实现。在我国目前森林结构不合理的状况下，研究和调整森林采伐量，具有更为重要的现实意义。

（一）各种林分允许采伐量的计算

允许采伐量是在一个特定时期（通常为一年）可以对林分进行采伐的林木数量。由于要采伐林分的结构不同，作业方式各异，采伐量的计算也有区别，下面分别介绍。

1. 同龄林允许采伐量的计算　　同龄林伐区式作业采伐量的各计算公式，大都衍生于法正林理论。大部分公式期望从各自的角度出发，谋求调整现实林的龄级结构，实现森林资源的可持续经营。对现实的森林调整和计算采伐量的方法大体可分为面积控制法和材积控制法两种类型。

（1）用面积控制法计算林分允许采伐量　　面积控制法要求每年或定期地采伐相等生产率的面积（改位面积）的森林，因而有利于调整现实同龄林在轮伐期各龄级的面积分布。按面积控制年伐量，首先计算和确定年伐面积，然后根据年伐面积再计算年伐蓄积。

1）按面积轮伐计算年伐量。用这种方法计算年伐量的目的就在于经一个轮伐期后达到完全调整现实林的各龄级的面积分布。其计算公式为

$$S_a = S / U \tag{4.1}$$

式中，S_a 为年伐面积（改位面积）；S 为经营单位有林地总改位面积；U 为轮伐期。

年伐蓄积为

$$V_a = S_a \times \bar{V}_j \tag{4.2}$$

式中，$\bar{V}_j$ 为成过熟林平均每公顷蓄积量。

改位面积为

$$S = \sum_{i=1}^{n} r_i S_i \tag{4.3}$$

式中，r_i 为第 i 地位级林分面积改位系数；S_i 为第 i 地位级林分面积。

成过熟林单位面积蓄积量为

$$\bar{V}_j = \sum_{i=1}^{n} (V_{ij} S_{ij}) / \sum_{i=1}^{n} S_{ij} \tag{4.4}$$

式中，V_{ij} 为第 i 地位级成过熟林单位面积蓄积；i 为地位级数；S_{ij} 为第 i 地位级成过熟林面积。

2）按成熟度计算年伐量。按成熟度计算年伐量的宗旨是希望在一个龄级内采伐完现在成过熟林资源，其计算公式为

$$S_a = S_j / t$$
$$V_a = V_j / t, \ V_a = S_a \cdot \bar{V}_j \tag{4.5}$$

式中，S_j 为成过熟林面积；V_j 为成过熟林蓄积；$\bar{V}_j$ 为成过熟林平均单位面积蓄积；t 为一个龄级的年数；其他符号同前定义。

3）按林龄公式计算年伐量。按成熟度计算年伐量时，当整个经营单位内林龄结构分布不均（成过熟林面积过大或过小），极可能造成采伐量的波动。按林龄公式计算年伐量的目的就是为了在两个到三个龄级期间，使采伐量保持相对稳定。根据计算期的长短，

分为第一林龄公式和第二林龄公式。

第一林龄公式：

$$S_a = \sum_{i=1}^{n} (S_{ij} + S_{ik}) / 2t \tag{4.6}$$

第二林龄公式：

$$S_a = \sum_{i=1}^{n} (S_{ij} + S_{ik} + S_{il}) / 3t \tag{4.7}$$

式中，S_{ik} 为第 i 地位级近熟林面积；S_{il} 为第 i 地位级中龄林面积；其他符号同前定义。

年伐蓄积仍为

$$V_a = S_a \cdot \overline{V}_j$$

式中，各符号同前定义。

此外，还有按林况和按各龄级面积分布计算的年伐量，在此不再赘述。

（2）用材积控制法计算允许采伐量　　材积控制法要求每年或定期采伐相等的材积。应用材积控制法可以弥补面积控制法中年伐蓄积不稳定的缺点。材积法计算年伐蓄积的公式比较多，下面介绍几个具有代表性的公式。

1）按法正蓄积计算年伐量。在法正林条件下，年伐量应等于生长量，所以在整个轮伐期所获得的全部采伐量等于法正蓄积量的 2 倍，由此得法正年伐量 E_n 为

$$E_n = \frac{2V_o}{U} = \frac{V_o}{U/2} \tag{4.8}$$

式中，E_n 为法正年伐量；V_o 为法正蓄积量；U 为轮伐期。

以此为指导思想，德国学者冯·曼德尔把法正蓄积（V_o）用现实蓄积（V）代替，得此公式称为冯·曼德尔公式：

年伐蓄积：

$$V_a = \frac{2V}{U} \tag{4.9}$$

年伐面积：

$$S_a = V_a / \overline{V}_j \tag{4.10}$$

式中，各符号同前定义。

当成过熟林占优势时，为了避免按以上公式计算结果偏大，兰多利特提出了一个改进公式：

$$V_a = \frac{V_o}{0.6U} \tag{4.11}$$

式中，0.6 为改进系数；其他符号同前定义。

苏联的 H. A. 莫依谢夫提出了只考虑现有成过熟林蓄积（V_a）计算年伐量的公式：

$$V_a = \frac{V_j}{kU} \tag{4.12}$$

式中，k 为改进系数，根据成过熟林面积占经营单位总面积的比例确定；其他符号同前定义。

2) 按平均生长量计算的年伐量。此法由德国学者马尔丁提出，故也称为马尔丁法。其理论基础是采伐量小于或等于生长量。由于难以测定森林林分的连年生长量，马尔丁提出了以各龄级林分平均生长量之和代替各林分连年生长量之和的近似解决办法，其计算公式为

$$V_a = \sum_{i=1}^{n} Z_i = \sum_{i=1}^{n} \frac{V_i}{t_i k} \qquad (4.13)$$

式中，Z_i 为 i 龄级林分的平均生长量；V_i 为 i 龄级林分蓄积；t_i 为 i 龄级年龄中值；其他符号同前定义。

同理，年伐面积为

$$S_a = V_a / \bar{V}_j \qquad (4.14)$$

式中，各符号同前定义。

3) 按蓄积量结合生长量计算年伐量。用生长量控制采伐量，不失为一种合理的方法。但当经营单位内龄级分布不均时，按平均生长量来控制采伐量就不能满足经营要求。为此，将生长量和蓄积量两方面因素结合起来考虑，现介绍几个计算公式。

i. 洪德哈根公式，由德国学者洪德哈根提出。以生长量为基础确定采伐量，并以导向法正蓄积作为目标。公式为

$$V_a = Z_o V / V_o \qquad (4.15)$$

式中，Z_o 为法正林各龄级连年生长量之和；V 为现实林蓄积，由收获表中查得；其他符号同前定义，法正蓄积量在收获表中查得。

ii. 海耶尔公式，由奥地利学者卡莫拉尔塔克斯提出，后经海耶尔修改，此公式出发点是以经过一定的调整期后，将现实林蓄积调整为法正蓄积。计算公式为

$$V_a = Z + \frac{V - V_o}{a} = \sum_{i=1}^{n} \frac{V_i}{t_i} + \frac{V - V_o}{a} \qquad (4.16)$$

式中，Z 为现实林平均生长量，由各龄级林分平均生长量求和取得；a 为调整期；其他符号同前定义。

iii. 海耶尔连年偿还公式，是以一定调整期后达完全调整林目标，并考虑林木自然生长量计算的。公式为

$$V_a = \left[V(1.0 + i_t) \, a - V_n \right] \times \frac{i_m}{(1.0 + i_m)^a - 1.0} \qquad (4.17)$$

式中，i_t 为整个林分的复利生长率（百分率）；i_m 为成过熟林的复利生长率（百分率）；V_n 为调整后的林木总蓄积；其他符号同前定义。

iv. 和田公式，本法最初由日本和田国次郎提出，其计算公式如下：

$$V_a = \frac{V}{U} + \frac{\sum Z_i}{2} = \frac{V}{U} + \frac{1}{2} \sum \frac{V_i}{t_i} \qquad (4.18)$$

该公式适用于成过熟林及需要改造林分占优势的天然林。公式中各符号同前定义。它是以在一个轮伐期内尽量延长利用蓄积的采伐年限，实现森林的可持续经营。

2. 异龄林允许采伐量的计算　　由于异龄林分内具有各个年龄级的林木，因而宜

采用择伐作业，以保证采伐少数成过熟林木后，仍保持原有异龄结构的存在，维持森林生态环境的稳定。异龄林择伐作业年伐量的计算主要有以下几种。

（1）径级择伐公式　　径级择伐是只采伐达到经营目的要求的一定径级的林木。其年伐量计算公式为

年择伐蓄积：

$$V_\beta = \frac{S \times r_v}{\beta} \tag{4.19}$$

年择伐面积：

$$S_\beta = \frac{V_\beta}{r_v} \tag{4.20}$$

式中，β 为择伐周期（回归年）；r_v 为平均每公顷择伐蓄积；S 为经营单位经营森林面积。

择伐周期 β 的确定前面已经阐述，平均每公顷林地上择伐蓄积是通过标准地或抽样调查得来的，其计算公式为

$$r_v = \sum f_i X_i / A \tag{4.21}$$

式中，X_i 为符合择伐径级范围的 i 径级林木株数；f_i 为 i 径级林木单株材积；A 为样地面积。

年择伐面积的公式也可以写成：

$$S_\beta = S / \beta$$

式中，各符号同前定义。

这种方法由于没有考虑择伐周期内各采伐径级林木的生长量、自然枯损量及小径木的边界株数，因而计算的采伐量一般偏小。

（2）检查法　　检查法的基本思想是要在异龄林各径级之间按蓄积保持一定的比例关系，以获得目的树种最大生长量和优良材种。这种方法的基本手段就是用经营单位的材积定期生长量来控制和调节采伐量。其年伐蓄积计算公式为

$$V_\beta = kZ = k \cdot \frac{M_1 - M_0 + C}{t} \tag{4.22}$$

式中，Z 为经营单位定期材积生长量；M_1 为本次调查的全林蓄积；M_0 为上次调查的全林蓄积；C 为调查期间内的择伐量；t 为两次调查间隔期；k 为调整系数。

调整系数 k 根据现有林分各径级蓄积比例和调整蓄积结构的要求确定。k 可以小于1，等于1，也可以大于1，但调节幅度不宜过大。

此法由于每次检查时都需调查全林蓄积，因而只能在技术力量较高、集约经营度较强的森林经营单位使用。

（二）现实林合理年伐量的确定

以上介绍的同龄林和异龄林采伐量的计算方法，大都是从森林经理的角度出发，从森林资源本身的条件考虑的。而社会经济条件对森林资源可持续经营具有决定性的影响，因此，现实森林合理年伐量的确定还必须综合考虑森林经营单位的森林经营技术水平、森工采运生产能力及森林经营单位外部社会经济条件和森林的多种社会公益等问题。只

有这样，才可能确定出既符合森林可持续经营要求，又能满足国民经济发展和人民生活提高对森林物质产品及效益产品所提出的新需求的合理年伐量。

确定合理年伐蓄积量的关键是选用适当的允许采伐蓄积计算方法和计算公式。选用不同的计算方法，乃至同一种计算方法的不同计算公式所得计算结果往往差异较大，究竟以哪一个计算量作为经营单位合理年伐蓄积的依据，必须根据实际情况，具体考虑。合理的年伐蓄积必须满足下列条件。

1）所定的采伐量必须有利于森林资源可持续经营的实现，即利于改善经营单位内的林龄结构，使其向符合可持续经营的理想森林结构转化。同龄林按经营单位内各龄级面积分布相等，异龄林按林分内树木径级的材积呈正"J"型、株数按径级呈倒"J"型分布。

2）所确定的采伐量必须有利于森林资源的合理利用。在成过熟林比重较大的原始林区，采伐量应适当大于生长量，以便于及时调整林龄结构并开发利用资源。

3）所确定的采伐量必须满足能够保证在较长时期内的年伐蓄积相对稳定，且在各轮伐期（回归年）内采伐（择伐）的林分（林木）是达到成熟可采的林分（林木）。

4）对不同功能的林分，所确定的采伐量必须能保证森林公益效益的正常发挥。

5）合理的年伐蓄积还必须考虑国民经济发展对森林产品的需求，保证在森林资源可持续经营的基础上，实现林产品供给的有效保障。

6）所确定的采伐量必须遵守国家的森林限额采伐制度。

第四节　森林分类经营制度

森林分类经营就是从社会对森林的生态和经济两大需求出发，按照森林多种功能的主导利用不同，把森林划分为公益林和商品林，并分别按照各自的特点和规律进行经营管理的一种经营管理体制和发展模式。具体一点讲就是根据生态环境建设的需要，把以发挥生态和社会效益为主的那部分森林划为公益林，按照划分的原则由各级财政投入和组织社会的力量来建设，一般公益林分成三级管理体制，国家级的公益林由中央林业主管部门直接管理，地方各级政府划定的公益林由地方政府林业主管部门管理，分散的部分公益林按隶属关系由部门单位或农村集体负责，经营经费实行"谁受益，谁负担，社会受益，政府负担"的原则，经营模式必须遵循自然规律，实行科学化、近自然经营，以追求最大的生态和社会效益为目标。商品林是指以生产木材、燃料和其他林副产品，获取经济效益为主要经营目的的森林，商品林的经营主体是自主经营、自负盈亏的企业单位或个人，采取多种方式筹集资金，实行"谁经营，谁管理，谁经营，谁受益"的企业化管理、新技术和模式的集约化经营和市场运作、参与竞争的基地化规模经营，以追求最大的经济效益为目标。

目前各国的森林分类都是从本国的森林资源现状和社会经济发展的需求出发，根据林业用地所处的生态区位，按森林主导利用功能的不同，统一规划，制定相应的经营目标、经营技术、经营制度和经营模式，建立相应的经营管理体制和运行机制。第一种划分为二类林模式，如美国、澳大利亚、新西兰等，主要是从保护天然林、发展人工林的角度出发。第二种划分为三类林模式，如法国、加拿大、苏联；划分为三类林的国家在划分思想上采用"生态林业的林业经营理论"，就是用生态经济学的理论来指导，依据森林生态系统的规律来经营森林。第三种划分为多类林模式，如日本、奥地利等，划分为多类林的国家既吸收了各个划分的指导思想，又进一步将这些思想加以演变。各国在森林分类名称上虽然不同，但有两类意义一致，商品林、生产林的主导功能是生产木材；非商品林、非商业性林都是为了整治国土、改善生态环境、加强社会服务和满足社会需求的公益林。

《中华人民共和国森林法实施条例》在 1998 年将森林分类经营以法律的形式规定下来。我国应借鉴两类林的分法，然后将其林种细化，将森林分为五大林种，其中特用林、防护林作为公益林；用材林、经济林、薪炭林作为商品林。公益林以保护和改善人类生存环境、保持生态平衡、保护生物多样性和国土生态安全等生态需求为主体功能，主要提供公益性质的生态服务和社会服务功能。商品林则以提供林特产品，获得最大经济产出为主体功能。主要是提供能进入市场流通的经济产品，具体又可划分为木材和林副产品、经济林产品和薪材。

主要参考文献

曹小玉．2006．我国森林生态效益补偿机制研究．杨凌：西北农林科技大学

高立英．2007．采伐限额制度成本分析．林业经济问题，27（5）：425-428

国家林业局．2012．简明森林经营方案编制技术规程：LY/T 2008—2012．北京：中国标准出版社

国家林业局．2012．森林经营方案编制与实施规范：LY/T 2007—2012．北京：中国标准出版社

李宝银．1998．森林分类经营技术方法的研究．林业资源管理，（3）：35-38

李文娟．2009．森林经营方案编制的意义、内容及编制要点．防护林科技，（4）：71-73

李志斌．2008．编制森林经营方案的意义和要点．现代化农业，（8）：26-28

柳建闽．1997．森林分类经营的法律观．林业经济问题，（2）：59-62

梅雨晴，沈月琴，张晓敏，等．2017．采伐限额制度改革背景下农户木材采伐行为影响因素分析．浙江
　　农林大学学报，34（4）：751-758

王友芳，郑小贤．2003．林业分类经营理论基础探讨——经营原则、经营目标和经营理念．林业勘查
　　设计，（4）：4-6

韦希勤．2007．我国森林经营方案问题研究评述．林业调查规划，32（5）：105-108

谢阳生，陆元昌，雷相东，等．2019．多功能森林经营方案编制关键技术及辅助系统研究．中南林业
　　科技大学学报，39（8）：1-9

张会儒．2009．森林经理：问题与对策．林业经济，（6）：39-43

张兰花，江家灿，杨建州，等．2010．限额采伐管理制度对林农采伐决策影响分析——基于采伐成本的
　　思考．林业经济问题，30（6）：511-515

张默涵，郑瑶．2013．森林采伐限额管理制度研究综述．中国林业经济，（4）：7-10

张涛．2003．森林生态效益补偿机制研究．北京：中国林业科学研究院

张志达．2008．科学经营森林必须实施森林经营方案．林业经济，（12）：24-26

赵秀海，吴榜华，史济彦．1994．世界森林生态采伐理论的研究进展．吉林林学院学报，10（3）：204-209

周晨，张智波．2010．论采伐制度对森林经营的影响．法制与社会，（13）：36-37

周仁坊．1996．谈谈对森林分类经营的认识．林业资源管理，（4）：43-46

周新年．2015．山地森林生态采运理论与实践．北京：中国林业出版社

第五章　森林可持续经营的市场路径

第一节　森　林　认　证

一、森林认证概述

（一）森林认证的起源

1992 年世界环境与发展大会召开之前，一些国家尽管采取了促进林业发展的政策，但由于林业政策失误，森林的经营效果并不明显，国际上政府组织通过发展援助、软贷款、技术援助和海外培训等方式取得的效果也有限，加上林产品贸易不能证明其产品源自何种森林，影响了"绿色消费者"的消费动力和林产品进入国际市场的份额。在这种背景下，非政府组织和民间组织产生了通过开展森林认证促进森林可持续经营的设想，但他们的提议在联合国环境与发展大会上并没有取得任何实质进展。在大会之后，环境非政府组织发起了森林认证，把森林认证作为一种市场机制，用来促进森林的可持续经营。森林认证的独特之处就在于它通过对森林经营活动进行独立的评估，将"绿色消费者"与寻求提高森林经营水平和扩大林产品的市场份额，以求获得更高收益的生产商联系在一起，以市场为基础，并依靠贸易和国际市场来促进森林可持续经营。

（二）森林认证的含义和特征

1. 森林认证的含义　　森林认证即对森林可持续经营进行认证，是通过独立的第三方对某一森林经营单位或区域的森林进行总体评价，验证其是否符合可持续发展的原则和标准，并签发证书的过程。森林认证包括两个基本内容，即森林经营认证（forest management certification，FM certification）和产销监管链认证（chain of custody certification，COC certification）。

森林经营认证是根据所制定的一系列原则、标准和指标，按照规定的和公认的程序对森林经营业绩进行的认证，即对森林经营过程中林木的种植、抚育、更新及采伐等系列经营行为进行评估。产销监管链认证是对木材加工企业的各个生产环节，即从商品原木的运输、加工、流通直到到达最终消费者的整个过程进行的认证；进行产销监管链认证的目的是保证林木从森林经营地采伐之后到最终消费者手里整个过程受到监督，防止商品原木从运输到加工及流通过程中发生调换行为。森林认证之所以由独立的第三方进行评价，其目的就是为了保证森林认证的公正性和透明性。

2. 森林认证的特征

（1）自愿性　　森林认证是依靠市场机制推动的自愿行为，没有人或组织强迫森林经营单位或企业必须开展森林认证，有没有开展森林认证的必要性，取决于森林经营单位或企业森林可持续经营水平和自身对森林认证的意愿，而不是国家法律和法规的强制性要求，当然，随着认证的广泛开展，根据各国的不同情况，也不能排除有的国家政府将森林认证作为本国推行森林可持续经营的一种强制政策的可能性。

（2）参与性 森林认证不仅是一种自愿行为，它更强调利益相关者的广泛参与性。这是因为森林认证由非政府组织发起，而非政府强制行为。只有让社区、政府部门、消费者、企业、科研单位等广泛参与，才能保证森林认证的评估代表了与森林经营有关的利益各方，才能保证森林认证过程的公开性、透明性、公正性和可靠性，才能调动公众主动参与森林认证的积极性，才可能推动森林认证在全球范围内的发展。

（3）市场化 森林经营单位和企业开展森林认证的动力来源于市场推动，来源于市场对森林认证产品的需求，来源于扩大林产品市场份额，赚取更高利润的意愿。如果森林认证不能带来经济效益，没有林业企业和单位主动要求开展森林认证。随着人们生活水平和环保意识的逐步提高，更多的消费者愿意支付更高的成本购买经过森林认证的"绿色林产品"，消费者观念的改变使森林认证的林产品比未经过认证的林产品在市场上更具有竞争力，这促使森林的所有者和经营者及木材加工企业更积极地开展森林认证，从而推动森林可持续经营。

（三）森林认证的目的

森林认证的主要目的：一是提高森林经营单位的森林经营水平，促进森林的可持续经营；二是稳定企业现有产品市场份额，并为进入新市场创造市场准入条件。除此之外，森林认证还具有区分产品、促进利益各方的参与、森林服务的商品化、获取财政资助、降低投资风险、加强法律实施等目的。

（四）森林认证的组成要素和标准

1. 森林认证的组成要素 一般来说，认证都包含标准、认证和认可三大要素。标准规定了森林经营者要想通过认证而必须达到的森林经营的要求，它是认证评估的基础。认证是由认证机构验证森林经营单位或企业是否达到认证标准要求的过程。而认可是对认证机构的能力、可靠性和独立性进行认定，以提高第三方认证机构的可信度。如果要对产品做出认证声明，还需建立产品跟踪和标签体系，即产销监管链认证和标签制度。以这几大要素为基础而成立的机构、制定的规则并开展相应的活动就组成一个完整的森林认证体系。

森林认证和林产品标签体系的基本要素如图 5-1 所示。

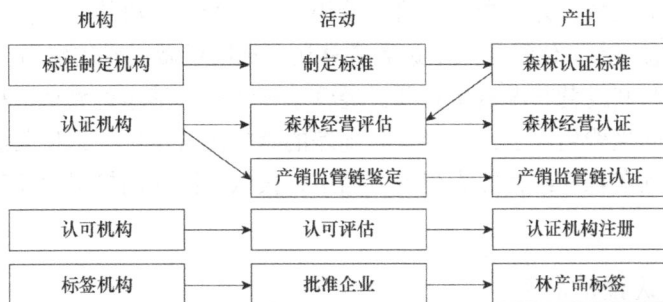

图 5-1 认证体系要素

2. 森林认证的标准　　森林认证的标准有业绩标准和进程标准两种。业绩标准规定了森林经营现状和采取的经营措施必须满足认证要求的定性和定量目标或指标，如FSC（The Forest Stewardship Council）的原则和标准。进程标准又称环境管理体系标准，它规定了管理体系的性质，即利用文件管理系统执行环境政策，ISO（International Organization for Standardization），14001 标准就是一种环境管理体系标准。在应用上，业绩标准必须在一般的国际标准框架内制定区域或地方标准。不同区域的业绩标准存在着一定的差别，但通常具有兼容性和平等性。而进程标准除法律规定的环境指标外，对企业业绩水平并没有提出最低要求。申请认证的森林经营单位必须不断改善环境管理体系、承担政策义务、依照自己制定的目标和指标进行环境影响评估，并解决认证涉及的所有环境问题。

上述两种标准都包括了持续提高的原则。两种方法的结合将更适于对森林经营进行认证。在实践中，可以通过定期调高业绩标准来不断提高森林经营单位的经营水平。也可以在管理认证体系中要求森林经营单位不断改善经营水平并达到各阶段目标。当前的业绩标准和进程标准之所以分开设定，原因在于这样可以有利于评估结果的审核和统一。

（五）森林认证的效益和费用

1. 森林认证的效益　　森林认证的效益主要包括环境效益、社会效益和经济效益三个方面。环境效益包括维持森林的生物多样性、生态功能和生态系统的完整性，促进森林的可持续经营；保护濒危物种及其生境；保护水资源、土壤、独特而脆弱的生态系统和自然景观等。社会效益主要是确保森林经营过程中所有利益相关方的权利得到尊重和实现，特别是有权利共同参与森林可持续经营标准，即森林经营方案的制定。在中国，社会效益表现在尊重和维护当地居民进入森林采集水果、薪材、建筑材料和药用植物的传统权利，尊重和考虑依靠森林生活的居民的生计问题，以及保护以森林提供的娱乐、文化和其他社会价值等。经济效益包括给参与认证的企业提供更多的财政和技术支持，用于吸引人才和不断加强企业的基础管理与环境管理，生产绿色无污染产品，并确保其木材来源的长期供应和获得森林经营的优先权，从而提高其产品在国际市场上的竞争能力和信誉，保持或增加市场份额，从而赚取额外利润。

2. 森林认证的费用　　森林认证费用包括直接费用和间接费用。直接费用主要是认证人员对申请认证的森林经营单位进行森林评估和审核的费用及年度审核的费用，其中包括认证人员的工资、差旅费等。直接费用通常付给认证机构。间接费用是指申请认证的森林经营单位，为了使经营水平达到森林认证标准所做工作的费用，又称可变费用。间接费用的多少与其经营状况直接相关。经营水平达到或基本达到认证标准的森林经营单位，其所用的间接费用较少；而经营状况差的森林经营单位，为使其经营水平达到认证的标准，就必须在森林经营能力建设方面进行投入，因此间接费用就高，甚至远远高于直接费用。

（六）森林认证的程序

通常情况下，森林认证是按照申请、预评估、主评估、专家审核、注册并颁发认证证书、产销监管链审核和定期审查（年审）的流程进行的。

1. 申请　　在经过讨论确定本单位需要开展森林认证和了解认证程序之后，森林经营单位向认证机构提交认证申请书，正式提出认证申请。申请过程包括初步审核，双方会见、讨论，达成认证协议，最后签署协议。

2. 预评估　　预评估又叫预审，其目的是认证机构初步了解申请认证的森林经营单位的情况，确定森林认证是否可行。这是认证机构对森林经营单位的环境和林业政策的初步审核，评价该经营单位可以立即进行认证还是需要进一步改进其管理措施后再进行认证。预评估内容包括实地考察、文件审核及听取利益相关者的意见。

3. 主评估　　主评估的内容包括文件审核、实地评估和起草审核报告。文件审核是为了确定被认证单位的环境与社会情况、森林经营方案、实施程序等文件与认证要求的符合程度，从而进一步核实与森林经营单位的管理体系有关的文件资料。实地评估包括内部、外部指标审核。内部指标审核即根据森林认证标准，对森林经营单位的经营活动进行审核，其中包括对正在执行的科研项目、永久性样地和主要保护地块等的审核。外部指标审核是通过与直接受到森林经营单位活动影响的其他利益相关者的交谈了解有关情况，还包括审核森林经营单位活动对重要集水区下游的影响。实地考察结束时，审核小组成员进行讨论，根据认证标准评价所考察森林经营单位的经营状况（一起决定），并起草审核报告。

4. 专家审核　　审核报告和相关文件资料需交给由 3 名具有丰富的开展森林认证的经验和有关森林及其经营活动的知识，并在森林认证方面的技术专长达到国际水平的独立专家组成的审核小组审阅。审核的主要作用是证明某一个认证活动审核方法的技术可靠性，检查审核小组做出的结论。审核小组的目的是审核报告的可靠性，保证审核报告已经包含了颁发森林认证证书所需的全部内容。

5. 注册并颁发认证证书　　审核小组批准审核建议后，认证机构即可为森林经营单位颁发认证证书，认证证书的有效期一般为 5 年。证书颁发后，森林经营单位还有继续保持和提高其经营水平的责任，承诺继续改善环境和承担应尽的保护环境的社会义务。

6. 产销监管链审核　　森林经营认证的作用是向消费者说明生产林产品的木材是否来自可持续经营的森林。然而，木材从森林到制成林产品，最后到达消费者手中经过了很多环节，消费者很难弄清自己想要的林产品是否源自可持续经营的森林。为了证明木材的来源，就必须对木材供应链进行监管，也就是进行产销监管链认证。因此，产销监管链认证是森林认证的另一个主要组成部分，也是对森林经营认证的补充。产销监管链认证要求林产品的生产和销售过程具有透明度，通过查询林产品整个流通过程的记录，人们就可以了解原材料的来源。产销监管链认证的林产品可以使用认证标签，向消费者和木材购买商证明了他们购买的林产品来自可持续经营的森林。

7. 定期审查（年审）　　为了确保被认证的森林经营单位的森林经营方案持续符合认证标准，认证机构在认证后要实施进一步的监督，定期审查森林经营单位的经营情况。定期审查通常是由认证机构委派 2～3 名认证专家，到森林经营单位进行每年一次的年度考察。主要检查森林经营单位的经营活动是否仍然符合要求，是否听取了审核小组的意见，对在评估或预评估过程中发现的所有问题是否采取了有效的改进措施，并随机对其森林经营活动进行抽样检查，森林经营检查的覆盖面一般要达到20%。利益相关者可以随时向认证机构提出经营中的问题。

（七）森林认证的模式

1. 独立认证　　独立认证是指对独立经营者经营的国有林、集体林、私有林或林业企业进行森林认证。这些独立经营者拥有的森林虽然面积不等，但森林类型、经营方案和社会经济条件基本一致，再加上经营活动独立，较容易开展森林认证。独立认证一般适用于森林面积比较大的森林经营单位。

2. 联合认证　　联合认证是将个人、组织、公司、协会或其他法律实体拥有的、分散的、相互独立的小片森林联合在一起，组成一个"联合经营实体"来开展认证，也称"团体认证"，在联合认证中，由联合经营实体负责组织整个认证进程，共同承担认证费用，减少了咨询、审查手续的重复性操作，大幅度降低了个体承担的认证成本。同时，那些分散在偏远地区的小林主能够及时获得信息和专家技术服务，还可以相互交流获取认证的经验，全面为提高经营水平提供了方便。这种认证模式在美国和欧洲等以私有林、小林主占多数的国家甚为青睐。国际上两大森林认证体系泛欧森林认证体系（PEFC, The Pan-Euro Forest Certification Council）和森林管理委员会（FSC）认证体系都已开展了联合认证。

3. 资源管理者认证　　资源管理者认证是由若干个林主将其拥有的森林委托给具有一定的森林经营管理能力、按照森林认证原则与标准来经营森林的资源管理者，并由这些拥有经营权的资源管理者（个人或组织）来负责这些森林的认证。这样做的好处一方面能使林主的森林达到良好的经营状态，并能够通过森林认证。另一方面省去了由小林主成立联合认证协会带来的一系列组织工作，简化了认证手续、节省了认证费用。PEFC和FSC都采用了这种类型的认证，在欧洲应用较多。

4. 区域认证　　区域认证由一个代表该区域经营了50%以上森林面积的林主或经营者的法律实体提出申请，以对这个区域内的全部森林进行认证的模式。申请者（法律实体）负责让所有的参与者满足森林认证要求，保证森林认证参与者和认证森林面积的可信性，并实施区域森林认证条例。林主或森林经营者可以在自愿的基础上参加区域认证，具体方式可以是单独签署的承诺协议，也可以服从代表该地区林主的林主协会的多数决定。区域认证的概念由PEFC体系提出，只有参与区域认证的林主或经营者采伐的木材才能被认为是来自经过认证的森林，并可贴上PEFC标志。PEFC认为，在很多国家区域认证是避免小林主认证歧视的最佳方式。但由于此种模式不能确保区域内所有的森林都达到认证标准的要求，因此很多环保组织认为这种模式不可信。

5. 其他认证模式　　其他认证模式包括阶段式森林认证和小规模低强度经营森林认证，前者是由国际热带木材组织针对较难一次性达到森林认证标准的热带木材生产国而提出来的。这种方式是将认证的最终目标分步、分阶段实现，寻求认证的经营单位或企业通过不断努力提高森林经营水平，在一定期限内分阶段逐步达到认证要求。后者是针对经营面积为100～1000hm²（依各国实际情况确定）及年采伐率不超过年生长量的20%，且认证期间年采伐量或平均年采伐量不超过5000m³的低强度经营森林的现实需要，提出的一种简化认证程序和降低其认证成本的森林认证项目。

二、森林认证体系

（一）森林管理委员会（FSC）认证体系

为了监督认证的独立性和公开性，森林管理委员会（FSC）于 1993 年 11 月成立。该委员会由来自 50 个国家的环境保护组织、木材贸易协会、政府林业部门、当地居民组织、社会林业团体和木材产品认证机构的代表组成。这是目前较为成熟和完善的森林认证体系。FSC 是一个独立的、非营利性的非政府组织，旨在促进对环境负责、对社会有益和在经济上可行的森林经营活动。FSC 认证体系得到了国际环保组织的广泛支持，是一种推动森林可持续经营的有效市场手段，在国际上得到了迅速的发展。FSC 森林认证体系是国际社会需要的、已得到广泛承认的一个高标准的国际体系。FSC 的主要任务是评估、授权和监督认证机构，为制定国家和地区认证标准提供指导和服务，通过教育培训和建立国家认证体系，提高国家认证和森林可持续经营的能力。

截至 2019 年底，FSC 认证的森林面积为 1.963 亿 hm^2，遍布 82 个国家，FSC 拥有来自 8 个国家的 846 名会员，122 个国家的 3.1599 万 hm^2 FSC 产销监管链认证，全球有 16.338 万个小农户，39 个认证机构，在 82 个国家进行了 1462 次森林经营认证。当采伐的木材离开 FSC 认证的森林时，其已对供应链上的公司进行了严格的审核，因此贴有 FSC 认证标识的产品均来自负责任的森林和企业。其通过为提供可信且简单的方法帮助企业推广 FSC 认证森林产品，引导社会大众认识到森林资源可持续发展的价值和意义。

（二）ISO14000 环境管理认证体系

1. ISO　　ISO 是一个由 100 个国家标准团体所组成的国际性联盟，该组织于 1947 年创立于日内瓦，大多数成员均为政府机构。其资金来源各异，有政府拨款、私人捐款及出售各项标准及文件所获的收益等。它的目的是本着促进全球商品及服务贸易的方针，制定和发展自愿性的标准。商品和服务的提供者可以雇佣认证机构根据这些标准对其产品和行为进行审核并加以认证。一些标准也可用来互相审核。我国以中国标准化协会的名义正式加入了 ISO。

2. ISO 管理体系　　ISO14000 系列标准是由国际标准化组织（ISO）第 207 技术委员会（ISO/TC207）组织制订的环境管理体系标准，其标准号从 14001 至 14100，共 100 个，统称为 ISO14000 系列标准。它是顺应国际环境保护的发展，依据国际经济贸易发展的需要而制定的。目前正式颁布的有 ISO14001、ISO14004、ISO14010、ISO14011、ISO14012、ISO14040 等 6 个标准，其中 ISO14001 是系列标准的龙头标准，也是唯一可用于第三方认证的标准。

3. ISO 森林认证现状　　由于林业企业包括森林经营单位了解 ISO 环境管理体系认证现状的信息不多，也未见有系统收集。一部分木材加工企业和制浆造纸企业参与了认证。由于其认证的是环境管理体系，因此全球范围认证的森林单位经营面积也没有详细的统计数据。

（三）泛欧森林认证体系（PEFC，The Pan-Euro Forest Certification Council）

泛欧森林认证体系（PEFC）是由欧洲私有林场主协会于 1999 年 6 月发起成立的，总部设在卢森堡，原名泛欧森林认证体系， 2003 年根据在全球开展森林认证工作的需要，将英文名称改为现名，英文缩写和标签不变，从而由一个区域性森林认证体系发展成为全球性、自愿性森林认证体系。其主要目标是为各国提供认证体系评估和相互认可的全球框架，进而推动认证体系的相互认可。1999 年来自 11 个 PEFC 国家管理机构的代表签署了 PEFC 委员会章程，标志着这一体系的正式启动。

到 2018 年为止，PEFC 共接纳了来自五大洲的澳大利亚、奥地利、白俄罗斯等 42 个国家体系作为会员（每个国家以体系名称或组织名称加入，如澳大利亚是澳大利亚林业标准有限公司），并批准了澳大利亚、奥地利、比利时等 32 个国家的认证体系。目前，PEFC 认证的森林面积已超过 4.7 亿 hm^2，是全球最大的森林认证体系。同时，近年来随着国际林产品市场对认证林产品的需求日益增长，PEFC 体系迅速发展。

PEFC 体系产生的起因是一些欧洲林主协会认为 FSC 不适合中小规模林地的认证，而且认证过程费用也过于昂贵，FSC 体系不能满足他们的需求，其更多的是受非政府组织控制。FSC 认证针对森林经营单位，PEFC 则不同，它可以对整个地区进行认证，该地区内所有的中小林主都可持有认证证书。因此，它受到林场主协会及林产工业和贸易协会的欢迎和支持。但是，PEFC 也受到那些倾向于 FSC 环境组织的反对，他们怀疑 PEFC 体系的可信度。PEFC 没有要求对具有高保护价值的森林进行保护，不反对在森林经营中使用杀虫剂和遗传改良的品种。它没有一个综合机制解决社会冲突或认可原著居民的权利，甚至没有统一要求或证实认证森林的经营符合法律。它也不能满足世界贸易组织有关贸易技术壁垒协定中的几项基本要求。

（四）泛非森林认证体系（Pan African Forest Certification，PAFC）

2000 年由非洲木材贸易组织 13 个成员国的部长批准的一项建立泛非森林认证体系计划，目的是在其成员国内制定并实施森林认证体系，包括标签制度，与 PEFC 形成两大区域认证体系。但由于动力不足等原因，尚未开展森林认证工作。

（五）国家森林认证体系

1. 美国可持续林业倡议（Sustainable Forestry Initiative，SFI）体系

（1）机构及特征

发起：1995 年由美国林业及纸业协会（American Forest and Paper Association，AF&PA）发起。该协会是美国木材和造纸工业的国家级贸易协会，其会员拥有美国绝大部分的工业林。它要求其所有的会员企业都参加 SFI 计划，也鼓励其他机构参与。

机构：由各利益方组成的可持续林业理事会负责标准制定和认证体系管理。

经费：主要由参与 SFI 认证的机构提供经费支持。

适用范围：AF&PA 在美国和加拿大都有会员，因此它在美国和加拿大两国开展认证，故也被视为北美的区域体系。它在企业和林主层次上开展认证，主要针对大规模的工业林。在与美国林场体系（American Tree Farm System，ATFS）达成相互认可协议以后，现在也通过该体系认证非工业私有林。

特点：开展独立第三方审核，自我评估和第二方评估也被认可。

（2）体系发展

认证标准：制定了《SFI 标准》，包括 6 条原则、11 个目标及相应的操作指标、核心指标和非核心指标。它侧重于对体系标准和指标的评估，而不是实地绩效，所以基本上是以体系标准为基础的认证。

监测：第 1 次重审是在初次认证后的 3 年内进行，以后重审每 5 年进行 1 次。要求对在产品上使用 SFI 标签的公司要进行不定期的"阶段性监测"，事实上这些后期审计往往很粗略。

产销监管链和标签：未采用传统的产销监管链体系作为产品标签的基础，但要求企业具有一个木材供应责任体系，要求所使用木材的 2/3 来源于正规渠道（经认证或未经认证的）。

透明度：虽然 SFI 政策中要求提供通过认证企业的书面认证报告，但至今 SFI 的网站和认证机构的网站都未公开认证摘要。

2. 加拿大标准协会（Canadian Standards Association，CSA）

（1）机构及特征

发起：由森林工业利益团体发起森林可持续经营体系。

机构：加拿大标准协会是制定标准和实施认证的自愿会员协会。其下属的林产品工作组负责"CSA 森林可持续经营项目"和"林产品标签项目"（即森林经营认证和产销监管链认证）。

经费：由加拿大林产品协会和加拿大联邦政府提供资助。

适用：要求认证的林地界线明确，对认证面积没有限制。

（2）体系发展

认证标准：以《CSA 森林可持续经营标准》和《ISO14001 标准》为基础制定了《CSA 标准》，共 17 个标准，由申请的森林经营单位负责制定和提供标准的具体量值、目标、指标及应用对象；制定了合理机制确保公众参与标准制定及当地森林可持续经营的价值和目标的确定。

监督审查：证书有效期 3 年，每年进行 1 次年审。

标签或产销监管链机制：具有相关制度，并提供了 3 种标签方法。

透明度：《CSA 标准》可从网上获取，认证机构也被要求公开认证报告和年度复审报告。

3. 美国林场体系（ATFS）

（1）机构及特征

发起：由私有林主发起，旨在鼓励私有林主开展可持续经营。建立于 1941 年，已有 70 多年历史，是世界上最早的森林认证体系。

机构：由美国森林基金会（American Forest Foundation，AFF）负责体系运作，包括

48 个州委员会。AFF 是成立于 1982 年的一个非营利的教育和保护组织。

资金：由个人、基金会、政府机构和公司共同资助。

适用：主要认证美国非工业的私有林和家庭林。

（2）体系发展

认证标准：2002 年制定了新的《ATFS 标准和指南》，包括 9 个标准，15 个绩效措施和 21 个指标，强调可持续、合法、长期的经营计划和特别地带保护问题。

监督审查：证书有效期 5 年，无监督审查制度。由经过认可的自愿的林场审核员进行审核。

标签或产销监管链机制：无。

透明度：要求认证机构公开认证报告和年度审计报告。

4. 马来西亚木材认证委员会（MTCC, The Malaysian Timber Certification Council）体系

（1）机构及特征

发起：1998 年由马来西亚政府发起的独立第三方认证体系。

机构：马来西亚木材认证委员会是由各利益方代表组成的董事会负责管理的非营利性组织。

资金来源：政府从木材出口税收中给予拨款。

适用范围：在马来西亚各州层次上开展认证。

（2）体系发展

认证标准：制定了以《国际热带木材组织（International Tropical Timber Organization, ITTO）森林可持续经营标准与指标》为基础的《马来西亚森林经营认证标准、指标、生产和操作标准》来评估森林经营绩效，现正按照《FSC 原则与标准》的框架对标准进行修改，以符合 FSC 的要求。

监督审查：证书有效期 5 年，每 6~12 个月进行 1 次复审。

透明度：认证标准、认证报告都可从网站上获取。

5. 印度尼西亚生态标签研究所（Lembaga Ekolabel Indonesia, LEI）体系

（1）机构与特征

发起：由印度尼西亚前环境部长领导的工作组发起。

机构：由印度尼西亚生态标签研究所通过"多利益方进程"发展和实施认证体系。

应用范围：印度尼西亚，应用于天然林、人工林和社区林。

（2）体系发展

认证标准：以《FSC 原则与标准》《ITTO 森林可持续经营标准与指标》及《ISO14001 环境管理体系标准》为基础制定了 LEI 的标准《商品林可持续经营标准框架》，包括 3 个方面 10 个标准。在此框架下，制定了针对天然林、人工林和社区林的指标，以此评估森林经营绩效。

监督审查：证书有效期 5 年，5 年内至少开展 2~3 次审查。

透明度：认证标准可从网站上获取，认证报告不详。

标签或产销监管链机制：具有产销监管链认证和产品标签机制。

6. 巴西森林认证体系（CERFLOR）

（1）机构与特征

发起：由私有林业组织巴西造林协会发起，并得到研究机构和政府部门的支持。

机构：由巴西国家计量、标准化和工业质量理事会（National Institute of Metrology, Quality and Technology, INMETRO）负责体系发展和认可认证的机构，巴西技术标准协会（Brazilian Association of Technical Standards, ABNT）负责标准制定。

资金来源：由 ITTO 提供部分资金，其他资金不详。

应用范围：巴西，目前仅应用于人工林，将发展到天然林。

（2）体系发展

认证标准：目前只有人工林认证标准，包括 5 项原则 19 个标准和 100 个指标，天然林的标准正在制定之中。

监督审查：证书有效期 5 年，每年接受 1 次复审。

标签或产销监管链机制：已经具有产销监管链和标签机制，但未正式实施。

7. 澳大利亚林业标准（Australian Forestry Standard, AFS）体系

（1）机构与特征

发起：由澳大利亚林渔水产部和林产工业部门联合发起。

机构：2003 年 7 月澳大利亚林业标准有限公司成立，负责管理 AFS 体系的发展。

资金来源：由政府、木材和森林工业组织资助。

适用范围：适用于澳大利亚所有的森林类型、经营规模和森林权属，包括联合认证。

（2）体系发展

认证标准：以蒙特利尔进程为基础，根据国家林业政策和地区森林协议对蒙特利尔标准进行了区域性解释。

监督审查：证书有效期 3 年，每年进行年审。

标签或产销监管链机制：已制定了标签和产销监管链制度，但尚未实施。

透明度：认证标准可从网上获取，认证报告不能获取。

8. 智利森林认证体系（Certification Forestal, Certfor）

（1）机构与特征

发起：由非营利的组织"智利基金会"发起的国家认证体系，由政府、林业组织、木材工业和林主多家机构联合共同创立。

机构：智利基金会是 Certfor 体系的秘书处，由智利森林研究所（Forest Institute of Chile, INFOR 从事林业研究和官方统计的智利政府机构）提供技术支持。

资金来源：欧盟资助 INFOR 制定认证标准，智利工业促进机构"发展与改革基金"提供了体系发展资金。

适用范围：目标是使标准适用于所有的森林类型、经营规模和森林权属，包括联合认证，针对森林经营单位设计。目前仅针对人工林。

（2）体系发展

认证标准：目前只制定了人工林认证标准，包括 9 个原则 43 个标准和 179 个指标。天然林认证标准正在起草之中。

监督审查：证书有效期 5 年，每年进行年审。

标签或产销监管链机制：已具有产品标签机制。

透明度：认证标准、程序和认证简要报告均可从网上公开获取。

三、中国森林认证

我国政府开始关注森林认证领域的相关问题已有 30 多年。在这 30 多年当中，从无到有，建立起了我国自己的森林认证体系，并在统一认证认可制度的框架之下，形成了包含认证机构审批、认证机构资格、从业人员资格、咨询机构资格、认证机构认可，以及认证程序、认证依据在内的森林认证制度。构建了以政府引导、社会监督、市场驱动、企业自愿为原则的政策体系，森林认证制度作为森林认证在我国公正、公平、有序进行的基础，成为实现森林认证领域依法认证的前提。

（一）成立机构

2001 年 3 月，国家林业局在林业科技发展中心成立森林认证处。2002 年 8 月，国家林业局加入全国认证认可部际联席会议，森林认证体系正式纳入国家统一的认证认可制度之中，2003 年，成立了由多方利益代表参加的非营利性组织中国森林认证委员会（China Forest Certification Council，CFCC），并使用我国特有树种——银杏树的叶子作为标志。2008 年，经批准成立并正式对外发布全国森林可持续经营与森林认证标准化技术委员会，标志着我国森林认证体系进一步发展，主要负责中国森林可持续经营和森林认证领域的标准化工作，为中国森林认证体系提供技术支持；2009 年，经中国国家认证认可监督管理委员会批准成立了中林天合（北京）森林认证中心，这是我国国内第一家具有森林认证资质的中介机构；2010 年，成立了森林认证工作领导小组、中国森林认证管理委员会，形成了我国森林认证体系组织架构；2011 年，成立中国森林认证管理委员会（CFCC）（后更名为中国森林认证委员会）。

（二）创建刊物和网站

2001 年，由世界自然基金会（WWF）资助，中国林业科学研究院主办了《森林认证通讯》杂志；2006 年，中国林业科学研究院、世界自然基金会、雨林联盟共同筹建了专业性和综合性的中国森林认证网，网站由中国林业科学研究院维护；2007 年，CFCC建立了"中国森林认证委员会"网站，这是我国森林认证的官方网站。目前中国森林认证网址为：https://www.cfcc.org.cn。

（三）制定相关标准与规范

2002 年，国家林业局将制定森林认证标准列入林业标准体系。2007 年，国家林业局发布了《中国森林认证 森林经营》（LY/T 1714－2007）和《中国森林认证 产销监管链》（LY/T1715－2007）两个标准，标志着我国森林认证体系建设及我国森林可持续经营工作步入了科学、规范发展的新阶段。2008 年 6 月，国家林业局与国家认证认可监督管理委员会发布了《国家认证认可监督管理委员会国家林业局关于开展森林认证工作的意见》。2009 年 3 月，根据该意见和《中华人民共和国认证认可条例》等有关规定，我国开始实施《中国森林认证实施规则（试行）》，规范国内的森林认证活动。2010 年，国家林业局发布了《国家林业局关于加快推进森林认证工作的指导意见》，颁布了《森林经营认证审核导则》。2012 年，将《中国森林认证　森林经营》（LY/T 1714—2007）、《中国森林认证　产销监管链》（GB/T 28952—2018）2 项行业标准转化为国家标准。2013 年发布 2 项行业标准、2014 年发布 12 项行业标准（其中 1 项替换旧标准）、2015 年发布 4 项行业标准、2016 年发布 5 项行业标准、2018 年发布 1 项行业标准、2019 年发布 4 项行业标准（其中 1 项替换旧标准）。截至 2020 年 3 月，有效标准共 29 项，其中国家标准 2 项，行业标准 27 项。

（四）开展国际合作与交流

森林可持续经营和森林认证是当前国际林业发展的热点之一，除 FSC 和 PEFC 两个国际认证体系外，还有许多区域性或国家的森林认证体系。近年来，我国在森林认证方面开展了广泛的国际交流，已经建立起与 FSC 和 PEFC 两大国际认证体系的良好合作关系，保持了与 SFI 和 ATFS 等区域性认证体系的交流，加强了与周边国家和发展中国家在森林认证领域的合作。2010 年，我国正式向 PEFC 提交了会员意向申请。2012 年，中林天合（北京）森林认证中心成为国内首家获得国家认可中心认可的具有森林认证资质的认证机构，这标志着 CFCC 进入实质性运行阶段。2014 年，CFCC 与 PEFC 正式实现互认，揭开了中国森林认证体系走向国际认证市场的序幕。CFCC 逐步走向成熟且 CFCC/PEFC 发展迅速。

（五）开展试点

2006 年 3 月，国家林业局首次批准开始在全国开展森林认证试点工作。试点目的包括测试标准、培养人才、积累经验。试点为期 2 年，第 1 年以能力建设为主，第 2 年以模拟认证为主，为后期认证工作奠定基础。2007 年 1 月、12 月和 2008 年 12 月，分别开展了第二、三、四批的试点，目前全国正在开展的 24 个试点分布于 21 个省份。2009 年出台了《中国森林认证实施规则》（试行）文件，2010 年，举办了第一期森林认证审核员培训班，启动了森林经营认证审核试点，标志着以我国标准为基准的认证正式开展。2015 年出台的《森林认证规则》是在《中国森林认证实施规则》（试行）的基础上将 FSC、PEFC 和 CFCC 纳入统一管理，提出了对认证机构资质和从业人员资质更为详细的要求，并新增了 5 个中国森林认证标准作为认证依据。这标志着我国森林认证政策逐步完善。2019 年，"自愿申请森林认证"写入新修订的《中华人民共和国森林法》，既体现了森林认证在我国林业发展过程中的积极作用，同时也体现了国家政策在引导森林认证发展、规范森林认证活动过程中的不懈努力和显著成果。

（六）开展认证

在试点的基础上，2010 年起我国开始了本国森林认证体系的认证实践工作，截至 2018 年 3 月，中国有 75 家森林经营单位的 111.2 万 hm² 森林通过了 FSC 认证，5599 家企业获得了产销监管链证书。

第二节　森林生态效益市场化补偿

一、森林生态效益市场化补偿的必要性

长期以来，保护森林生态系统，确保森林生态效益的供给，被认为是政府的责任，因此很多国家都采取公共财政途径对森林生态效益进行补偿。然而，政府在对森林生态效益进行补偿方面却面临着一系列的问题，诸如政府财政能力有限、补偿额度偏低、补偿标准单一，管理成本高、效率低，没有引入竞争机制和市场机制，难以形成一种自发的调节机制，政府对森林生态效益的补偿不具有可持续性等。基于此，各国政府和非政府组织都在试图寻求更直接的、更有效的补偿方法，以增加森林生态效益的供给。在这种情况下，一种基于市场的、创新的补偿模式，即市场化补偿途径，在许多国家悄然兴起，并日益显示出巨大的发展潜力。

二、国内外森林生态效益市场化补偿的实践

根据政府介入程度的差别，森林生态效益市场化补偿途径分为自发组织的私人交易和开放式的贸易体系。前者是指森林生态效益受益方和提供方之间的直接交易；后者只有当政府明确森林生态效益为可交易的商品或制定了引起需求的规则时才被使用。这两类森林生态效益市场化补偿的实践已经在世界上许多国家中进行。目前，世界上有很多个实际存在或计划对森林生态效益进行市场化补偿的案例，这些案例主要涉及 4 个领域，即碳汇贸易、流域上下游之间的水文服务交易、生物多样性保护及森林景观交易和一些涉及森林环境综合效益方面的交易。广泛分布于美洲、欧洲、非洲和亚太地区。

中国在实践中也出现了一些零星的生态效益市场交易的案例。虽然这些实践并不都与森林有关，但其对森林生态效益的市场化补偿却有着重要的借鉴意义。

例如，浙江义乌和东阳两城市之间的水权交易，浙江义乌是以经济发展迅猛著称的中国小城镇之一，由于地形、污染等原因，其人均水资源只有1130m³，不到全国人均水资源量的一半，城市用水缺口很大。而临近的浙江东阳市水资源却十分丰富，人均达到了 2126 m³，每年除满足自身用水需要外，还有大量的盈余。这种客观的供需条件促成了中国第一笔城市间的水权交易的达成。2000 年，义乌和东阳两市经过长时间的谈判，达成了如下协议，即东阳市同意以人民币 2 亿元的价格一次性把本市横锦水库永久使用权转让给义乌市。

三、中国实行森林生态效益市场化补偿的机遇和挑战

（一）机遇

中国以市场的手段对森林生态效益进行补偿不仅是可行的，而且将越来越有吸引力。首先，随着中国人民生活质量和水平的不断提高，人们越来越意识到森林生态效益的经济意义，以及有必要保证森林生态效益的持续供给。其次，中国政府对生态环境建

设的重视及市场机制的低成本和高效率的优势将促使市场手段在森林生态效益补偿中的作用越来越被广泛接受。

（二）挑战

中国森林生态效益市场化补偿途径的建立和发展还存在着一些限制因素。首先是人们的生态环境意识不强，这是影响森林生态效益市场化补偿的主要因素。其次是支付能力与支付意愿低。人们的收入水平直接影响着其对森林生态效益的支付能力。目前，中国农民的可支配收入很低，尤其在生态环境脆弱的地区及广大林区，农民的收入水平更低，因而对森林生态效益的需求也更低。相对于森林生态效益来说，农民更需要获取木材和非木材林产品等物质产品以维持其基本生存。城市居民的收入水平相对高一些，他们有能力支付森林生态效益，但他们对森林生态效益这一奢侈品的现实需求也很低。另外，由于生态效益的公益品特性，存在免费搭车现象，人们对生态效益的支付意愿低。最后，大多数人认为环境保护是政府的职责，也成为影响中国森林生态效益市场化补偿的一个因素，实际上，人们意识到他们所获得的利益之后，也愿意支付费用。但是通常情况下，人们认为环境保护是公共产品，费用应该由政府提供。

四、中国森林生态效益市场化补偿途径

（一）不断发展中国森林碳汇项目

随着全球大气 CO_2 含量持续上升，气候变暖日益加重，人类开始采取有效措施减缓气候变暖。1992 年 5 月，国际社会在巴西里约热内卢举行的联合国环境与发展大会上通过了《联合国气候变化框架公约》；1997 年 12 月，又通过了具有法律约束效力的《京都议定书》，议定书规定 41 个发达国家承担控制导致全球气候变暖的温室气体排放的法定义务，即每个国家在 2008～2012 年内将温室气体的排放量在 1990 年的基础上至少减少5%。为了实现温室气体减排成本的最小化，《京都议定书》允许 41 个发达国家运用下列3 种"灵活"机制帮助完成它们的温室气体减排任务。这 3 种"灵活"机制即：国际排放权贸易（International Emission Trading，IET）、联合实施（Joint Implementation，JI）、清洁发展机制（Clean Development Mechanism，CDM）。2001 年的《波恩政治协议》《马拉喀什条约》同意将造林（50 年以上）和再造林（1990 年以后）等森林碳汇项目作为第一承诺期合格的清洁发展机制（CDM）项目，这等于在全世界范围内已经承认森林资源的碳汇功能的有形化、产权化和市场化，林业的生态可以通过贸易获取回报的时代已经到来。

森林碳汇项目作为森林生态效益补偿的一种特殊形式，完全采用市场机制进行运作，将有利于为中国林业建设筹集大量国内外资金，促进森林生态效益市场化和货币化。同时，还可以利用森林碳汇项目引进国外先进的森林管理技术，提高中国森林管理的技术含量。为此，中国应在考虑具体国情和林情的基础上，结合国际碳交易进展，不断探索如何通过市场机制来促进中国林业发展的机制创新，促进森林碳汇项目的交易和市场的发展。

（二）积极开展森林水文效益流域补偿

在森林生态效益补偿的市场化途径中，流域上下游之间通过协商谈判达成补偿协议受到了广泛关注而且极具实践意义。长期以来，流域上游地区承担了提供水文生态效益的主要责任。但却对上游因提供这种水文生态效益造成的机会成本没给予任何补偿，这是非常不公平的。近年来，对于流域上游提供水文生态效益的责任应该被合理地分割这一问题已经逐渐成了共识，即上游应该得到补偿这一点已不再有大的分歧。比如通过国家财政补偿上游（如上游天然林保护）提供生态效益的成本，或者是通过政府对流域下游受益主体收取生态补偿费然后交给上游的形式实现补偿。这是中国大多数流域管理模式中比较认可的两种模式；此外，还有一种方式，就是流域上下游政府间的转移支付，这种方式认为流域下游的受益者是公众且难以界定的，政府对其收取生态补偿费存在困难，且操作成本极高，因此地方政府承担补偿的责任。

但是，在补偿主体与补偿对象双方较为明确、生态效益种类及其受益范围易于确定、环境管理政策法律体系较为完善的情况下，通过流域上下游企业之间及企业与林农个体之间，通过自发组织的私人交易达成补偿协议可能是一种更为有效的方法。因为这一市场化的补偿方式比较理想地反映了生态效益的供求状况，它将有效地弥补在流域管理上的政府失灵的缺陷。森林水文效益流域市场化补偿问题实际上也是一个新兴市场的萌芽与成长过程，具有十分巨大的潜力，特别是对中国这样的发展中国家而言。首先，中国对清洁水源的需求越来越迫切。随着经济的发展和人口的增加，中国对水资源的需求将会急剧加大；其次，中国大部分人口生活在水源的下游区域，森林流域的破坏将使下游的人民遭受重大损失。随着宣传教育和支付能力的加强，下游区域的人民为了减少洪水、水土流失等灾害而希望补偿上游林农的愿望也越来越迫切。最后，对流域上游林农的补偿资金比投资到新的水利设施的资金少得多。

（三）积极参与森林生物多样性交易

由于世界生物多样性受到日益严重的破坏，以及生物多样性在未来发展中的重要意义，生物多样性成为当今国际社会关注的焦点之一。森林是全球陆地上生物多样性最为丰富的生态系统，在维持陆地生态平衡中占有举足轻重的地位。

森林生物多样性是指在一定的空间范围之内多种多样的活有机体和生境的丰富性和变异性，包括遗传多样性、物种多样性、生态系统多样性和景观多样性。与森林相关的生物多样性交易主要在以制药为主的生物业与原始天然林经营机构或所有者之间进行。制药业进行生物多样性交易的目的是对基因的利用，他们愿意支付原始天然林的所有者或拥有原始天然林的经营管理机构用于森林经营和保护的费用。比如世界上一些大的制药公司和世界上天然林资源丰富的国家之间进行的森林生物多样性交易。前者获取了在原始森林物种中进行新型基因提取培养的权力，后者利用该交易取得了用于原始天然林经营、保护和发展的资金。虽然森林生物多样性的交易混合了获利和保护的双重动机，并具有一定的局限性，但在森林资源权属明确的前提下，通过市场机制为森林生物多样性效益的形成提供资金补偿、循环提供了一种新思路。

需要指出的是，全球森林生态系统是开放式的，任何区域性的森林生态系统的破坏除对本地的生态环境产生不利的影响之外，还会引起全球森林生态系统向不好的方向变化。基于此，构建全球性的森林生态效益（服务）交易市场，将为生态性林业资金投放、补偿循环提供一个不受区域限制的市场化途径。在全球经济一体化的今天，中国应当考虑参与全球森林生态效益交易市场，拓展森林外部效益内部化的市场渠道，提高生态林业资金的自循环能力。

（四）大力发展森林生态旅游

随着社会经济的飞速发展和人民生活水平的显著提高，参与旅游活动、回归自然、欣赏自然已成为现代生活方式的一个重要特征。森林以其丰富多样的自然景观、人文景观、水文景观、生物景观、天象景观、优美和谐的生态环境及独特的保健功能，吸引着众多的旅游者来森林旅游。森林生态旅游不仅使游客缓解了工作压力、调节了心理平衡、获得了身心健康，还满足了旅游者求知、求美、探奇、娱乐的精神需要，以及尽情观察和享受旖旎的自然风光及野生动植物的心理放松。

生态公益林的林木虽然禁止商业性采伐，但是可以依靠生态公益林的美学、保健等生态服务功能，从事生态旅游等经营活动来获取经济收益。生态公益林营造者和经营者如在严格保护生态公益林的前提下进行森林旅游开发，政府要给予鼓励支持，如鼓励经营者可以把生态公益林区建成生态公园，供人们游憩、漂流、观光、野营、避暑、度假，并可以利用生态公益林开发生态保健品、生态食品、山林泉水等。旅游是一个关联带动性很强的产业，它可以带动其他餐饮、住宿、交通等配套行业的发展，能够创造更多的就业岗位，吸引更多的劳动力资源投入到其配套行业。能促进山区经济的发展，农民收入的增加。森林生态旅游通过市场机制实现了森林生态效益（服务）部分价值的实现，激发和调动了非政府机构和个人经营公益林的积极性，使其主动投资公益林保护建设成为了可能。总之，只要明晰生态公益林地的所有权、使用权、经营权和收益权，明确政府和承包者双方的责任、权利和义务，森林生态旅游就可以成为森林生态效益市场补偿的重要途径。

（五）提高森林的综合效益

除特殊保护的公益林外，政府要允许公益林的经营者和所有者利用生态公益林进行非木质资源的开发利用和林下经济的开发，尤其是森林食品繁殖和野生动物林下养殖。凡划入一般公益林中的竹林和果园、茶园、药园、桑园、竹园等生态公益经济林要允许按照各自的经营要求进行正常的栽种、培育、管护，组织合理的采收、加工、出售，但应采取可靠的环境保护措施。同时可以在林下套种花生、绿豆等低秆作物，种植食用菌、蔬菜、药材等，以及圈养鸡、鸭、鹅等禽类，以发展林下种植和养殖经济。

对拥有丰富水力资源的山区公益林来说，在不影响生态环境的前提下可以适当地开发建设山区小水电站。建成后既能满足林区居民生活的电力需求，又可以利用剩余电力赚取经济效益。但小水电站的前期建设投入比较大，对于经济发展水平较低的林区来说，往往需要政府贷款才能解决，这就需要银行在利息方面给予一定的贷款优惠。

同时，为了让森林经营单位每一个成员和林区的利益相关者都能从小水电站获益，小水电站应该以集体名义报建，真正做到投资共担、利益共享。以保证小水电站持续发展。

五、相关政策建议

森林生态效益市场化补偿方式在中国有广阔的前景，但要真正实现森林生态效益市场化补偿，还有大量的工作要做。首先，目前最关键的是要尽快建立中国森林生态效益成本核算体系，用具体指标量化森林生态效益，这可以潜在性地促进中国森林生态效益市场化补偿方式的建立。其次，需要成立专门的森林生态效益认证机构作为森林生态效益市场补偿机制的中介组织，开展森林生态效益认证工作。再次，应建立森林生态效益市场化补偿的风险管理机构，为森林生态效益市场补偿提供制度保障机制。最后，要进一步放宽有关政策，大力发展非公有制林业。在中国，现阶段林业最大的障碍就是私人或非政府部门投资林业的渠道还不畅通，仍不能适应森林生态效益市场化补偿和建立社会主义市场经济的需要。

主要参考文献

曹永成，柯小龙，陈岩松，等. 2022. 森林认证背景下森林经营方案的编制. 国土与自然资源研究，（1）：91-94

邓志高. 2010. 中国森林认证研究综述. 林业经济问题，30（5）：458-461

顾彩霞，田莉丽. 2020. 森林认证—产销监管链现状和存在问题. 国际木业，（5）：12-15

管志杰，沈杰. 2011. 森林认证实施现状与趋势分析. 世界林业研究，24（1）：74-77

国家林业局.2014.中国森林认证　产销监管链操作指南：LY/T 2282-2014. 北京：中国标准出版社

国家林业局.2014.中国森林认证　人工林经营：LY/T 2272-2014. 北京：中国标准出版社

国家市场监督管理总局,中国国家标准化管理委员会. 2019. 中国森林认证　产销监管链: GB/T 28952—2018. 北京：中国标准出版社

胡延杰，陈绍志，李秋娟，等. 2015. 森林认证国际新进展及启示. 林业经济，（8）：97-101

柯其燕，涂慧萍. 2014. 森林认证国内外进展. 绿色科技，（12）：264-268

李晟，牟延惠，山昌林，等. 2020. 森林认证发展现状、效益及建议. 吉林林业科技，49（3）：38-42

唐小平，王红春，赵有贤. 2011. 国内森林认证发展历程及趋势. 林业资源管理，（3）：1-4

王文霞，胡延杰，周银花. 2019. 国际森林认证体系FSC最新进展. 国际木业，49（5）：47-49

校建民，赵麟萱，韩锋，等. 2019. FSC森林经营认证中国标准的最新变动. 世界林业研究，32（1）：6-10

杨熙玲. 2020. 国际森林认证体系与中国森林认证政策的对比研究. 林产工业，57（11）：104-106

张中瑞，李小川，丁晓纲，等. 2018. 森林认证体系认可计划（PEFC）发展趋势研究. 林业与环境科学，34（1）：132-140

中华人民共和国国家质量监督检验检疫总局，中国国家标准化管理委员会. 2012. 中国森林认证　森林经营: GB/T 28951—2021. 北京：中国标准出版社

第六章　森林可持续经营的技术路径

第一节　近自然森林经营技术

一、近自然森林经营理论产生的历史背景

人类社会步入工业革命后，高度发达的商品经济需要大量的木材供给来满足经济社会的发展，大面积的森林砍伐导致了木材资源的危机。同时，也带来了严重的生态问题。以德国哈尔蒂希和 J.C.洪德斯哈根为代表的林学家，分别于 1795 年和 1826 年提出以木材永续利用为目的的木材培育论和法正林学说，试图实现木材生产的可持续经营。然而，他们的理论运用到实践虽然逐步扭转了森林持续锐减的局面，但并没能解决木材的可持续生产问题，而且大面积人工针叶林的营造导致了严重的生态后果。到了 19 世纪中后期，环境保护与森林利用的矛盾日渐突出，促进了西方林学家生态观的觉醒。他们对木材永续利用理论开始反思并探索新的森林经营理论和技术。

1898 年，德国科学家盖耶尔率先提出了"人类应尽可能地按照森林的自然规律来从事林业生产活动"的近自然森林经营思想，强调尊重森林生态系统自身的生长和演替规律，实现木材生产的永续利用和生态可持续发展的有机结合。他认为将现实森林经营成近自然森林可以避免传统人工林物种多样性低、林分结构稳定性差、生态功能低下、地力衰退、病虫害频发的弱点，并可实现林木生产、森林生态系统结构和功能的可持续利用。从 19 世纪末 20 世纪初开始，世界上林业发达的国家德国、瑞士、奥地利开始用盖耶尔的近自然森林理论进行森林经营实验。但直到 20 世纪中后期近自然森林经营理念才真正得到推广并得以广泛实践。其中有代表性的实践是德国在 1949 年成立了"适应自然林业协会"，系统地提出了以"适树、混交、异龄、择伐"等为特征的近自然森林经营的具体理论。这个以近自然森林为宗旨的组织到 1989 年发展成为一个由欧洲 10 个国家的人员组成的国际组织。而比较有规模的试验是在 1972 年出现特大风灾伐除风倒木后开始的，同时森林生长模拟研究也随之兴起。这类试验的成功促使德国与欧洲的林业方针从 20 世纪 90 年代开始全面转向近自然森林经营。目前欧盟各国普遍采用了近自然森林经营的方法，在现阶段和今后相当长的时期，近自然森林理论将是推动森林可持续经营的主导理论。

二、近自然森林经营的概念

近自然森林是指主要由乡土树种组成且具有多树种混交、多层次空间结构和异龄林时间结构特征的森林，这种森林接近于在特定条件下森林自然发展的状态，但又结合了人类对森林的需要，是一种源于自然而又超越自然的森林。

近自然森林经营是以近自然森林为导向，以森林生态系统的稳定性、生物多样性和

系统多功能的缓冲能力分析为经营基础,以整个森林的生命周期为经营的时间设计单元,以目标树的标记和择伐及天然更新为主要技术特征,以永久性林分覆盖、多功能经营和多品质产品生产为目标的森林经营体系。

三、近自然森林经营的基本原则

近自然森林经营的基本原则是:通过研究并尊重生物合理性原则以保持森林经营目标长期稳定;尽可能利用自然自动力原则以尽量减少人为干扰和经营投入;经营措施旨在促进森林反应能力的原则下,用尽可能小的经营投入来获得尽可能大的经营回报。这些近自然森林经营的基本原则可进一步细化为如下几方面。

(一)珍惜立地潜力、尊重自然力原则

尊重自然规律和实现现有条件下的天然更新是近自然森林的首要经营原则,人类对森林的干预必须在尊重自然规律的前提下进行,不能过度干预,违背自然规律。基于此,要避免破坏性的皆伐方式及火烧等可能破坏森林生态系统的整地和土地改良等作业方式,避免损害动物的栖息地和造成水土流失,以保护和维持林地可持续的生产力和森林生态功能的完整性。要保持森林物种多样性、森林生态系统多样性、景观多样性和遗传多样性,促进林分稳定,就要做到重视自然力,研究顶极群落演替规律和树种关系,以顶级群落混交树种结构为模板营造多树种混交林,在自然树种中选择混交树种,真正做到营造的混交林树种关系和谐,具有更强的适应性。

(二)因地适树原则

近自然森林的因地适树原则是指根据本地区立地条件下的原生植被分布规律发现的潜在天然植被类型,选择或培育在现有立地环境条件下适宜本地区生长的乡土树种作为营造树种。近自然森林倡导优先使用乡土树种,但也不完全排除外来树种,对外来树种的引进要十分谨慎,即使要引进理论上认为适合现有立地条件下群落自然演替规律的外来树种,也需要长时间分阶段在局部区域范围内进行充分种植试验和群落适应性观察。因此,近自然经营下形成的自然生态群落的树种应该以本地适生的乡土树种为主。

(三)针阔混交原则

相比针叶纯林,针阔混交林具有生产力高,树种结构、林层结构及空间结构丰富的特点。特别是增加阔叶树种的比例,将为林下土壤提供更多的易分解的枯枝落叶,从而为土壤提供更多的有机质和养分来源,增强林地肥力。加上近自然森林以保护区域的原始森林植被、顺应林分的自然更新和森林生态系统的正向演替为最高经营原则,较好地维持了森林生态系统的生物多样性、植被群落的结构稳定性和林地生产力的可持续性,使森林生态系统自身对病虫害等自然灾害的抗逆性大大增强,减少了森林病虫害等自然灾害发生的概率。同时,增加阔叶树种,降低了植被群落的油脂含量,将更有利于减少和降低森林火灾的发生。

（四）复层异龄经营原则

近自然森林的目标是培育混交、复层和异龄的近天然林分。混交、复层和异龄的近天然林分的形成主要是通过保护原生天然植被、营造多树种混交林和对现有人工林间伐补植改造等措施来实现，特别是对人工纯林，在生长过程中可以通过择伐、人工促进天然更新等措施促进初级林分由单层林向复层林异化。这种以混交、复层、异龄为目标导向的经营措施一方面显著提高了林分抵御自然灾害的能力，有利于森林防护功能的持续发挥；另一方面也有利于林分内合理的自然竞争，促进目标树木的生长和林木的不断分化。通过不同龄级、不同树种和不同径级林木的演替生长，可以实现木材生产的可持续供给和森林的可持续经营。

（五）单株抚育管理和择伐利用原则

单株抚育管理和择伐利用是促进木材生产的可持续供给和森林可持续经营的关键措施，也是实现恒续林目标和取得大径材的必备条件。单株抚育管理和择伐利用意味着每株目标树木在达到采伐的目标直径时，都是持续抚育管理的对象，这样经营的最大优势是可以培育大径级林木，最大限度地发挥林木的社会效益和经济效益，大大提高了木材经营的质量和森林的综合效益，且保持了森林生态系统结构和功能的稳定，具有投入成本低、抗灾害能力强的特征。其整体经营的总生产力和经济效果高于同龄人工林经营的体系，即龄级经营法体系。

四、近自然森林经营的技术要素

（一）群落生境调查与制图

群落生境调查与制图是指对一个具体森林经营区域内，森林和树木赖以生长的具体地形、地貌、土壤母岩、气候水文、自然植被、人为干扰因素和林况等完成探查和信息采集，在此基础上及 GIS 软件的支持下形成群落生境的空间综合表达。它是制定近自然森林经营计划的必备技术文件之一，也是划分群落生境类型的依据，相比传统的立地类型概念，群落生境图更注重原生植物群落与综合立地因子的关系。同一个群落生境类型在空间上不一定相连，但其自然性质和经营目标基本一致。对于一个具体的地域，根据不同的经营目标可对要素做出不同尺度的划分而产生不同详细程度的分类结果，并构成一个服务于不同目标的群落生境分类体系。

（二）森林发展类型设计

森林发展类型是基于群落生境类型、潜在天然森林植被及其演替进程、森林培育经济需求和技术等多因子而综合制定的一种目标森林培育导向模式。它是近自然经营的重要技术工具。其本质是为实现长期理想的森林经营目标而设计的一个自然性质、动态特征和经营目标基本一致的森林经营计划单元。近似于森林经营方案中的"作业级"。具体内容包括了森林现状、发展目标、树种组成、混交类型、近期经营措施等 5 个方面，在设计时要将自然的可能和人类的需要完美地结合起来，即在对特定的群落生境、目的树种特征及森林演替阶段等自然特征进行调查和分析的基础上，结合自身的利益需要而设计的一种介于人工纯林和天然林之间的理想森林模式。

（三）目标树抚育作业体系设计

目标树抚育作业体系是把所有林木分为用材目标树、生态目标树、干扰树和一般林木4种类型。不同类型的林木采取不同经营措施的技术体系。目标树是能够满足经营目的，对林分稳定性和生产性发挥重要作用的林木，是寿命长、经济价值高的林木，决定着林分的发展方向并能代表林分，体现出林分的生态效益、经济效益等。它应该是长期保留，完成天然下种更新并达到目标直径后才采伐利用，通常标记为"Z"类林木。森林经营过程中主要以目标树为核心进行，定期确定并伐除与其形成竞争的林木个体，以使目标树的生长能顺利达到目标直径。干扰树是直接对目标树生长产生不利影响的，或显著影响林分卫生与透光条件的，需要在近期或下一个生长期择伐利用的林木，是每次抚育择伐的对象。一般也是生长势头较强的林木，也可以是生长衰弱或者木材形质不良的林木，记为"B"类林木。生态目标树是为增加混交树种、保持林分结构或生物多样性等而为目标树服务的林木，记为"S"类林木。一般林木既非目标树，也不是干扰树，是为保持林分结构需要经营的林木，不做特别标记，部分经营木有可能成为林分未来的目标树。林木分类工作要在林分现场进行，单株目标树要用红漆或铝牌做出永久性标记；通过不断对干扰木的伐除来保持目标树的最大量生长和林分的最佳混交状态，并通过人工促进天然更新或天然更新，使林分的近自然状态不断提高。这种目标树抚育作业体系使得林分内的每株林木都能充分发挥自己的功能并在成熟利用时点及时利用，从而承担起不同的生态、社会和经济效益。

（四）生命周期经营计划

生命周期经营计划就是同时考虑森林的数量和质量指标在整个森林生长周期内的发展变化情况，以林分优势高所代表的垂直结构为依据而做出的阶段划分和相应的经营作业或收获的整体框架设计。一般地，将森林发展到最终利用的全过程划分为森林建群阶段、郁闭阶段、分化阶段与恒续林阶段4个阶段，生命周期经营计划要针对每个阶段制定相应的抚育作业技术要点，从而保证抚育作业针对每一株林木、每一个阶段的生态关系和生长需要，这种淡化了林分年龄并回避了轮伐期等固定时间规定，而突出结构特征的经营作业计划具有提高抚育的林学效果、减少不必要的操作和提高作业经济效益的优势。

建群阶段指人工造林到幼林郁闭发展的阶段，林分林冠尚未郁闭，建群树种主要为阳性树种、先锋树种。此阶段应改善幼树的生活环境，消除不良环境因素的影响，尽快形成郁闭主林层，促进林木生长。对林地进行割灌除草、间株定株、除蘖，保留足够比例的混交树种，并标记高品质目标树和特别目标树，个别结构单一的、过密的情况下才对优势木进行间伐抚育或割灌除草。

郁闭阶段指林分郁闭到林木开始出现分化的阶段，林冠已基本郁闭，建群树种进入高速生长期，林下出现自然更新的树种，灌草因为遮阴开始死亡。这个阶段应通过抚育措施促进优势个体的快速生长，形成良好的干形。对目标树进行选择和保护，充分利用目标树的自然整枝，并适当进行人工修枝，修枝后保留冠长不低于树高的 2/3，在后期进行透光伐，伐除第一代干扰树，促进目标树生长，林下补植乡土树种，保留优秀群体时以群状为抚育单位。

分化阶段指林木出现分化的阶段，林冠已完全郁闭，生活力弱或生长不良的树木生长开始显著滞后，林木出现分化。同时也是林分的数量生长阶段，林下草本植物和灌木的更新变化缓慢。这一阶段的经营措施是伐除干扰树促进目标树的生长，提高林下幼树和混交树种的数量和质量。分两次检查和淘汰目标树，为每株目标树伐除 1～3 株干扰树，保持下木和灌草层，目标树延长抚育疏伐的间隔期到 10 年以上，形成和保持较大的林木径级差异，开始选择第二代目标树。

恒续林阶段是优势木满足目标直径，建群树种开始衰退而耐荫树种组成持续增加的顶级群落阶段，主林层树种结构相对稳定，部分林木死亡而产生随机的林隙，林下天然更新的幼树幼苗大量出现。这一阶段开始培育第二代目标树，维护和保持生态服务功能并产生高品质用材。达到目标树采伐年龄的林木，应保持林木健康而延长这一阶段存在的时间，必要时可以采用单株形式进行采伐，但要保持约 10 株/hm² 的目标树任其自由发展，针对第二代目标树，应除伐干扰树，保护古树和其他的优良林木个体。

五、闽楠人工林近自然经营的技术方案设计

（一）研究区概况

湖南省永州市金洞林场位于东经 110°53′43″～112°13′37″，北纬 26°2′10″～26°21′37″，东西宽约 33km，南北长约 36km，总面积 635km²，地势西南高、东北低，境内多高山且山体陡峭，海拔在 108～1435m。林场属中亚热带东南季风湿润气候区，夏季高温可达40℃，冬季低温可达−8℃，降水量和太阳光照充足，土壤以黄红壤和山地黄壤为主，海拔 1000m 以上为山地黄棕壤，丘陵地区以红壤为主，土层厚度一般在 60cm 以上，土壤较疏松，通气良好，质地轻至中壤，土壤肥沃，有机质含量较高。金洞林场内植物资源丰富，调查到已有的高等植物分属 210 科，1558 种，木本植物分属 98 科，656 种，其中银杏（Ginkgo biloba）、南方红豆杉（Taxus chinensis）、伯乐树（Bretschneidera sinensis）等被列为国家 I 级保护植物，闽楠（Phoebe bournei）、樟树（Cinnamomum camphora）、黄杉（Pseudotsuga sinensis）、篦子三尖杉（Cephalotaxus oliveri）、花榈木（Ormosia henryi）、厚朴（Magnolia officinalis）、杜仲（Eucommia ulmoides）等被列为国家 II 级保护植物。

（二）数据来源

1. 样地设置　在对金洞林场闽楠人工林进行全面探查的基础上，利用罗盘仪与皮尺等工具在闽楠人工林中设置面积为 20m×30m 的标准地，共设置了 9 块固定标准地。样地调查时采用相邻网格调查法，将标准地以 10m 间隔划分为 6 个 10m×10m 的乔木调查单元，并将调查单元从样地起始点开始按顺序进行编号。样地设置情况见图 6-1。

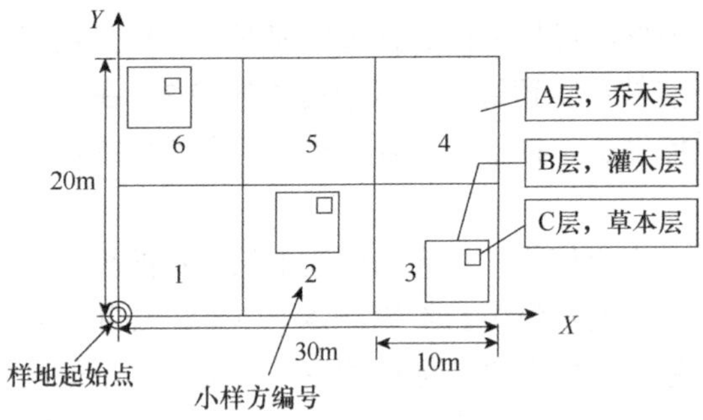

图 6-1　样地设置

2. 数据调查　　首先调查了金洞林场杉木闽楠混交林的经营历史与经营措施，其次是样地基本概况，如样地位置、坡位、坡度等因子；然后将标准地划分为乔木层、灌木层与草本层 3 个层次展开调查。

乔木层（A 层）调查：对每个 10m×10m 的调查单元进行每木检尺，记录每株林木的（X，Y）坐标，以及样地的基本调查因子，包括林木的胸径、树高、株数、冠幅、郁闭度、年龄等（表 6-1）。

表 6-1　闽楠人工林固定标准地基本情况

立地指数	样地编号	海拔/m	坡度/(°)	坡位	坡向	林分密度/(株·hm^{-2})	平均胸径/cm	平均树高/m	造林年份
24	1	120	15	下坡	东	1350	15.54	14.46	2002
	2	120	8	下坡	西北	1175	16.61	14.89	2002
	3	130	20	下坡	西南	1117	14.23	13.39	2002
22	4	175	24	中下坡	东北	1500	11.35	8.47	2008
	5	175	24	中下坡	东北	1600	12.03	8.22	2008
	6	180	25	下坡	西北	1617	13.01	12.51	2002
20	7	260	35	中上坡	东北	1875	11.63	10.74	2002
	8	260	35	上坡	西北	1700	9.06	6.72	2012
	9	280	34	上坡	西北	1850	8.42	7.56	2012

灌木层和草本层（B、C 层）调查：通过观察乔木林下植被的生长散布特征，在每块样地的上、中、下样格分别设置 5m×5m 的有代表性的灌木样方，并在每个灌木样方中设置 1 个 1m×1m 的草本样方。记录灌木和草本的名称、高度、盖度、株数和丛数等，并将小样方里的灌木、草本及枯枝落叶采集到室内，烘干后测量干重。

3. 数据处理　　在 Excel 2019 中整理数据，再将年龄、树高、胸径、立地条件等林分因子导入 SPSS 25.0 中拟合，得到树高生长方程和断面积生长方程的各参数值。将动态规划模型输入 Lingo 11.0 中，求出全局最优解及各阶段的最适保留密度。

（三）研究方法

1. 动态规划　　动态规划是一种数学规划方法，通过为目标问题构建动态网络，根据贝尔曼的最优性原理搜索找到使目标最大化的最优解。动态规划是一个使用状态和阶段的过程，在这个过程中，必须量化林分如何从一个阶段内的每个状态变化到后续阶段的其他状态。它包含随时间变化的因素和变量，将整个过程划分为若干相互关联的阶段，然后在每个阶段做出决策。一个阶段的决策不仅影响该阶段本身的效果，而且往往影响下一阶段的初始状态，从而影响后续进程。因此，一个解决多阶段决策过程最优化问题的动态规划模型包括以下因素。

（1）阶段　　通常根据空间特征和时间顺序将整个过程划分为若干个阶段，以便按阶段顺序对优化问题求解。描述阶段的变量为阶段变量，常用 i 表示。

（2）状态变量与决策变量　　状态表示每个阶段开始时所处的自然状况和客观条件，它描述过程的特征且具有无后效性，当给定某阶段的状态时，这个阶段以后过程的发展和演变与该阶段以前各阶段的状态无关，当所有阶段都确定时，整个过程就被确定了。描述状态的变量称为状态变量，常用 x_i 表示第 i 阶段的状态变量。每一阶段通常包含多个状态，状态 x_i 的取值集合用 X_i 表示，其中 $x_i \in X_i$。

当一个阶段的状态确定后，可以做出各种选择从而演变到下一阶段的某个状态，这种选择手段称为决策，在最优控制问题中也称为控制。描述决策的变量称为决策变量，它是 x_i 的函数，常用 $u_i(x_i)$ 表示第 i 阶段处于状态 x_i 时的决策变量，用 $U_i(x_i)$ 表示第 i 阶段状态为 x_i 时的允许决策集合，有 $u_i(x_i) \in U_i(x_i)$。决策组成的序列称为策略，常用 p 表示。

$$p_i(x_i) = [U_i(x_i), U_{i+1}(x_{i+1}), U_{i+2}(x_{i+2}), \cdots, U_n(x_n)] \tag{6.1}$$

公式（6.1）表示从第 i 阶段开始到问题结束时所选择的策略，每一阶段有多种决策，因此问题的策略不是唯一的。问题达到最优值时所采用的策略就称为最优策略。

（3）状态转移方程　　在确定性过程中，一旦已知某阶段的状态和决策，下阶段的状态便完全确定。即若确定了第 i 阶段的状态 x_i 和所选择的决策 $u_i(x_i)$，则第 $i+1$ 阶段所处的状态 x_{i+1} 也可以确定。因此，状态转移就是从问题的前 i 个阶段的状态 x_i 和决策 $u_i(x_i)$ 推导出第 $i+1$ 阶段的状态 x_{i+1} 的过程。用状态转移方程表示这种演变规律，写作

$$x_{i+1} = T_i[x_i, u_i(x_i)], \quad i = 1, 2, \cdots, n \tag{6.2}$$

（4）指标　　指标函数是用来衡量过程优劣的数量指标，它是关于策略的数量函数，常用 $V_{in}[x_i, p_{in}(x_i)]$ 表示问题从第 i 阶段的某个状态 x_i 开始，采用过程的最优策略 $p_{in}(x_i)$ 到达问题结束时的最佳度量值，即在 x_i 给定时指标函数 V_{in} 对 p_{in} 的最优值称为最优值函数，记作 $f_i(x_i)$

$$V_{in}(X_i, P_{in}) = V_{in}(x_i, u_i, x_{i+1}, x_{n+1}), \ i = 1, 2, \cdots, n \tag{6.3}$$

$$f_i(x_i) = \underset{p_{in}}{\text{opt}} V_{in}[x_i, p_{in}(x_i)], \quad i = 1, 2, \cdots, n \tag{6.4}$$

式中，opt 可根据实际情况取 max 或 min，公式（6.3）与（6.4）表示，对于某个阶段 i 的某个状态 x_i，从该阶段 i 到最终目标阶段 n 的最优指标函数等于从 x_i 出发取遍所有可能策略 p_{in} 所得到的指标值中最优的一个。

过程在第 j 阶段的阶段指标取决于状态 x_j 和决策 u_j，用 $v_j(x_j, u_j)$ 表示。阶段 i 到阶段 n 的指标由 $v_j(j = i, i+1, \cdots, n)$ 组成，常见的形式有阶段指标之和，即

$$V_{in} = \sum_{j=i}^{n} v_j(x_j, u_j) \tag{6.5}$$

阶段指标之积，即

$$V_{in} = \prod_{j=i}^{n} v_j(x_j, u_j) \tag{6.6}$$

2. 森林发展类型设计

（1）林分现状特征分析方法

1）树种组成。树种组成是林分树种结构的重要指标，同时也是林业工作者设计森林发展类型当中的树种组成和比例的重要依据，分析结果可以为闽楠人工林近自然改造设计的树种结构提供参考和奠定基础。

2）直径结构。根据每木检尺测定的结果，各样地直径以 2cm 为一个径阶合并，做出反映径阶与株数分布关系的直方图。

3）树高结构。根据每木检尺测定的结果，各样地树高以 1cm 为一个树高级合并，做出反映树高级与株数分布关系的直方图。

（2）森林发展类型　　森林发展类型作为将来营林措施的经营指南，逐步引导林分向预期方向发展，它是基于现有立地条件的生态、经济及社会文化效益而指定的一个森林长期发展目标。森林发展类型的设计内容主要包括以下几点。

1）目标林相的制定。通过对现有立地的气候、土壤、植物种类和森林类型等的调查和研究，并根据演替地位和近自然分析资料把森林发展类型划归到与之最早相适应的天然森林群落，从而制定适合当地森林长期发展的模式林相。

2）森林发展目标。是为了满足当地居民对环境、经济和社会文化的需求，根据不同立地的植被情况而制定的森林长期发展目标。并为最终木材收获提供出收获的目标直径、为了达到目标直径所需的生产周期等技术参数。

3）树种组成及比例。是森林达到目标林相时林地的树种组成和各树种所占的比例，以及林下更新的树种组成和各树种所占的比例。

4）近期经营措施。以经营目标为导向，制定使当前林分最终达到经营目标的整体经营措施和近期经营计划。

（四）闽楠人工林最适密度动态规划模型构建

1. 动态规划模型构建

（1）阶段划分　　传统的森林经营规划主要是以轮伐期作为经营周期来控制森林的生长过程动态与生产，因此在以往应用动态规划确定人工林林分最佳密度和最优轮伐期时，往往根据轮伐期将生长过程按 5～10 年为间隔划分阶段。但轮伐期仅是表达人们期望收获木材数量的单向进程，且这一数量指标是难以重复实现的，这也是轮伐期林业难以实现可持续的根源。森林演替的阶段被定义为林分发育阶段，能够更好地代替林分年龄指导经营过程，相同年龄的林分在不同立地条件下所表现出的林分特征可能截然不同，显然不能采取相同的经营措施。林分发展阶段规避了年龄限制，而以林分特征为依据进行确定。不同学者其划分阶段的方法与命名不同，但划分的基本原则与目的相同，都是利用林分自然发展演替规律制定相应的经营措施，促进演替正向发展，最终形成稳定、健康、高价值的近自然林。

划分林分发育阶段是进行森林发展类型设计的首要条件，目标树密度也需要根据具体林分结构和演替阶段来确定。不同森林发育演替阶段具有不同的林分特征，从而具有不同的经营需求，对森林经营具有导向作用，好的经营处理能够加快森林生长发展进程；因此了解经营林分所处的阶段，对提高森林经营水平起着事半功倍的作用。

在对闽楠人工林进行近自然改造时，考虑森林的质量与数量指标在整个森林生长周期内的发展变化情况，项目组结合近自然经营理论与金洞林场的实地探查情况，将森林生长过程划分为5个阶段：林分建群阶段、竞争生长阶段、质量选择阶段、目标树生长阶段和林分蓄积生长阶段。森林发展阶段的划分和各阶段年龄范围见表6-2。

表6-2　森林发展阶段划分

发展阶段	林分特征	年龄范围
1	林分建群阶段	<5 年
2	竞争生长阶段	5~20 年
3	质量选择阶段	20~40 年
4	目标树生长阶段	40~50 年
5	林分蓄积生长阶段	>60 年

（2）状态变量与决策变量的确定　　在林分密度控制问题中，用于描述林分生长的状态变量应满足：①与林分密度紧密相关；②能描述林分生长变化；③与目标收获和蓄积量紧密联系。根据林学理论，在描述林木数量特征的主要变量中，胸径、株数、断面积和蓄积等都能很好地满足以上几个条件。

由于株数在实际疏伐中较易控制，断面积易于测定，且代表了生长的两个预测因子（树的大小和密度），同时又与林分蓄积量紧密相关。本研究选定每公顷断面积和株数密度构成二维状态变量来表示密度变化，而每个阶段被采伐的株数和胸高断面积数量作为决策变量。

（3）状态转移方程　　根据状态变量和决策变量的含义及各阶段相关的递推关系，写出了状态转移方程。从图6-2和图6-3可以看出株数密度和断面积随时间的变化，每个阶段都有开始和结束，假定在每个阶段初有断面积 B_i，株数 N_i，被采伐后断面积减少了 Y_i，株数减少了 n_i，期末得到剩余断面积为 B_i-Y_i，剩余株数为 N_i-n_i，构成该阶段的生长基础，每个阶段断面积生长量为 ΔG_i。

$$N_{i+1}=N_i-n_i \tag{6.7}$$

$$B_{i+1}=B_i-Y_i+\Delta G_i \tag{6.8}$$

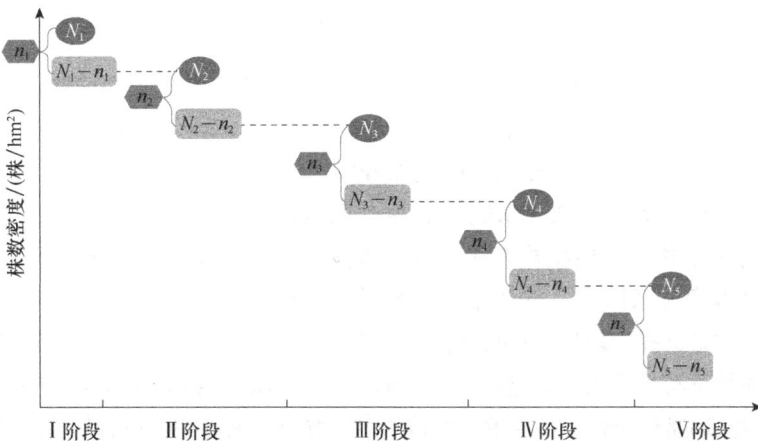

图6-2　株数密度随时间变化

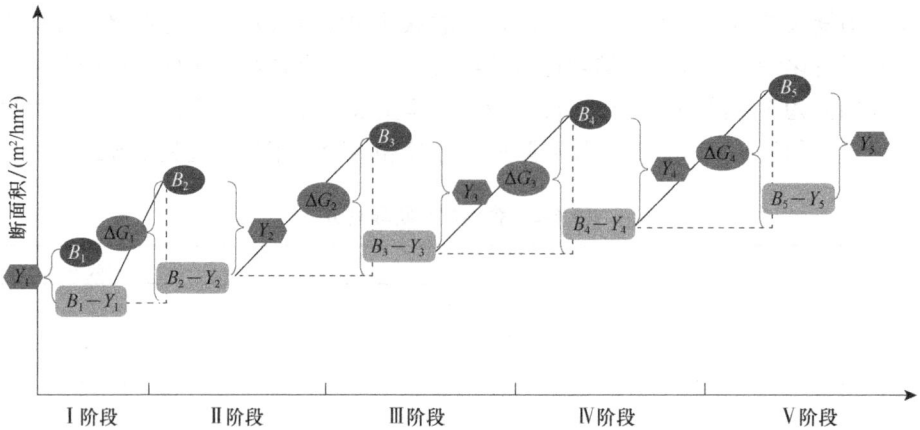

图 6-3　断面积随时间变化

（4）目标函数　　目标函数是衡量过程优劣的数量指标。近自然经营的目标是通过对林分进行抚育，释放林木生长空间，促进林分生长，提高林分生产力和生长量，同时在经营期内达到最大收获量，使经济效益和生态效益最大化。林分密度控制就是找到一个最优密度序列，使得林分生长系统在其作用下，从初始状态转移到终端状态，并保证目标函数值最大。目标是确定在阶段 1，2，$\cdots$，N 需要间伐的量 Y_1，Y_2，$\cdots$，Y_i 和 N_1，N_2，$\cdots$，N_i 以使各阶段累计总收获量最大，总收获量包括林分在森林建群阶段和竞争生长阶段的间伐量，以及在进入质量选择阶段后择伐干扰树的蓄积量和收获到达目标直径的目标树的材积。目标树通常处于主林层，因此只考虑主林层的采伐与收获，也只考虑主林层林分在间伐后的生长变化。选定林分生长整个过程总收获量最大为目标函数：

$$\text{Max } M = \sum_{i=1}^{N} V(D_i) \cdot N_i \qquad (6.9)$$

式中，M 为各阶段收获的蓄积量；D_i 为第 i 阶段被采伐木的平均胸径。

$$D_i = \sqrt{\frac{40000 \times Y_i}{n_i \times \pi}} \qquad (6.10)$$

式中，Y_i 为第 i 阶段被砍伐的断面积；n_i 为第 i 阶段被砍伐林木的株数。

根据湖南省闽楠二元材积表

$$V = 0.000041028005 \times D^{1.80063} \times H^{1.130599} \qquad (6.11)$$

式中，H 为林分平均高，采用 Richards 生长函数拟合。

（5）约束条件　　根据检查法，每个阶段的断面积采伐量必须小于生长量；在林分建群阶段和竞争生长阶段，采伐量不能超过蓄积量的 20%。

在进入质量选择阶段后，开始选择目标树，择伐干扰树，在不同的立地条件下，目标树和干扰树的数量与最终采伐量之间可能会出现偏差。根据营林准则，如图 6-4 所示，立地条件良好的地区通常位于低坡或谷底，海拔高度、坡向要求等完全符合树种生长所需，水和营养供给量高，林木的生长状况较好，胸径生长较好，树冠冠幅较大，因此所需营养空间较大，每公顷保留的目标树数量较少，每株目标树采伐两株干扰树，采伐强度高。立地条件中等的地区地形，通常是坡中部或是土壤状况和供水良好的上斜坡，其中某个因素较差，但可以由其他因素的良好条件补偿，如海拔符合树种生长的要求，坡向虽不完美但可以接受。水和营养的供应处于中等程度，林木生长状况良好，胸径生长一般，每公顷保留的目标树数量中等，每株目标树至少采伐一株干扰树，中等强度采伐。立地条件较差的地区地形通常是山峰和山顶。干燥的山脊，海拔可能不太符合树种的要求，水和营养供应不足，生长条件较差，胸径较小，每公顷目标树保留数量多，每两株目标树最多采伐一株干扰树，低强度采伐。

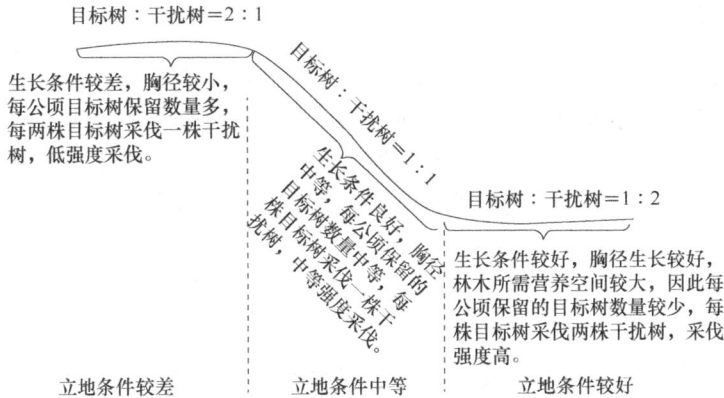

图 6-4　不同立地条件下目标树与干扰树的比例

因此在立地指数为 24 的林分中，本研究将目标树与干扰树的比例控制在 1∶2，择伐强度不超过 60%；立地指数为 22 的林分，将目标树与干扰树的比例控制在 1∶1，择伐强度不超过 50%；立地指数为 20 的林分，将目标树与干扰树的比例控制在 2∶1，择伐强度不超过 30%。

2. 树高生长方程　　理论生长方程可以在一定程度上描述生物的生长规律，利用生物群体或个体的生长特征构造时间变化模型。Richards 生长方程具有广泛的适用性，能很好地模拟树木生长的各个阶段。使用 Richards 生长方程分别拟合 3 种立地指数（site index，SI）下各阶段林分平均树高

$$H = a(1-be^{-kt})^{\frac{1}{1-m}} \tag{6.12}$$

式中，H 为林分平均树高；t 为林分年龄；a、b、k、m 为模型参数。

将林分年龄与林分平均树高数据在 SPSS 25.0 中进行回归分析，分别得到 3 种立地条件下的树高生长模型，如表 6-3 所示。

表 6-3　3 种立地条件下的树高生长模型

立地指数	树高生长模型	R^2
20	$H=20.756[1-0.606\exp(-0.065t)]^{[1/(1-0.733)]}$	0.901
22	$H=22.764[1-0.673\exp(-0.061t)]^{[1/(1-0.668)]}$	0.817
24	$H=25.089[1-0.757\exp(-0.056t)]^{[1/(1-0.528)]}$	0.802

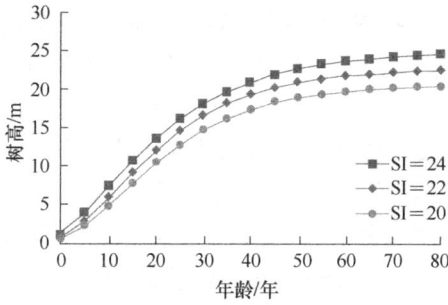

图6-5 3种立地条件下的树高生长曲线

根据树高生长模型,3种立地条件下的树高生长曲线如图6-5所示。

从图6-5的树高生长曲线可以看出,立地条件会影响树高,在同一年龄下立地条件越好的林分,树生长越快,林分平均树高也越高;闽楠人工林在幼龄林和中龄林时期生长较快,进入成熟林阶段后生长速率下降,当林分年龄达到60年后,树高趋于最大值,树高停止生长。

3. 断面积生长方程 在自然生长发育过程中,森林的生长很大程度上取决于林分年龄、立地质量及林分密度等因素,本研究利用立地指数来反映立地质量,以株数密度作为密度指标。以林分年龄、立地指数和株数密度为自变量构建林分断面积生长模型。采用 Richards 生长函数拟合各阶段的林分胸高断面积生长方程。

$$B = a_1 SI^{a_2} \left\{ 1 - \exp\left[-a_3 \left(\frac{N}{1000} \right)^{a_4} \cdot t \right] \right\}^{a_5} \tag{6.13}$$

式中,B 为断面积;N 为株数密度;SI 为立地指数;t 为年龄;a_1、a_2、a_3、a_4、a_5 为模型参数。

将林分年龄、立地指数、株数密度与断面积在 SPSS 25.0 中进行回归分析得到模型表达式:

$$B = 4.942 SI^{0.846} \left\{ 1 - \exp\left[-0.039 \left(\frac{N}{1000} \right)^{0.292} \cdot t \right] \right\}^{1.296} \tag{6.14}$$

$$R^2 = 0.869$$

以林分密度为 2000 株/hm² 为例,得到3种不同立地条件下的断面积生长曲线(图6-6)。

从图6-6断面积生长曲线可以看出,在同一年龄阶段,断面积生长与立地质量呈正相关,立地指数越大,断面积越大;在幼龄和中龄时期断面积生长速度较快,进入成熟阶段后生长缓慢,直至年龄达到60年后逐渐停止生长,断面积趋于最大值。

（五）闽楠人工林各阶段最适密度及目标树密度确定

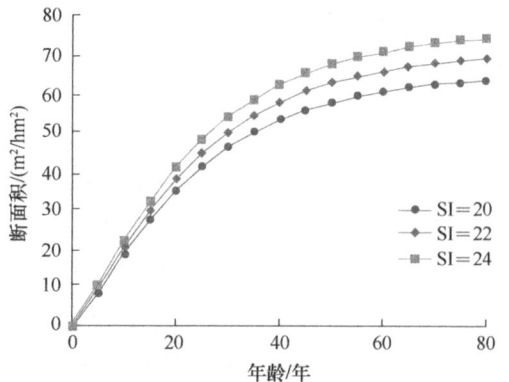

图6-6 3种立地条件下的断面积生长曲线

1. 立地指数为24的林分各阶段最适密度 根据所建立的动态规划模型,以林分初始密度为2000株/hm²为例,在 Lingo 11.0 中求解模型分别得到3种立地条件下不同阶段的最适保留密度（表 6-4～表 6-6）。从表 6-4 可以得到立地指数为 24 的林分各阶段的最适保留密度。林分进入质量选择阶段后，根据营林准则，立地条件较好的林分，树木生长良好，所需营养空间较大，保留的目标树数量低，每株目标树采伐 1～2 株干扰树，采伐强度高，将目标树与干扰树的数量比例设置为 1：2。将被采伐的株数视为干扰树数量，根据比例得到：在质量选择阶段，目标树最适保留密度为 364 株/hm^2；在目标树生长阶段，目标树最适保留密度为 153 株/hm^2；在林分蓄积生长阶段，目标树最适保留密度为 100 株/hm^2。林分各阶段材积总收获量最大为 764.93m^3/hm^2。

表 6-4　立地指数为 24 的林分各阶段最适密度、目标树密度及收获量

林分特征	年龄/年	树高/m	林分密度/（株/hm^2）	采伐株数/（株/hm^2）	目标树/（株/hm^2）	断面积/（m^2/hm^2）	砍伐断面积/（m^2/hm^2）	蓄积量/（m^3/hm^2）	收获量/（m^3/hm^2）
林分建群阶段	<5	4.15	2000	204	—	9.73	0.99	16.85	1.72
竞争生长阶段	5～20	13.76	1796	359	—	37.66	7.53	218.43	43.67
质量选择阶段	20～40	21.00	1437	728	364	56.32	28.53	495.14	250.84
目标树生长阶段	40～50	22.71	709	305	153	56.77	24.42	507.77	218.43
林分蓄积生长阶段	>60	23.71	404	199	100	57.26	28.20	508.08	250.27
合计									764.93

2. 立地指数为 22 的林分各阶段最适密度　从表 6-5 可以得到立地指数为 22 的林分各阶段最适密度。林分进入质量选择阶段后，立地条件中等的林分，胸径生长中等，每公顷目标树数量中等，每株目标树采伐 1 株干扰树，中等强度采伐，将目标树与干扰树的数量比例设置为 1：1。将被采伐的株数视为干扰树数量，根据比例得到质量选择阶段目标树最适保留密度为 702 株/hm^2，生长阶段目标树最适保留密度为 327 株/hm^2，林分蓄积生长阶段，目标树最适保留密度为 136 株/hm^2，林分各阶段总收获量最大为 554.22m^3/hm^2。

表 6-5　立地指数为 22 的林分各阶段最适密度、目标树密度及收获量

林分特征	年龄/年	树高/m	林分密度/（株/hm^2）	采伐株数/（株/hm^2）	目标树/（株/hm^2）	断面积/（m^2/hm^2）	砍伐断面积/（m^2/hm^2）	蓄积量/（m^3/hm^2）	收获量/（m^3/hm^2）
林分建群阶段	<5	2.93	2000	135	—	9.04	0.61	10.65	0.72
竞争生长阶段	5～20	12.24	1865	373	—	35.29	7.06	181.26	36.26
质量选择阶段	20～40	19.46	1492	702	702	52.60	24.75	428.83	201.77
目标树生长阶段	40～50	21.00	790	327	327	53.52	22.15	445.54	184.42
林分蓄积生长阶段	>60	21.83	463	136	136	54.16	15.91	446.15	131.05
合计									554.22

3. 立地指数为 20 的林分各阶段最适密度　　从表 6-6 可以得到立地指数为 20 的林分各阶段最适保留密度。林分进入质量选择阶段后，立地条件较差的林分，胸径小，每公顷目标树数量多，每两株目标树采伐 1 株干扰树，低强度采伐，将目标树与干扰树的数量比例设置为 2∶1。将被采伐的株数视为干扰树数量，根据比例得到质量选择阶段目标树最适保留密度为 1026 株/hm²，生长阶段目标树最适保留密度为 702 株/hm²，林分蓄积生长阶段目标树最适保留密度为 248 株/hm²，林分各阶段总收获量最大为 410.24m³/hm²。

表 6-6　立地指数为 20 的林分各阶段最适密度、目标树密度及收获量

林分特征	年龄/年	树高/m	林分密度/（株/hm²）	采伐株数/（株/hm²）	目标树/（株/hm²）	断面积/（m²/hm²）	砍伐断面积/（m²/hm²）	蓄积量/（m³/hm²）	收获量/（m³/hm²）
林分建群阶段	<5	2.40	2000	127	—	8.34	0.53	7.90	0.50
竞争生长阶段	5～20	10.56	1873	294	—	32.59	5.12	142.78	22.41
质量选择阶段	20～40	17.47	1581	513	1026	48.90	19.39	357.46	141.72
目标树生长阶段	40～50	18.99	1068	351	702	50.59	20.97	385.09	159.61
林分蓄积生长阶段	>60	19.82	558	124	248	51.14	11.36	386.98	86.00
合计									410.24

（六）森林发展类型作业法设计

1. 林分现状特征分析　　林分现状特征分析是森林发展类型设计前，对森林及其环境现状的概述，包括森林生长状况及所处环境的基本情况，如立地条件、地形地貌、土壤等特点，决定了后面森林发展趋势及发展目标结构的类型。

2. 树种组成　　树种组成是研究林分结构的重要内容之一，它与林分物种多样性和生态系统多功能性有密切关系，同时也是林业工作者设计森林发展类型当中树种组成和比例的重要依据，分析结果能为闽楠人工林近自然改造设计中的树种结构提供参考并奠定基础。表 6-7 是闽楠人工林 3 种立地条件下当前的树种组成。

表 6-7　闽楠人工林 3 种立地条件下林分现阶段的树种组成

立地指数	立地环境			树种组成
	海拔/m	坡度/（°）	土壤	
2	120～130	5～10	黄红壤	主林层以闽楠为主，伴生树种主要有木荷、樟树和阿丁枫等
				灌木层主要以杜茎山为主，伴生有美丽胡枝子、山苍子、冬青等
				草本层主要以狗脊蕨为主，伴生有翠云草、瓜蒌、酢浆草等
22	150～185	12～18	黄红壤	主林层以闽楠为主，伴生树种主要有红豆杉、栾树等
				灌木层主要以檵木为主，伴生有乌桕、湖南悬钩子、紫藤等
				草本层主要以堇菜为主，伴生有淡竹叶、芒萁、竹叶草、翠云草等

续表

立地指数	立地环境			树种组成
	海拔/m	坡度/(°)	土壤	
20	220~260	24~27	山地黄壤	主林层以闽楠为主，伴生树种有杉木、木姜子和檫木等
				灌木层主要以钢竹为主，伴生有山苍子、野花椒、武当菝葜、地菍等
				草本层主要以芒萁为主，伴生有毛蕨、细风轮菜、乌蕨、江南星蕨等

注：木荷（*Schima superba*）、樟树（*Cinnamomum camphora*）、阿丁枫（*Altingia chinensis*）、杜茎山（*Maesa japonica*）、美丽胡枝子（*Lespedeza formosa*）、山苍子（*Litsea cubeba*）、冬青（*Ilex chinensis*）、狗脊蕨（*Woodwardia japonica*）、翠云草（*Selaginella uncinata*）、瓜蒌（*Trichosanthes kirilowii*）、酢浆草（*Oxalis corniculata*）、红豆杉（*Taxus wallichiana*）、栾树（*Koelreuteria paniculata*）、楤木（*Aralia chinensis*）、乌桕（*Sapium sebiferum*）、湖南悬钩子（*Rubus hunanensis*）、紫藤（*Wisteria sinensis*）、堇菜（*Viola verecunda*）、淡竹叶（*Lophatherum gracile*）、芒萁（*Dicranopteris dichotoma*）、竹叶草（*Oplismenus fujianensis*）、杉木（*Cunninghamia lanceolata*）、木姜子（*Litsea pungens*）、檫木（*Sassafras tzumu*）、钢竹（*Phyllostachys viridis*）、野花椒（*Zanthoxylum simulans*）、武当菝葜（*Smilax outanscianensis*）、地菍（*Melastoma dodecandrum*）、毛蕨（*Cyclosorus interruptus*）、细风轮菜（*Clinopodium gracile*）、乌蕨（*Stenoloma chusanum*）、江南星蕨（*Microsorum fortunei*）。

3. 目标林相设计　　目标林相是指可以持续地提供最大收获，并能最大限度地满足调控目标的森林结构，通过定性和定量的描述实现经营目标时的林分状态。目标林相的制定取决于现有立地条件下经过较长时间才可实现的森林发展目标，并且要能反映当时的森林结构。以树种组成、森林结构、林分密度、目标直径、单位蓄积等指标描述特征。

通过对 3 种立地条件下的林分现状特征分析及所建立的动态规划模型，如表 6-8 所示，得到林分在蓄积生长阶段时目标树和蓄积量的数量及目标树直径，可以为目标林相的设计提供参考依据。

由闽楠的树高生长曲线和断面积生长曲线可以看出，林分在 60 年时，生长速率下降，且生长趋于停止，因此林分进入蓄积生长阶段后的状态可以视为终端状态，以 60 年为经营周期分别设计 3 种立地条件下闽楠人工林的目标林相。

表 6-8　3 种立地条件下的林分特征

立地指数	林分密度/(株/hm²)	目标树密度/(株/hm²)	断面积/(m²/hm²)	林分平均胸径/cm	蓄积量/(m²/hm³)
24	404	100	57.26	42.49	508.08
22	463	136	54.16	38.60	446.15
20	717	248	52.63	30.58	386.98

（1）**立地指数为 24 的林分**　　根据动态规划模型，当林分进入蓄积生长阶段后，林分最适保留密度为 404 株/hm²，目标树最适密度为 100 株/hm²，每公顷蓄积量为 508.08m³，断面积为 57.26m²/hm²，计算得到林分的平均胸径为 42.49cm，将立地指数为 24 的林分目标林相设置如下：

层次结构：闽楠-木荷异龄复层混交林。

树种组成及比例：主林层目标树种为闽楠，占 50%~60%；次林层以木荷为主，伴生香樟、阿丁枫等树种占 20%~30%；其他天然更新树种占 10%；林下均匀分布有闽楠、木荷等林下木和层间木更新；林下灌木以杜茎山为主，伴生美丽胡枝子、山苍子，草本以狗脊蕨为主，翠云草、瓜蒌、酢浆草等为优势种。

森林发展目标：主导功能为珍贵大径材生产目标兼顾水源涵养，发展结构稳定、物种丰富、持续不断地天然更新等多功能森林群落。林下有大量的小乔木、灌木及天然更新的幼苗，可以防止水土流失，涵养水源。

目标树密度：100～130 株/hm²。

每公顷蓄积量：450～550m³。

60 年目标胸径：40～45cm。

（2）立地指数为 22 的林分　　根据动态规划模型，当林分进入蓄积生长阶段后，林分最适保留密度为463 株/hm²，目标树最适密度为136 株/hm²，每公顷蓄积量为446.15m³，断面积为 54.16m²/hm²，计算得到林分平均胸径为 38.60cm。将立地指数为 22 的林分目标林相设置如下。

层次结构：闽楠-红豆杉异龄混交复层林。

树种组成及比例：主林层目标树种为闽楠，占 60%～70%；次林层以红豆杉为主，伴生以栲树等树种，占 10%～20%；其他天然更新树种占 10%；林下均匀分布有闽楠、红豆杉和栲树等林下木及层间木更新；林下灌木以楤木为主，伴生乌桕、湖南悬钩子，草本以堇菜为主，淡竹叶、芒萁、竹叶草等为优势种。

森林发展目标：主导功能为珍贵树种大径材生产目标，保持一定比例的产生生态效应的乡土树种，林下有大量的小乔木和灌木及天然更新，增加森林生物多样性。

目标树密度：130～160 株/hm²。

每公顷蓄积量：400～450m³。

60 年目标胸径：35～40cm。

（3）立地指数为 20 的林分　　根据动态规划模型，当林分进入蓄积生长阶段后，林分最适保留密度为717 株/hm²，目标树最适密度为248 株/hm²，每公顷蓄积量为386.98m³，断面积为 52.63m²/hm²，计算得到林分平均胸径为 30.58cm。将立地指数为 20 的林分目标林相设置如下。

层次结构：闽楠-杉木异龄混交复层林。

树种组成及比例：主林层目标树种为闽楠，占 60%～70%；次林层以杉木为主，伴生木姜子和楤木等树种，占 10%～20%；其他天然更新树种占 10%；林下均匀分布有闽楠、杉木、木姜子和楤木等林下木及层间木更新。林下灌木以钢竹为主，伴生山苍子、野花椒、武当菝葜，草本以芒萁为主，毛蕨、细风轮菜、乌蕨、江南星蕨等为优势种。

森林发展目标：主导功能为景观功能兼顾生态服务功能的针阔混交林，间有古木、枯立木等自然生态景观。针阔混交林为野生动物提供良好的栖息环境。

目标树密度：200～250 株/hm²。

每公顷蓄积量：350～400m³。

60 年目标胸径：30～35cm。

（七）闽楠人工林近自然改造全周期经营措施

人工林近自然改造全周期经营措施包括制定整体改造的逻辑程序、进行作业设计及设计的落实。逻辑程序是根据林分现状，分析存在的问题，制定改造的目标，提出相应的改造模式等。作业设计包括择伐作业设计、补植或第二代更新设计等，是实现近自然改造的重要一环，科学而合理的作业设计是实现人工林近自然化改造的前提。

闽楠人工林近自然改造的关键技术之一是目标树经营，对金洞林场闽楠人工林进行近自然改造，其重要的一方面就是确定闽楠人工林的各森林发展阶段的目标树密度，本研究根据动态规划模型得到闽楠人工林不同林分发育阶段的林分最适密度和目标树密度，可以为提出全周期经营措施提供参考依据。明确森林处的立地环境及林分现状特征，分析存在的问题，根据立地环境及潜在自然植被确定森林将要发展的目标类型，依照近自然经营技术，使得现有的人工纯林逐步转化或演替为近自然林状态，根据现有的研究成果，提出 3 种立地条件下的闽楠人工林近自然改造的全周期经营措施，将闽楠同龄纯林改造转化为异龄复层混交林，以达到精准提升林分质量和培育珍贵树种闽楠大径材的目标，具体规划设计如表 6-9～表 6-11。

表 6-9　立地指数为 24 的闽楠人工林近自然改造全周期经营措施

发展阶段	林分特征	年龄范围	主要抚育措施
1	林分建群阶段	<5 年	以初植密度 2000 株/hm² 为例，挖大穴施专用肥，选用 2 生以上闽楠富根壮苗栽植到基本定植成活并建群，全面除草和块状松土，以减少杂草对养分和光照的争夺，确保闽楠幼苗有充足的养分和光照，需要对林分进行抚育措施，连续抚育 5 年，前两年每年抚育 3 次，后 3 年每年抚育 2 次。
2	竞争生长阶段	5～20 年	可分次移植部分苗木，需要人工辅助如补入一些有机肥，改良林分土壤来促进闽楠林木的快速生长，需要砍伐树干形状差、生长缓慢的树木，将林分密度控制在 1700～1800 株/hm²。
3	质量选择阶段	20～40 年	此阶段开始选择第一代目标树，择伐干扰树，为促进优势个体生长，择伐强度较大，择伐作业也需分批进行，总的择伐强度为 60%；此阶段林分密度控制在 1400～1500 株/hm²，目标树密度为 360 株/hm² 左右，保留闽楠、木荷等珍贵阔叶树种，培养阔叶树种大径材，培育第一代目标树。
4	目标树生长阶段	40～50 年	继续培育目标树，通过择伐作业促进优势个体生长，并开始对达到目标胸径的林木进行择伐收获，将林分密度控制在 700～800 株/hm²，目标树密度为 150 株/hm² 左右。在伐除干扰树及收获的目标树下都会形成一个林窗，保护林下更新的幼苗、幼树及灌木和草本层，依靠自然力量恢复林内更新树种，同时依靠人工在林下补植木荷、樟树、阿丁枫等乡土树种幼苗。
5	林分蓄积生长阶段	>60 年	主林层树种结构相对稳定，林隙天然更新大量出现，将林分密度控制在 400～500 株/hm²，目标树密度为 100 株/hm²，培育第二代目标树，生产高质量用材林并保持林分的多种功能，保持近自然林的复层林。

表 6-10　立地指数为 22 的闽楠人工林近自然改造全周期经营措施

发展阶段	林分特征	年龄范围	主要抚育措施
1	林分建群阶段	<5 年	以初植密度 2000 株/hm² 为例，挖大穴施专用肥，选用 2 年生以上闽楠富根壮苗栽植到基本定植成活并建群，全面除草和块状松土，以减少杂草对养分和光照的争夺，确保闽楠幼苗有充足的养分和光照，需要对林分进行抚育措施，连续抚育 5 年，前两年每年抚育 3 次，后 3 年每年抚育 2 次。
2	竞争生长阶段	5~20 年	可分次移植部分苗木，需要人工辅助如补入一些有机肥，改良林分土壤来促进闽楠林木的快速生长，需要砍伐树干形状差、生长缓慢的树木，将林分密度控制在 1800~1900 株/hm²。
3	质量选择阶段	20~40 年	此阶段开始选择第一代目标树，择伐干扰树，为促进优势个体生长，择伐强度中等，择伐作业也需分批进行，总的择伐强度为 50%；此阶段林分密度控制在 1400~1500 株/hm²，目标树密度为 700 株/hm² 左右，保留闽楠、红豆杉等珍贵阔叶树种，培养阔叶树种大径材，培育第一代目标树。
4	近自然森林阶段	40~50 年	继续培育目标树，通过择伐作业促进优势个体生长，并开始对达到目标胸径的林木进行择伐收获，将林分密度控制在 700~800 株/hm²，目标树密度为 320 株/hm² 左右。在伐除干扰树及收获的目标树下都会形成一个林窗，保护林下更新的幼苗、幼树及灌木和草本层，依靠自然力量恢复林内更新树种，同时依靠人工在林下补植红豆杉、栾树等乡土树种幼苗。
5	恒续林阶段	>60 年	主林层树种结构相对稳定，林隙天然更新大量出现，将林分密度控制在 400~500 株/hm²，目标树密度为 130 株/hm² 左右，培育第二代目标树，生产高质量用材林并保持林分的多种功能，保持近自然林的复层林。

表 6-11　立地指数为 20 的闽楠人工林近自然改造全周期经营措施

发展阶段	林分特征	年龄范围	主要抚育措施
1	林分建群阶段	<5 年	以初植密度为 2000 株/hm² 为例，挖大穴施专用肥，选用 2 年生以上闽楠富根壮苗栽植到基本定植成活并建群，全面除草和块状松土，以减少杂草对养分和光照的争夺，确保闽楠幼苗有充足的养分和光照，需要对林分进行抚育措施，连续抚育 5 年，前两年每年抚育 3 次，后 3 年每年抚育 2 次。
2	竞争生长阶段	5~20 年	可分次移植部分苗木，需要人工辅助如补入一些有机肥，改良林分土壤来促进闽楠林木的快速生长，需要砍伐树干形状差、生长缓慢的树木，将林分密度控制在 1800~1900 株/hm²。
3	质量选择阶段	20~40 年	此阶段开始选择第一代目标树，择伐干扰树，为促进优势个体生长，择伐强度较小，择伐作业也需分批进行，总的择伐强度为 30%；此阶段林分密度控制在 1500~1600 株/hm²，保留杉木，以及木姜子、檫木等阔叶树种，培养阔叶树种大径材，培育第一代目标树。
4	近自然森林阶段	40~50 年	继续培育目标树，通过择伐作业促进优势个体生长，并开始对达到目标胸径的林木进行择伐收获，将林分密度控制在 1000~1100 株/hm²，目标树密度为 700 株/hm² 左右。在伐除干扰树及收获的目标树下都会形成一个林窗，保护林下更新的幼苗、幼树及灌木和草本层，依靠自然力量恢复林内更新树种，同时依靠人工在林下补植红豆杉、栾树等乡土树种幼苗。
5	恒续林阶段	>60 年	主林层树种结构相对稳定，林隙天然更新大量出现，将林分密度控制在 500~600 株/hm²，目标树密度为 250 株/hm² 左右，培育第二代目标树，生产高质量用材林并保持林分的多种功能，保持近自然林的复层林。

第二节　林分结构化经营技术

一、林分空间结构评价技术

林分空间结构是维持和改善森林质量的基础，是林分结构最直观的表现，因此，科学地评价林分空间结构，能够为制定和实施以提高森林质量、发挥森林多功能为目的的科学管理措施提供理论依据。

（一）林分空间结构评价指数的提出

林分空间结构评价指数定义的关键问题是合理选择反映林分特征的参数和影响因子。林分空间结构包括混交、竞争和林木空间分布格局3方面，根据林分空间结构从单株林木的角度表达林分在某一时刻空间信息的特点，结合杉木生态公益林人工纯林的空间结构特点，林分空间结构评价指数从林分内单株林木的树种隔离程度、林层多样性、透光条件、竞争和林木空间分布格局5方面选择参数。但由于林分空间结构的各个参数既相互依赖又可能相互排斥，要求林分空间结构的各个参数同时都达到最优值几乎是不能实现的。最优的林分空间结构往往强调整体目标达到最优。基于此，采用乘除法对各个空间结构参数进行多目标规划。

乘除法的基本思想：x 是决策向量，当在 m 个目标 $f(x_1)$，…，$f(x_m)$ 中，有 k 个 $f(x_1)$，…，$f(x_k)$ 要求实现最大，其余 $f(x_{k+1})$，…，$f(x_m)$ 要求实现最小，同时有 $f(x_1)$，…，$f(x_m)>0$，采用评价函数 $Q(x)$ 作为目标函数。

$$Q(x) = \frac{f(x_1)\,f(x_2)\cdots f(x_k)}{f(x_{k+1})\,f(x_{k+2})\cdots f(x_m)} \qquad (6.15)$$

根据乘除法的基本思想，全混交度、开敞度和林层指数以取大为优，林木竞争指数和角尺度以取小为优。需要说明的是在计算空间结构评价指数时，角尺度的原始数据做了适当的处理，因为角尺度的取值范围 $W_i \in (0, 1]$，而基于 Voronoi 图计算的林分角尺度取值为 [0.327, 0.357] 时，为随机分布，因此，基于 Voronoi 图的角尺度的最优值应该是接近 0.342 的随机分布，为了使角尺度的最优值是取值范围的极值，将角尺度 $W_i \in (0, 1]$ 范围的所有数据同时减去 0.342，这样角尺度的最优值应该是取最小值。按公式（6.16）对林分空间结构评价指数标的5个子目标进行综合，确定林分空间结构评价指数的计算公式如下

$$L(g) = \frac{\dfrac{1+M(g)}{\sigma_M} \cdot \dfrac{1+S(g)}{\sigma_S} \cdot \dfrac{1+K(g)}{\sigma_K}}{[1+\mathrm{CI}\,(g)]\cdot\sigma_{\mathrm{CI}}\cdot[1+|W(g)-0.342|]\cdot\sigma_{|W-0.342|}} \qquad (6.16)$$

式中，$M(g)$、$S(g)$、$K(g)$、$\mathrm{CI}(g)$、$W(g)$ 分别为单木全混交度、林层指数、开敞度、竞争指数、角尺度，σ_M、σ_S、σ_K、σ_{CI}、$\sigma_{|W-0.342|}$ 分别为全混交度、林层指数、开敞度、竞争指数、角尺度与 0.342 差值绝对值的标准差。

（二）林分空间结构评价子目标的林学和生态学意义

在森林生态系统中，同一树种之间的竞争几乎永远是最激烈的，而且影响一般是不良的，这就要求树种间需要相互隔离，林分中树种间隔离程度越高，林分稳定性越高。保持较高的混交度为林分空间结构优化的第 1 个子目标，林分混交度的取值越大越好。

竞争指数在形式上反映的是林木个体生长与生存空间之间的关系，其实质是反映林木对环境资源需求与现实生境中林木对环境资源占有量之间的关系。林分树种间的激烈竞争会导致林窗产生和林木枯死等结果，保持较低的竞争强度使得各林木能够满足其生长所需求的资源。因此，这就成为林分空间结构优化的第 2 个子目标，要求林分竞争指数取值越小越好。

林木空间分布格局为林木个体在水平空间上的配置状况或分布状态，反映的是某一种群个体在其生存空间内相对静止的散布形式，它是单株林木生长特征、竞争植物及外部环境因素等综合作用的结果，分为聚集分布、随机分布和均匀分布 3 种。未经受严重干扰的林分，经过漫长的进展演替，顶级群落的水平空间分布格局为随机分布。因此，需要将林分水平空间分布格局向随机分布的方向调整，基于 Voronoi 图计算的林分角尺度取值为 [0.327，0.357] 时，林分空间分布格局为随机分布，为使间伐后林分平均角尺度更加接近于随机分布的取值范围，可以简化林分平均角尺度取值更加接近于 0.342。因此，林分水平空间分布格局更接近于随机分布为林分空间结构优化的第 3 个子目标，要求林分角尺度取值越接近 0.342 越好。

林分垂直分层结构及不同林层间的关联性直接影响林木的生长、繁殖、死亡及林窗的形成，复杂的林层结构不仅会影响林下温度、湿度、通风变化；也更易形成较多的枯枝落叶，能增加土壤中的有机质，改善土壤微生物，使肥力增加，利于林下灌草层的生长。方精云等（2003）研究海南岛尖峰岭山地雨林的群落结构、物种多样性发现，水热条件好的雨林，其物种多样性丰富、多样性指数高。Lahde（1987）研究发现林层越多，物种数就越丰富。郑景明等（2007）以云蒙山典型森林群落为对象在研究云森林垂直结构时也发现，森林的垂直结构与林下灌草物种多样性显著相关，同时复层林更有利于林木的更新，因此，保持较为复杂的垂直分层为空间结构优化的第 4 个子目标，要求林层指数的取值越大越好。

林分中树木对光能的利用、竞争和分配直接影响着林木的生长状态，而且在一定程度上决定着林木与其他林木竞争时的优劣态势，林分开敞度是反映林分光能利用效率的重要指标，林分开敞度的大小影响着林下幼树幼苗的生长和林下灌草的生长，保持林分较高的开敞度是保证林下植被生长的必要条件，因此，保持较高的林分开敞度是林分空间结构优化的第 5 个子目标，其值取大为优。

（三）林分空间结构评价标准

为便于对杉木生态公益林空间结构评价指数值进行分析比较，采用归一化处理公式（6.17），将其值进行等量变换到 [0，1] 区域内。

$$x_i'' = \frac{x_i - x_{min}}{x_{max} - x_{min}} \qquad (6.17)$$

式中，x_i、x_i'' 分别表示林木空间结构评价指数归一前后的值；x_{min}、x_{max} 分别表示样本数据中的最小值和最大值。

根据林分空间结构评价指数的含义，参考人工林近自然化改造的目标和技术指标，采用定性和定量相结合的方法，将林分空间结构评价指数值划分为 5 个评价等级（表 6-12）。

表 6-12　林分空间结构评价指数值评价等级划分

林分空间结构评价指数值	林分特征描述	评价等级值
≤0.20	几乎所有林分空间结构因子与理想的取值标准差距大，树种的混交程度低，属于弱度混交或者弱度混交向中度混交的过渡状态，林层简单，为单层林，林下植被的覆盖度很低，林木大小分化不明显，林木分布非随机分布。	1
0.20~0.40	少部分林分空间结构因子满足或接近其理想的取值标准，树种的混交程度低，属于弱度混交或者弱度混交向中度混交的过渡状态，林层较简单，林下植被覆盖度较低，林木大小差异较明显，林木非随机分布。	2
0.40~0.60	一般的林分空间结构因子满足或接近其理想的取值标准，树种的混交程度中等，属于中度混交或向中度混交的过渡状态，林层较复杂，林下植被覆盖度中等，林木大小差异较明显，林木为均匀分布或均匀分布向随机分布转变。	3
0.60~0.80	大部分林分空间结构因子满足其理想的取值标准，郁闭度较高，混交树种较多，为中度混交向强度混交的过渡状态或强度混交，林层结构较复杂，多为复层林，林木分布格局接近随机分布，林下植被覆盖度较高。	4
>0.80	林分空间结构因子基本满足其取值标准，树种丰富，为强度混交或极强度混交，林分的稳定性好，郁闭度高，林层多为 3 层以上复层结构，林木分布格局整体随机，大树均匀，小树聚集分布，树种隔离程度较高，多样性较高，林下自然更新良好，林木间竞争强度较弱，光照环境好。	5

（四）案例

1. 研究区概况　　福寿林场位于平江县南部的福寿山上，地处北纬 28°3′00″~28°32′30″，东经 113°41′15″~113°45′00″。总面积为 1274.9hm²，处于中亚热带向北亚热带过渡的气候带，属湿润的大陆性季风气候。年平均气温 12.1℃，年日照 1500h，无霜期 217d，有效积温 4547℃，年相对湿度 87%。地势南高北低，最高峰轿顶山，海拔 1573.2m，最低处为湖口峡底，海拔 835m，林场场部海拔 1078m。山体下部多陡峭，中部较平缓，上部较陡，平均坡度为 22°~27°，形成群山重叠、起伏绵延的中山地貌。林地土层深厚肥沃，腐殖质较丰富。场内海拔 800m 以下的土壤为山地黄壤；800~1400m 为山地黄棕壤；海拔 1400m 以上的山顶、山脊有小块草甸土。场内植被繁茂，群落较多。有木本植物 55 科，275 种。研究样地所属的杉木林均为在皆伐迹地上营造的杉木人工林，幼龄林是 2006 年营造的杉木人工纯林，D2、D3、D4 样地营造前有不少萌生的柳杉（*Cryptomeria fortunei*）被保留下来，导致其树种组成中柳杉占到一定比例，但株数比例均未超过 30%，其他树种如泡桐（*Paulownia sieb*）、毛樱桃（*Cerasus tomentosa*）、马尾松（*Pinus massoniana*）和日本晚樱（*Cerasus serrulata*）只是零星地散布于杉木林分中，所占的株数比例不到 1%。截至 2012 年调查前，从未进行过人工抚育，中龄林是 1999 年营造的杉木人工纯林，在 2007 年进行过一次抚育间伐。各样地杉木占树种组成的株数比例均超过 95%，柳杉、苦楝（*Melia azedarach*）、黄山松（*Pinus taiwanensis*）、毛樱桃、刺槐（*Robinia pseudoacacia*）、楤木（*Aralia chinensis*）、凹叶厚朴（*Magnolia officinalis*）、野山椒（*Capsicum frutescens*）占的株数比例均未超过 5%。近熟林是 1989 年营造的杉木人工纯林，在 1996 年、2007 年进行过两次抚育间伐，各样地杉木占的株数比例均超过 96%，毛竹（*Phyllostachys heterocycla*）、苦楝、毛樱桃、光皮桦（*Betula luminifera*）、野漆树（*Toxicodendron succedaneum*）、白栎（*Quercus fabri*）占的比例均未超过 4%。研究区的所有杉木林在 2004 年后均化为公益林经营。但由于是人工纯林，树种单一，再加上海拔高，不是非常适合杉木生长，所有杉木林分普遍生态功能低下。

2013 年上半年，项目组基于课题研究的需要，在杉木幼龄林和杉木中龄林进行抚育间伐的基础上，在杉木幼龄林 D1、D2、D3 号样地补植了阔叶树种栾树（*Koelreuteria bipinnata*）和马褂木（*Liriodendron tulipifera*），补植后杉木占树种组成株数比例为 50% 左右，混交树种柳杉、栾树、马褂木等占株数的比例之和为 50% 左右；在杉木中龄林 D7、D10、D12 样地补植了阔叶树种栾树、马褂木和深山含笑（*Michelia maudiae*），补植后杉木占树种的比例为 50% 左右；混交树种栾树、深山含笑、马褂木等混交树种占株数的比例之和为 50% 左右；在杉木近熟林 D15、D16 和 D18 样地林下补植了混交树种红豆杉（*Taxus chinensis*），补植后杉木占株数的比例为 65% 左右，红豆杉、毛竹等混交树种占株数的比例之和为 35% 左右。

2. 数据来源与调查方法　　2012 年 7 月 23 日～2012 年 8 月 20 日，在对福寿林场实验基地内杉木生态公益林全面踏查的基础上，采用罗盘仪闭合导线测量法在立地条件基本一致的杉木幼龄林、中龄林和近熟林中设置了 18 块 20m×30m 的标准地（幼龄林、中龄林和近熟林各 6 块），首先对标准地位置、经纬度、坡位、坡度、土壤类型、凋落物厚度、腐殖质厚度、立地类型、干扰程度等基本因子进行了调查（基本情况见表 6-13）。然后将每块标准地用相邻网格法进一步分割成 6 个 10m×10m 的正方形小样方作为样木因子的调查单元。将小样方内胸径在 2.0cm 以上的林木逐株进行挂牌编号。以每个小样方的西南角为坐标原点，用皮尺测量每株林木在本小样方内的相对位置坐标（X，Y），然后将样地西南角设为样地坐标系的原点，根据 6 个小样方在样地中的分布位置，把每个小样方内林木的相对位置坐标转换为整个样地范围内同一坐标系内的坐标，从而确定每株林木在整个样地内的相对位置分布，同时测量每株林木的胸径、树高、东西冠幅、南北冠幅等基本因子。2014 年 6 月 20 日～2014 年 7 月 3 日对 9 块补植样地进行了复测，复测因子包括每株林木的胸径、树高、东西冠幅、南北冠幅及相对位置坐标（X，Y）。

表 6-13　各样地基本概况

林分类型	样地号	林龄/年	树种组成	坡位	株数密度/（株/hm²）	平均胸径/cm	平均树高/m	平均冠幅/m²	郁闭度
间伐补植前									
幼龄林	D1	6	9 杉木 1 柳杉	中	1700	4.3	3.3	1.3	0.3
	D2	6	7 杉木 3 柳杉	中	2767	4.1	3.4	1.4	0.4
	D3	6	7 杉木 3 柳杉	上	3050	3.6	2.8	0.8	0.4
	D4	6	7 杉木 3 柳杉	中	3700	3.1	2.5	1.0	0.3
	D5	6	9 杉木 1 柳杉	中	3117	2.8	2.5	1.0	0.3
	D6	6	8 杉木 2 柳杉	下	1667	3.2	3.0	0.9	0.3
中龄林	D7	13	10 杉木＋柳杉	中	2067	11.5	6.9	4.9	0.7
	D8	13	9 杉木 1 柳杉	中	2617	9.6	6.8	3.8	0.7
	D9	13	9 杉木 1 柳杉	中	2833	9.3	7.3	4.1	0.8
	D10	13	10 杉木＋柳杉	中	1433	12.3	8.0	5.3	0.6
	D11	13	10 杉木＋苦楝＋柳杉	中	2867	10.1	6.2	4.2	0.7
	D12	13	9 杉木 1 柳杉	中	2483	10.7	7.1	4.3	0.7
近熟林	D13	23	10 杉木＋毛竹＋苦楝	中	2417	11.4	8.0	6.1	0.8
	D14	23	10 杉木＋苦楝	上	2450	13.0	10.1	6.4	0.8
	D15	23	9 杉木 1 毛竹	中	3083	12.4	10.0	4.3	0.7
	D16	23	9 杉木 1 毛竹	中	1567	16.6	12.8	9.8	0.8
	D17	23	10 杉木＋毛竹	下	2042	15.1	12.2	7.3	0.8
	D18	23	9 杉木 1 毛竹	下	1417	16.1	11.7	10.0	0.8
间伐补植后									
幼龄林	D1′	6	5 杉木 4 栾树 1 柳杉＋马褂木	中	2894	4.5	3.1	0.8	0.2
	D2′	6	5 杉木 3 栾树 2 柳杉＋马褂木	中	2917	5.8	3.8	0.9	0.3
	D3′	6	5 杉木 3 栾树 2 柳杉＋马褂木	上	2814	4.3	2.5	0.8	0.3
中龄林	D7′	13	5 杉木 3 栾树 2 深山含笑	中	2183	10.3	5.6	4.2	0.6
	D10′	13	5 杉木 3 栾树 2 深山含笑	中	2214	12.1	6.4	4.3	0.5
	D12′	13	5 杉木 3 栾树 2 深山含笑	中	2164	9.6	5.6	3.9	0.6
近熟林	D15′	23	9 杉木 1 毛竹＋红豆杉	中	3113	11.2	8.5	4.1	0.7
	D16′	23	9 杉木 1 毛竹＋红豆杉	中	1402	15.7	10.4	9.9	0.8
	D18′	23	9 杉木 1 毛竹＋红豆杉	下	1451	11.3	8.5	9.3	0.8

3. 结果分析

（1）杉木生态林林分空间结构分析　　由表 6-14 可知，间伐补植前杉木幼龄林、中龄林和近熟林的角尺度分别为 0.3621、0.3504 和 0.3402，均为均匀分布和随机分布的中间状态，不是理想状态的随机分布。杉木幼龄林、中龄林和近熟林的大小比分别为 0.5099、0.5179 和 0.5124，都接近中庸状态，这说明杉木的胸径差异不明显，林木分化不严重，但由于杉木在不同龄组的林分中占的比例极大，与其他树种相比，其优势度非常明显。杉木幼、中龄林和近熟林的竞争指数分别为 0.1732、0.2622 和 0.2856，说明随着杉木的生长发育，竞争指数呈现出逐渐增加的趋势，随着杉木年龄的增加，林木个体所承受的竞争压力也越来越大。杉木幼龄林、中龄林和近熟林的混交度分别为 0.1379、0.0680 和 0.0860，说明 3 个龄组的林分混交程度都很低，林分稳定性差，需要通过引进阔叶树种，增加林分的混交度。杉木幼龄林、中龄林和近熟林的林层指数分别为0.2422、0.3674和0.2458，这说明林层指数随着杉木林的生长发育，呈现出先增加后降低的趋势，这主要是因为随着杉木的生长，林木的树高出现了分化的趋势，但在中龄林通过抚育间伐后，林层指数有所降低。杉木幼龄林、中龄林和近熟林的开敞度为1.0100、0.4266和0.2561，这说明开敞度随着杉木年龄的增加呈现出逐渐下降的趋势，这主要是随着林分年龄的增加郁闭度也增加导致的结果。

表6-14 各样地空间结构参数值

林分类型		样地号	角尺度	大小比	竞争指数	混交度	林层指数	开敞度
间伐补植前	幼龄林	全林分	0.3621	0.5099	0.1732	0.1379	0.2422	1.0100
		D1	0.3619	0.4971	0.1559	0.07839	0.3098	1.1519
		D2	0.3483	0.5006	0.1983	0.16969	0.3043	0.7632
		D3	0.3958	0.5050	0.1565	0.20409	0.1344	1.0184
		D4	0.3554	0.5167	0.1857	0.19829	0.2856	0.8577
		D5	0.3548	0.5164	0.1828	0.0834	0.2599	0.9517
		D6	0.3564	0.5236	0.1601	0.0936	0.1593	1.3173
	中龄林	全林分	0.3504	0.5179	0.2622	0.0680	0.3674	0.4266
		D7	0.3540	0.5198	0.2543	0.0036	0.2848	0.4112
		D8	0.3621	0.5113	0.2628	0.0547	0.4211	0.4279
		D9	0.3519	0.5184	0.2774	0.1298	0.5075	0.4285
		D10	0.3435	0.5281	0.2508	0.0822	0.3181	0.5044
		D11	0.3494	0.5103	0.2599	0.0357	0.2514	0.4015
		D12	0.3418	0.5195	0.2683	0.1022	0.4212	0.3859
	近熟林	全林分	0.3402	0.5124	0.2856	0.0860	0.2458	0.2561
		D13	0.3426	0.5066	0.2724	0.0387	0.3653	0.3150
		D14	0.3268	0.5191	0.3054	0.0242	0.3120	0.2568
		D15	0.3595	0.5018	0.2902	0.1879	0.2467	0.2313
		D16	0.3255	0.5366	0.3019	0.1427	0.1727	0.2306
		D17	0.3374	0.5208	0.2954	0.0552	0.2276	0.2261
		D18	0.3492	0.4897	0.2480	0.0674	0.1507	0.2765
间伐补植后	幼龄林	全林分	0.3285	0.4458	0.1139	0.5505	0.3614	1.5373
		D1′	0.3316	0.4351	0.1023	0.5148	0.3925	1.9538
		D2′	0.3143	0.4535	0.1233	0.5853	0.4165	1.0465
		D3′	0.3396	0.4488	0.1160	0.5515	0.2751	1.6118
	中龄林	全林分	0.3102	0.4784	0.2036	0.4748	0.4113	0.5122
		D7′	0.3016	0.4832	0.1944	0.4871	0.3266	0.5215
		D10′	0.3139	0.4715	0.2007	0.4359	0.3954	0.5833
		D12′	0.3153	0.4805	0.2156	0.5014	0.5119	0.4320
	近熟林	全林分	0.3521	0.5097	0.3163	0.2717	0.2244	0.2061
		D15′	0.3622	0.5135	0.3106	0.2574	0.2735	0.1953
		D16′	0.3358	0.5248	0.3457	0.2956	0.2041	0.2096
		D18′	0.3583	0.4914	0.2925	0.2621	0.1954	0.2135

间伐补植以后，杉木幼龄林、中龄林和近熟林的平均角尺度分别为0.3285、0.3102和0.3512，3个龄组林分的角尺度均变小，说明补植后的林分空间分布格局比补植前的杉木林更加均匀。幼龄林、中龄林和近熟林的平均大小比数分别为0.4458、0.4784和0.5097，说明补植后林分胸径的差异变大。杉木幼龄林、中龄林和近熟林的竞争指数为0.1139、0.2036和0.3163，相比补植前，幼龄林和中龄林的竞争指数下降，而成熟林的竞争指数在增加，这主要是补植前杉木中幼林进行了抚育间伐，而成熟林未进行间伐所致。幼龄林、中龄林和近熟林混交度分别为0.5505、0.4748和0.2717，相比补植前，林分的混交度明显提高，林分的稳定性增强。幼龄林、中龄林和近熟林的林层指数分别为0.3614、0.4113和0.2244，林分的林层指数明显增加，这主要是补植的苗木基本上都是幼树，增加了林分的树高差异所致。幼龄林、中龄林和近熟林的开敞度分别为1.5373、0.5122和0.2061，中幼林的开敞度明显增加，而近熟林的开敞度有所降低。说明中幼林的生长空间更加充足。总体来看，杉木林间伐补植后，林分空间结构明显改善。

（2）杉木生态林林分空间结构评价　　从图6-7和图6-8可知，间伐补植前杉木生态公益林不同样地的空间结构评价指数为0.1859～0.3647，评价等级分属1、2级，其中，属于1级的样地分别为D3和D5，占样地总数的11%，属于2级的样地分别为D1、D2、D4、D6、D7、D8、D9、D10、D11、D12、D13、D14、D15、D16、D17、D18，占样地总数的89%，分属3级、4级、5级的样地没有。

由图6-7和图6-8知，间伐补植后的杉木林，不同样地的空间结构评价指数为0.3462～0.6131，评价等级分属2、3、4级，其中，属于2级的样地为D15′，占样地总数的11%，属于3级的样地分别为D1′、D2′、D3′、D10′、D12′、D16′、D18′，占样地总数的78%，属于4级的样地为D7′，占样地总数的11%。分属最理想的5级的样地没有。

4. 结论与讨论　　确定林分空间结构评价指数和评价标准，能够发现林分空间结构特征中存在的不合理性，从而为明确森林经营可量化的目标结构及确定合适的经营措施提供理论依据。但由于林分空间结构的各个参数既相互依赖又可能相互排斥，要求林分空间

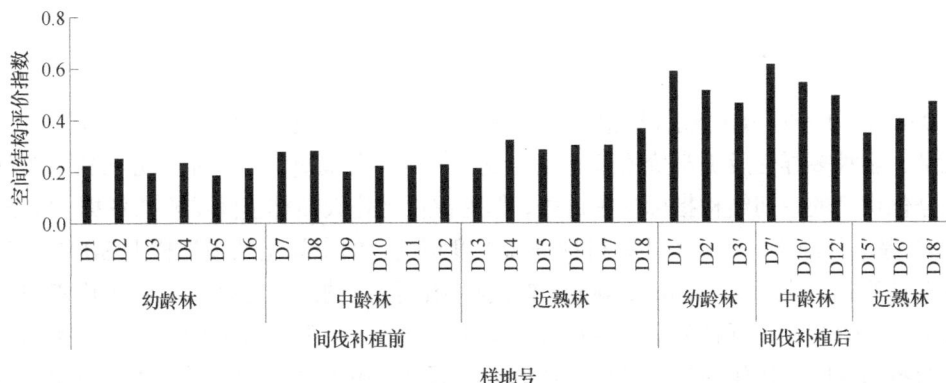

图6-7　不同样地杉木生态公益林空间结构评价指数值

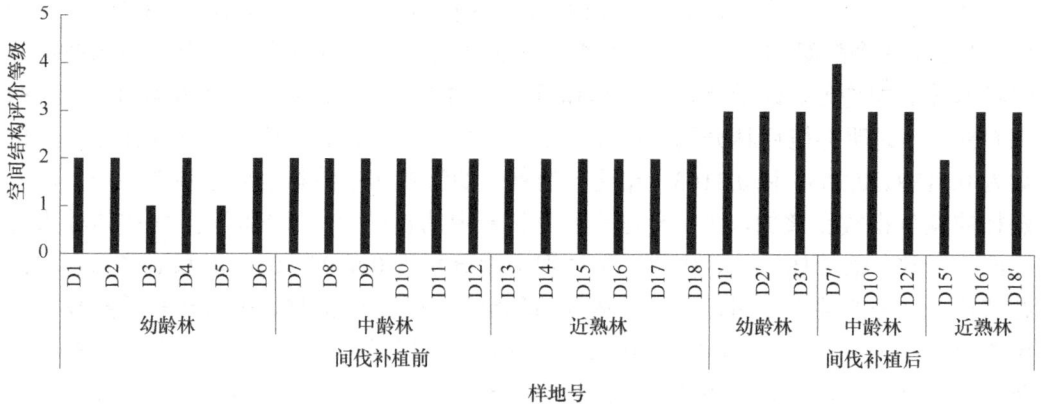

图 6-8　不同样地杉木生态公益林空间结构评价等级

结构的各个参数同时都达到最优值几乎是不能实现的。最优的林分空间结构应该是强调整体目标达到最优（汤孟平，2007）。基于此，采用乘除法对各个空间结构参数进行多目标规划，提出林分空间结构评价指数，并参考人工林近自然化改造的目标和技术指标，采用定性和定量相结合的方法，将林分空间结构评价指数值划分为 5 个评价等级。研究区的杉木生态公益林空间结构评价结果显示通过间伐补植林分空间结构得到明显改善。

林分空间结构评价指数的提出为杉木生态公益林的理想空间结构及其表达探索了一条新途径，也为以杉木为主的人工生态公益林向理想结构演变提供了理论依据，从对研究区杉木生态公益林空间结构评价的结果来看，其较客观地反映了杉木生态公益林间伐补植前后林分空间结构的实际现状。

二、林分择伐空间结构优化技术

林分择伐空间结构优化是以林分空间结构为目标，以非空间结构为主要约束条件，通过择伐对林分空间结构进行优化，目的是最大限度地保持较优的林分空间结构，以持续发挥林分经济、生态和社会等多项功能。

（一）优化目标

Daume（1999）提出疏伐模拟专家系统 ThiCon，其经营目标除考虑林分蓄积、蓄积生长量、物种多样性及美学价值外，也将反映林分树种隔离程度、水平分布格局及林木大小分化程度的空间结构指标考虑进去，作为评价优化天然林空间结构的依据。Pretzsch（1999）提出与混交、立地条件和树种隔离程度相结合的空间生长模拟模型 SILVA，最初是用来预测林分生长的。Hof（2000）首次将空间约束纳入林分择伐空间优化模型中。汤孟平（2003）在进行林分空间结构优化模型研究中，将基于林分混交度、竞争指数和聚集指数的空间结构作为优化目标函数。在卢军（2008）建立的天然次生林空间结构优化模型中，基于乘除法原理，将林分多样混交度和聚集指数保持最大，竞争指数和树冠叠加指数最小作为空间结构优化目标。李凤日（2008）提出了利用 Hegyi 竞争指数、生长空间指数、生长空间竞争指数分析优化林分空间结构，14%左右的间伐强度能使林分空间结构达到最优。李建军（2010）根据国内外天然林空间结构已有的研究成果，结合景观生态学理论，提出红树林林分空间结构优化的均质性目标和均质性指数的新概念；对影响林分空间结构均质性目标的各参数进行多目标规划，并给出均质性指数的定义和量化公式。

本研究中，林分空间结构包括混交、竞争、空间分布格局及垂直结构4个方面，分别对应4个空间结构子目标，因此基于林分空间结构信息的林分空间优化择伐模型需要考虑多个目标，模型必然为多目标规划。

在林分混交方面，混交林中树种空间隔离程度越高，林分稳定性越高。本研究的研究对象为杉木生态公益林，三种不同龄组杉木林林分混交度均属于弱度混交和中度混交，期望通过林分择伐提高或保持林分现有的混交度。因此，择伐后保持较高的混交度为林分空间结构优化的第1个子目标，要求林分混交度的取值越大越好。

在林分竞争方面，林分保持较低的竞争强度使得各林木能够满足其生长所需求的资源。本研究中杉木生态公益林林分属于中等竞争状态，期望通过林分择伐减小林木间的竞争强度。因此，择伐后保持较低的竞争强度为林分空间结构优化的第2个子目标，要求林分竞争指数取值越小越好。

在林分空间分布方面，未经受严重干扰的林分，经过漫长的进展演替顶级群落的水平空间分布格局为随机分布。因此，需要将林分水平空间分布格局向随机分布的方向调整，林分平均角尺度取值为[0.327, 0.357]时，林分空间分布格局为随机分布，即期望择伐后林分平均角尺度更加接近于随机分布的取值范围，可以简化为林分平均角尺度取值更加接近于0.35。因此，择伐后林分水平空间分布格局更接近于随机分布为林分空间结构优化的第3个子目标，要求林分角尺度取值越接近0.35越好。

在林分垂直结构方面，林分垂直分层结构及不同林层间的关联性直接影响林木的生长、繁殖、死亡及林窗的形成，复层林更有利于林木的更新。本研究中的杉木生态公益林林木空间结构单元的垂直分层情况较为简单，期望择伐后林分保持较高的分层结构。因此，林分择伐后保持较为复杂的垂直分层为空间结构优化的第4个子目标，要求林层指数的取值越大越好。

由于林分空间结构优化的各个子目标之间既相互依赖又相互排斥，多目标规划的各个子目标同时达到最优是难以实现的。林分空间结构优化经营模型中，混交度和林层指数取值越大越好，而竞争指数、角尺度与0.35的差值均越小越好，需要采用乘除法原理公式（6.17）来实现多目标的统一。

1998年，Heuserr的研究表明，结构多样性指数及其标准差可以描述经营活动后林分的结构和动态，因此在林分空间结构优化经营模型中，利用上述4个空间结构指数与其对应的标准差来描述林分结构的动态。并且按照乘除法的原理，对上述林分空间结构的4个子目标进行综合，确定林分空间结构优化经营模型的目标函数，用公式表示为

$$Q(g) = \frac{\dfrac{M(g)}{\sigma_M} \cdot \dfrac{S(g)}{\sigma_S}}{\mathrm{CI}(g) \cdot \sigma_{\mathrm{CI}} \cdot |W(g) - 0.35| \cdot \sigma_{|W-0.35|}} \tag{6.18}$$

式中，M 为林分混交度；σ_M 为混交度标准差；S 为林分平均林层指数；σ_S 为林层指数标准差；CI 为林分竞争指数；σ_{CI} 为竞争指数标准差；W 为林分平均角尺度；$\sigma_{|W-0.35|}$ 为角尺度与 0.35 差值绝对值的标准差；g（g_1, g_2, ⋯, g_n）为林木决策变量向量，若保留第 i 株林木，则 $g_i=1$，若择伐第 i 株林木，则 $i=1$, 2, ⋯, N，N 为样地内林木株数。

（二）模型约束条件

林分空间结构优化经营模型除目标函数外，还包括约束条件，约束条件主要为非空间结构约束，包括林木大小多样性、树种多样性、择伐强度的约束。

本研究中利用径级多样性来描述林木大小多样性，以择伐后林分径级不减少作为模型的第 1 个约束条件；林分择伐有可能导致林分中生物多样性的减少，利用树种个数来表示林分树种多样性，以择伐后林分内树种个数不减少作为模型的第 2 个约束条件；为使择伐后的保留木生长良好，择伐时必须控制一定的择伐强度，以择伐量不能超过生长量为最高限额，可以通过择伐强度来控制择伐量，以择伐强度不能超过规定的强度为第 3 个约束条件，本研究的对象为杉木生态公益林，且林分处于中等竞争状态，宜采取低强度择伐，将择伐强度确定为 15%。

（三）模型构建

选择描述林分树种空间隔离程度的混交度、描述林分竞争情况的竞争指数、描述林分空间分布格局的角尺度及描述林分垂直分层情况的林层指数来构建林分空间结构优化模型，该模型为多目标规划问题，基于上述目标函数和约束条件，将模型利用数学模型描述成：

$$\max Z = Q(g) \tag{6.19}$$

约束条件为：

$$d(g) = D_0, \ s(g) = S_0, \ P = 15\%$$

式中，$d(g)$ 为林分择伐后径级个数；D_0 为林分择伐前径级个数；$s(g)$ 为林分择伐后树种个数；S_0 为林分择伐前树种个数；P 为择伐强度。

（四）模型求解

林木空间结构综合评价指数是用来评价林木所处的空间结构单元，在混交、竞争、空间分布格局及垂直分层方面的一个综合指标，用公式表示为

$$Q_i = \frac{\dfrac{1+M_i}{\sigma_M} \cdot \dfrac{1+S_i}{\sigma_S}}{[1+\mathrm{CI}_i] \cdot \sigma_{\mathrm{CI}} \cdot [1+|W_i-0.35|] \cdot \sigma_{|W-0.35|}} \tag{6.20}$$

式中，Q_i 为林木 i 空间结构综合评价指数；M_i 为林木 i 的混交度；σ_M 为混交度标准差；

S_i 为林木 i 的林层指数；σ_S 为林层指数标准差；CI_i 为林木 i 的竞争指数；σ_{CI} 为竞争指数标准差；W_i 为林木 i 的角尺度；$\sigma_{|W-0.35|}$ 为角尺度与 0.35 差值绝对值的标准差；$i=1$，2，…，N，N 为样地内林木株数。该指数与林分空间结构优化模型公式相对应，公式中混交度、林层指数和角尺度的取值均为 [0，1]，为了防止林木的某个空间结构指数取值为零导致整个公式（6.20）取值为零或使得公式无意义，对上述三个空间结构指数取值均增加 1。

每择伐一株林木都应使林分空间结构模型的值达到最大，要使林分空间结构模型的值达到最大，则需要每次伐除空间结构综合评价指数最小的林木。在择伐过程中，每砍伐一株林木 i，样地内林木 i 的原邻近木、以林木 i 为邻近木的中心木的空间邻近关系将发生变化，林分空间结构也将随之发生变化，因此每次择伐必须只伐除一株林木，伐除后需重新确定林分空间结构单元，计算保留木的空间结构指数，然后计算所有保留木空间结构综合评价指数再次确定择伐木，依次类推，直到择伐达到确定的择伐强度为止。

林分空间结构优化的步骤如下。

1）首先计算样地内各林木的空间结构综合评价指数，将评价指数按从小到大的顺序排列，选择空间结构综合评价指数取值最小的林木作为备伐木。

2）备伐木伐除后，必须保证林木大小个数不减少，林分树种个数不减少，且不超过择伐强度，若备伐木满足所有约束条件即确定为择伐木，予以伐除。

3）若保留备伐木，将空间结构综合评价指数取值除备伐木外最小的林木作为新备伐木，重复步骤 2），直至满足条件确定择伐木，将择伐木予以伐除。

4）对样地内的保留木重新生成加权 Voronoi 图，确定林分空间结构单元，计算各林木的空间结构指数。

5）重复步骤 1）～4），直至达到确定的择伐强度，使林分空间结构优化模型的取值达到最大。算法流程如图 6-9 所示。

（五）案例

1. 计算林分空间结构指数　　以杉木幼龄林 01 样地为例，该样地为建立于 2012 年的固定样地。样地大小为 20m×30m，将样地划分为 10m×10m 的网格，以每个网格作为调查单元，调查并记录林木胸径、树高、冠幅及林木位置坐标等信息。将调查的数据录入计算机，根据林木位置坐标在 ArcGIS 中生成林木点位置图。根据林木点位置信息，利用 ArcGIS 中 Weighted Voronoi Diagram 工具生成加权 Voronoi 图（图 6-10），确定林分空间结构单元，计算林木各空间结构指数。

2. 模型约束条件　　杉木幼龄林 01 样地株数按径阶统计结果如表 6-15 所示，样地内林木分布于 2cm、4cm、6cm、8cm、10cm 5 个不同的径阶，即林木大小多样性为 5。其中林木径阶主要集中于 2 和 4 径阶，属于 2cm、4cm 径阶的林木株数占总株数的 71.57%。

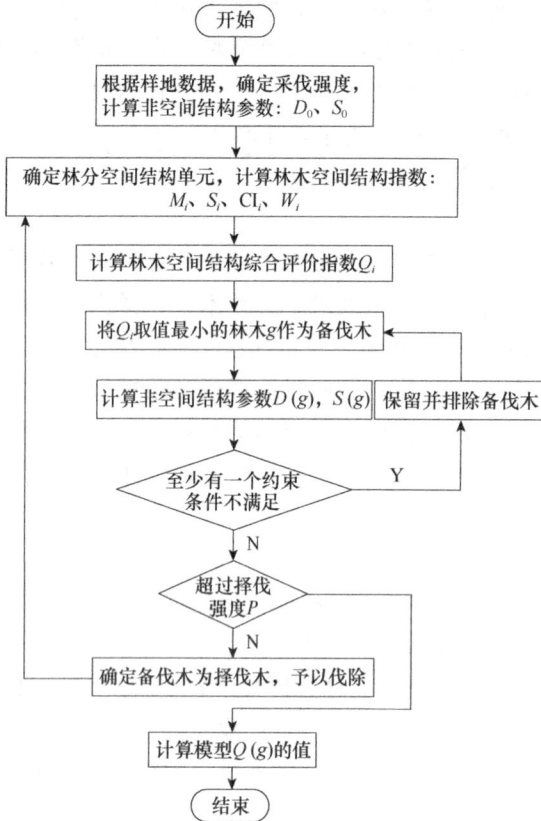

图 6-9　林分择伐方案算法流程图

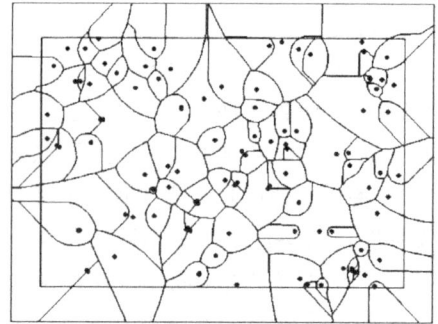

图 6-10　基于 01 样地林木点数据生成的
加权 Voronoi 图

表 6-15　杉木幼龄林 01 样地林分直径分布

径阶中值/cm	2	4	6	8	10	合计
株数	46	27	19	9	1	102
比例/%	45.10	26.47	18.63	8.82	0.98	100

　　杉木幼龄林 01 样地树种多样性统计如表 6-16 所示，样地内林木包含 4 种树种，即树种多样性为 4，分别为杉木、柳杉、日本晚樱和毛樱桃，其中杉木在株数上处于绝对优势，占样地总株数的 85.29%，其他三种树种之和仅占 14.71%。

表 6-16　杉木幼龄林 01 样地树种分布

树种	杉木	柳杉	日本晚樱	毛樱桃	合计
株数	87	13	1	1	102
比例/%	85.29	12.75	0.98	0.98	100

择伐株数 m 的计算公式为

$$m = N \cdot P \qquad (6.21)$$

式中，N 为样地内林木株数；P 为择伐强度。本文将择伐强度确定为 15%，杉木幼龄林 01 样地林木株数为 102 株，则该样地择伐株数为 m＝102，样地择伐株数为强株。择伐前林分空间结构参数如下：杉木幼龄林 01 样地择伐前林分平均混交度为 M0＝0.1773，林层指数为 S0＝0.3289，竞争指数为 CI0＝4.4532，角尺度为 W0＝0.3826。

3. 模型求解　　该杉木生态公益林是在没有完全挖除采伐后树桩的林地上进行人工更新生成的，有一部分林木是天然萌生形成的，这导致林分内出现位置重叠的林木。择伐进行前，对于出现位置重叠的林木，首先需要保留其中一株林木，而砍伐掉与该林木位置相同的其他林木，才能在 ArcGIS 中生成加权 Voronoi 图，准确地确定林分空间结构单元。在杉木幼龄林 01 样地中树木 ID025 与树木 ID026、树木 ID055 与树木 ID056 的林木位置重叠，保留其中生长较好的树木 ID025、树木 ID055 的林木，而砍伐生长较差的树木 ID026、树木 ID056 的林木。然后根据公式（6.20）计算样地 01 内各中心木的空间结构综合评价指数 Q_i，计算得到模型目标函数 $Q(g)$ 的值为 0.97574。将计算结果按从小到大的顺序排列，排列顺序对应的树木号为 070、071、062、074、073、092、…、021（表 6-17）。选择 Q_i 值最小的 070 号林木为备伐木，该林木树种为杉木，混交度为 0，表明其周围邻近木均为杉木，属于零度混交；林层指数为 0.22，且该林木在林分中属于上层林木；竞争指数为 17.47，表明邻近木对其产生的压力较大。将其砍伐后，林分树种多样性及林木大小多样性不会发生变化，满足约束条件，则将 070 号林木作为择伐木，将其予以伐除。

表 6-17　择伐前 01 样地林木空间结构评价指数排序表

树号	树种	树木类型	中心木林层	混交度	林层指数	竞争指数	角尺度	Q_i
070	杉木	中心木	上层	0	0.22	17.47	0.33	2.48944
071	杉木	中心木	上层	0	0.33	13.28	0.25	3.27727
062	杉木	中心木	中层	0	0.44	13.29	0.33	3.80258
074	杉木	中心木	上层	0	0.17	9.55	0.25	3.88351
073	杉木	中心木	上层	0.17	0.11	7.68	0.83	4.91171
092	杉木	中心木	中层	0.17	0.56	12.80	0.33	4.94747
031	杉木	中心木	中层	0	0.22	5.22	0	5.75487
064	杉木	中心木	中层	0	0.27	6.49	0.40	6.75163
014	杉木	中心木	中层	0	0	4.57	0.33	6.75568
053	杉木	中心木	中层	0	0.22	6.21	0	6.89420
⋮	⋮	⋮	⋮	⋮	⋮	⋮	⋮	⋮
024	杉木	中心木	上层	0.50	0.33	1.23	0.25	31.48140
021	柳杉	中心木	上层	0.60	0.53	1.62	0.60	37.30720

伐除 070 号林木后，以其为邻近木的林木空间邻近关系将发生变化，因此需要根据林分中所有保留木的位置信息重新生成加权 Voronoi 图，确定林分空间结构单元，

计算林木各空间结构指数，由此计算得到模型目标函数 $Q(g)$ 的值为 4.9231，然后再计算各保留木空间结构综合评价指数 Q_i。将 Q_i 的值再次按照从小到大的顺序排列，排列顺序对应的树号为 074、062、092、073、031、071、…、021（表 6-18）。选择 Q_i 值最小的 074 号林木为被伐木，该林木树种为杉木，混交度为 0，表明其周围邻近木均为杉木，属于零度混交；角尺度为 0，表明其最近邻木绝对均匀地分布于其周围；林层指数为 0.22，且该林木在林分中属于上层林木；将其砍伐后林分树种多样性及林木大小多样性不会发生变化，满足约束条件，则将树木 ID 为 074 的林木确定为择伐木，予以伐除。

表 6-18　伐除 070 号林木后 01 样地林木空间结构评价指数排序表

树号	树种	树木类型	中心木林层	混交度	林层指数	竞争指数	角尺度	Q_i
074	杉木	中心木	上层	0	0.22	9.26	0	4.30902
062	杉木	中心木	中层	0	0.44	13.29	0.33	4.70022
092	杉木	中心木	中层	0.17	0.55	12.80	0.33	6.11538
073	杉木	中心木	上层	0.17	0.22	7.85	0.83	6.55849
031	杉木	中心木	中层	0	0.22	5.22	0	7.11338
071	杉木	中心木	上层	0	0.50	7.34	0.25	7.80879
064	杉木	中心木	中层	0	0.27	6.49	0.40	8.34543
014	杉木	中心木	中层	0	0	4.57	0.33	8.35044
053	杉木	中心木	中层	0	0.22	4.19	0	8.52166
065	杉木	中心木	中层	0	0.27	6.21	0.60	8.66136
⋮	⋮	⋮	⋮	⋮	⋮	⋮	⋮	⋮
024	杉木	中心木	上层	0.50	0.33	1.23	0.25	38.91300
020	柳杉	中心木	上层	0.60	0.53	1.62	0.60	46.11400
021	毛樱桃	中心木	上层	1.00	0.53	1.92	0.60	51.71850

重复上述操作，依次确定的择伐木为 062、092、031、071、064、014、053、017、045、037、008 号林木，依次予以伐除。

择伐木空间结构信息及调整原因见表 6-19，本次共择伐了 15 株林木，其中 026 号林木与 025 号林木位置重叠；056 号林木与 055 号林木位置重叠；070 号林木所在区域林木密度较大，与其邻近木为零度混交，邻近木中 071 号和 072 号林木与该林木距离非常近，且胸径较大，挤占该林木的生长空间；074 号林木所在区域林木密度较大，与其邻近木为零度混交，其 4 株邻近木中三株林木的胸径都大于该林木，该林木受到邻近木的挤压度较大，且其邻近木绝对均匀地分布在该林木周围；062 号林木的邻近木均为杉木，属于零度混交，其邻近木胸径均大于该林木，对该林木造成较大的压力，竞争激烈；092 号林木受到其邻近木较大的挤压，将其砍伐后造成小块空地；031 号林木与其邻近木均为杉木，属于零度混交，5 株邻近木中 4 株林木与该林木同属于中层木，5 株邻近木绝对均匀地分布于该林木周围；071 号林木与其邻近木均为杉木，属于零度混交，其邻近木 072 号林木与其非常接近，并且胸径大于该林木胸径，挤占该林木的生长空间；064 号林木所处区域林木密度较大，与邻近木存在激烈的竞争，且与邻近木均为杉木，属于零度混交；014 号林木与其邻近木均为杉木，属于零度混交，其邻近木聚集分布于其周围，且均属于中层木，垂直结构简单；053 号林木与其邻近木均为杉木，属于零度混交，且其邻近木绝对均匀地分布于该林木周围；017号林木与其邻近木均为杉木，属于零度混交，所在区域林木密度较大，其 5 株邻近木胸径均大于该林木，树高均高于该林木，对该林木产生挤占和上方遮盖；045 号林木与其邻近木 046 号林木距离非常接近，且胸径要远小于 046 号林木，树高也低于 046号林木，受到了较大的竞争压力；037 号林木与其邻近木均属于中层木，垂直结构简单，且其邻近木绝对均匀地分布于其周围；008 号林木与其邻近木均为杉木，属于零度混交，该林木位于林木密度较大的区域，其邻近木胸径多大于该林木胸径，使该林木产生较大的竞争压力。

表 6-19　择伐木信息及调整原因

树号	树种	坐标/m	胸径/cm	树高/m	冠幅/m	调整原因
026	柳杉	（5.6，11.4）	2.5	2.4	1.3	与 025 号林木位置重叠
056	杉木	（15.5，3.0）	3.3	2.0	0.55	与 055 号林木位置重叠
070	杉木	（13.2，12.6）	3.1	2.7	1.15	零度混交、受邻近木挤压
074	杉木	（15.3，12.0）	4.9	3.8	1.4	零度混交、受邻近木挤压、邻近木绝对均匀分布
062	杉木	（11.9，18.7）	1.8	2.1	1.25	零度混交、受邻近木挤压
092	杉木	（17.0，26.3）	1.2	1.8	0.85	受邻近木挤压
031	杉木	（7.9，17.4）	1.4	1.7	0.85	零度混交、与邻近木均属同一林层、邻近木绝对均匀分布
071	杉木	（13.1，12.7）	3.5	2.6	1.0	零度混交、受邻近木挤压
064	杉木	（11.6，16.0）	2.8	2.1	1.3	零度混交、受邻近木挤压
014	杉木	（7.5，19.9）	2.6	1.7	1.1	零度混交、与邻近木均属同一林层、邻近木聚集分布
053	杉木	（12.2，9.1）	1.9	1.4	0.9	零度混交、邻近木绝对均匀分布
017	杉木	（8.9，20.1）	2.0	1.6	0.65	零度混交、受邻近木挤压
045	杉木	（6.6，4.7）	4.9	2.7	1.05	受邻近木挤压
037	杉木	（3.5，3.0）	4.2	1.7	1.15	与邻近木均属同一林层、邻近木绝对均匀分布
008	杉木	（4.0，27.5）	1.8	1.8	0.85	零度混交、受邻近木挤压

　　择伐木在样地内位置分布见图 6-11，该图为原样地按顺时针旋转 90°后形成的图形，则横轴表示 Y 方向，纵轴表示 X 方向，原点位于图的左上角，图中各圆点所在位置代表相应各林木坐标位置，空心圆代表边缘木，浅色实心圆代表核心区保留木，深色实心圆代表择伐木，并对择伐木树号进行标注。

　　图 6-12 为样地择伐前后的对比图，A 图为 01 样地择伐前林木分布图，B 图为 01 样地择伐后林木分布图。

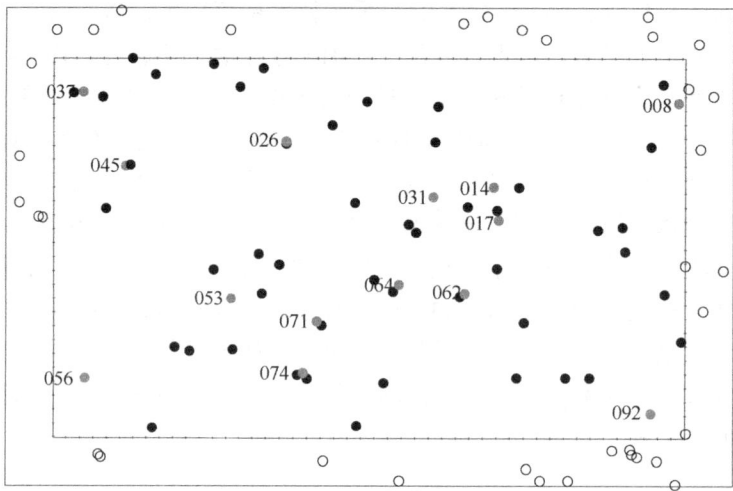

● 01样地核心区择伐木　● 01样地核心区保留木　○ 01样地边缘木　▢ 核心区　▢ 外边框

图 6-11　择伐木位置图

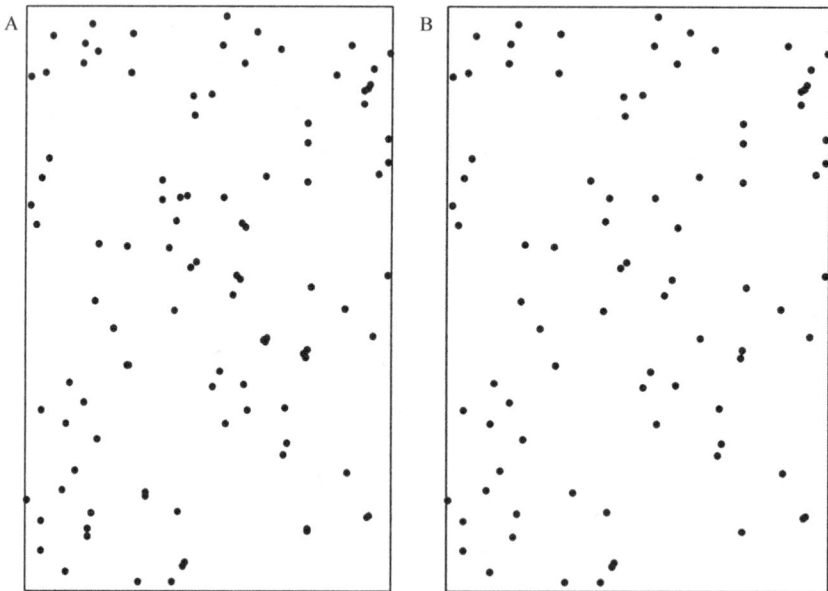

图 6-12　01 样地择伐前（A）后（B）林木分布图

　　01 样地择伐前后各参数的变化见表 6-20，从表中可以看出，择伐后描述非空间结构的径阶数和树种数均未减少，保持原有的径阶个数和树种个数。择伐后林分混交度提高了 16.67%，表明林分树种空间隔离程度得到了提高；择伐后林分林层指数提高 3.03%，表明林分垂直分层结构有小幅度的提升；择伐后林分竞争指数降低了 38.20%，表明林分中林木竞争强度得到了大幅度降低；择伐后林分角尺度降低 5.26%，表明林分空间分布格局更加趋向于随机分布；林分空间结构优化模型目标函数 $Q(g)$ 提高了 2314.53%，表明林分空间结构有了大幅度的提升。该择伐方案在限定的择伐强度内，在满足非空间结构约束条件的情况下，最大限度地改善了林分空间结构，为林分择伐提供了最优方案。

表 6-20　01 样地择伐前后森林结构指数变化

参数	择伐前	择伐后	变化趋势	变化幅度/%
径阶数	5	5	不变	0
树种数	4	4	不变	0
混交度	0.18	0.21	增加	+16.67
林层指数	0.33	0.34	增加	+3.03
竞争指数	4.45	2.75	降低	−38.20
角尺度	0.38	0.36	降低	−5.26
目标函数 $Q(g)$	0.9757	23.5586	增加	+2314.53

三、林分补植空间结构优化技术

林分均匀分布或倾向于均匀分布的随机分布，使林分中的资源能够得到充分利用，因此，林分经过择伐后需要对林分进行适当补植，以实现林分中资源的有效利用。

（一）补植方案

基于林分中林木点位置构建加权 Voronoi 图，其对应的 Voronoi 多边形中每个多边形面积表示林木的影响范围，其对偶图形 Delaunay 三角网表示林木周围的空白区域，将补植位置确定在林木构建的 Delaunay 三角网中面积最大的三角形的内心，能够确保补植木位于三株林木构成空白区域的内部。因此，依据林木位置生成 Delaunay 三角网，将三角形面积按从大到小顺序排列，选择面积最大的三角形内心作为林木补植位置，考虑邻近木的树种和大小，确定补植木的树种和大小。每补植一株林木，该林木周围的邻近关系及林木构建的 Delaunay 三角网将发生变化，因此，每补植一株林木需重新构建 Delaunay 三角网，重复上述步骤，直到达到确定的补植强度。具体流程见图 6-13。

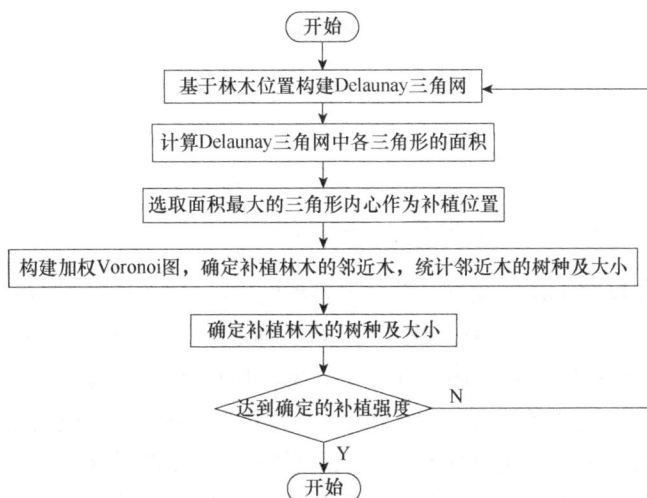

图 6-13　林分补植方案算法流程图

（二）案例

杉木幼龄林 01 样地原有 102 株林木，假定补植株数约为原有林木的 10%，则补植株数为 10 株。

杉木幼龄林 01 样地内林木绝大多数为杉木，并且多为上层木和中层木，缺乏下层木，为最大限度地提高林分树种空间隔离程度和优化林分垂直分层结构，本次补植树种确定为当地乡土阔叶树种（如鹅掌楸、观光木、深山含笑等），因 01 样地下层木 $H \leqslant 1.3$，所以本次补植林木树高按 1.3m、胸径按 2cm 计算。

根据 01 样地择伐后保留木的位置构建 Delaunay 三角网，并对各三角形进行标注，对于生成的 Delaunay 三角网计算各三角形的面积，对面积进行排序，取面积最大的 135 号三角形作为补植区域，在 135 号三角形内心补植林木（图 6-14A），将该补植林木树号记为 103 号。根据保留木及补植 103 号林木的位置重新构建 Delaunay 三角网，并标注林木树号（图 6-14B）。

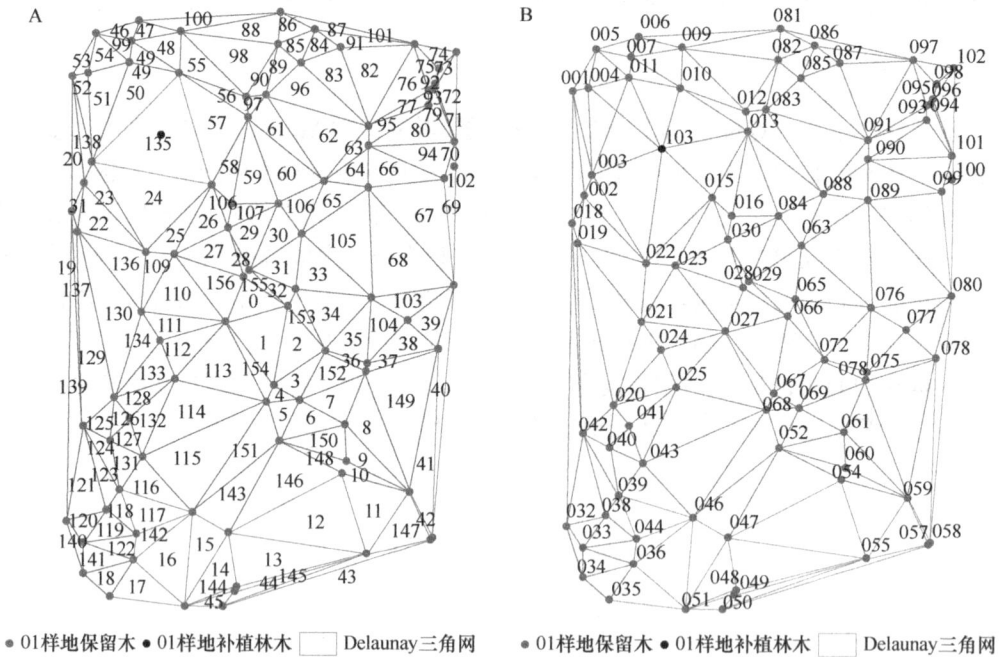

　●01样地保留木　●01样地补植林木　□Delaunay三角网　　　　●01样地保留木　●01样地补植林木　□Delaunay三角网

图 6-14　基于 01 样地林木位置构建的 Delaunay 三角网

对重新构建的 Delaunay 三角网计算各三角形面积，对面积进行排序，取面积最大的三角形内心作为补植林木位置，重复上述步骤，依次确定其余补植林木位置，直至达到确定的补植株数。依次确定的补植木为 104~112 号林木，104 号林木位于由 047、054、055 号林木构成的三角形的内心，105 号林木位于由 043、046、068 号林木构成的三角形的内心，106 号林木位于由 059、073、078 号林木构成的三角形的内心，107 号林木位于由 076、080、089 号林木构成的三角形的内心，108 号林木位于由 047、052、054 号林木构成的三角形的内心，

109 号林木位于由 003、022、103 号林木构成的三角形的内心，110 号林木位于由 019、020、021 号林木构成的三角形的内心，111 号林木位于由 025、043、068 号林木构成的三角形的内心，112 号林木位于由 083、088、091 号林木构成的三角形的内心。

杉木幼龄林 01 样地 10 株补植木的位置如图 6-15 所示，该图为原样地按顺时针旋转 90°后形成的图形，横轴表示 Y 方向，纵轴表示 X 方向，原点位于图的左上角，图中各圆点所在位置代表相应各林木坐标位置，空心圆代表边缘木，浅色实心圆代表核心区保留木，深色实心圆代表补植木，并对补植木树号进行标注。

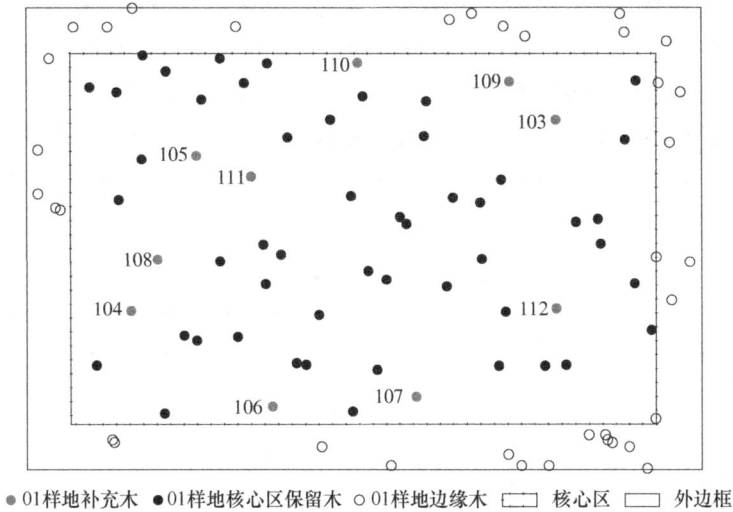

图 6-15 补植木位置图

图 6-16 为杉木幼龄林 01 样地补植前后林木分布对比图，左图为原样地经过择伐后的林木分布图，右图为经过补植后的林木分布图。

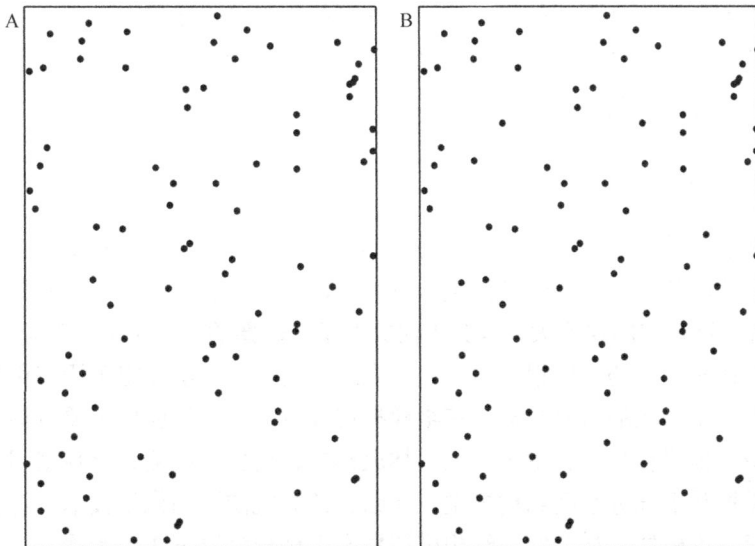

图 6-16 01 样地补植前（A）后（B）林木分布图

假定本次补植树种确定为当地乡土阔叶树种，并且补植林木树高按 1.3m、胸径按 2cm 计算，因补植林木的冠幅无法确定，所以利用林木胸径和树高作为综合权重，基于加权 Voronoi 来确定林木的空间结构单元，计算补植后林分各空间结构指数及林分空间结构优化模型目标函数值。01 样地补植前后各参数的变化见表 6-21，从表中可以看出，补植后林分径阶个数没有发生变化，补植林木树种的选择使得林分树种个数增加。补植后林分混交度提高了 90.48%，这是补植过程中补植了不同的树种，使得林分空间隔离程度有了较大的提高；补植后林层指数增加了 58.82%，这是补植过程中补植了林分中所占比例较小的下层木，使得林分垂直结构有了明显地改善；补植后林分竞争指数较择伐后增加了 6.18%，补植使得林分中林木增多，竞争指数有小幅度的增加，但是补植后林木竞争强度较原样地内林木竞争强度还有大幅度地减小；补植后林分角尺度降低了 52.78%，这是补植位置选择在样地空白区域，导致角尺度降低，使得林木空间分布格局由随机分布转变为均匀分布；补植后林分空间结构优化模型目标函数 $Q(g)$ 值提高了 57.26%，表明补植使得林分空间结构有了较大幅度的改善。

表 6-21　01 样地补植前后森林结构指数变化

参数	补植前	补植后	变化趋势	变化幅度/%
径阶数	5	5	不变	0
树种数	4	5	增加	+25.00
混交度	0.21	0.40	增加	+90.48
林层指数	0.34	0.54	增加	+58.82
竞争指数	2.75	2.92	增加	+6.18
角尺度	0.36	0.17	降低	−52.78
目标函数 $Q(g)$	23.5586	37.0483	增加	+57.26

林分空间结构优化措施是一个系统工程，除了单株择伐技术和林木补植技术，针对森林演替的不同阶段制定不同的抚育目标和抚育措施也非常重要，此外人工促进自然更新技术和修枝技术也是林分空间结构优化的主要经营措施。

四、林分空间结构模拟技术

（一）模拟技术

森林生态系统的动态变化具有时间跨度大的特点，对其实施经营措施后的效果要数年或数十年后才能体现，并且经营措施一旦实施，林分生长会发生相应变化，具有不可逆转性。另外，森林空间尺度大，以其为研究对象，需要的数据量大、来源广、难处理。三维模拟手段在林业上的应用很好地解决了上述问题，将三维模拟手段应用到林业上，已是当前林业科学领域的研究热点。三维模拟在林业上的广泛应用主要包括以下几个方面：树木模型、虚拟林相图、生长模型、林火模拟、病虫害监测、森林空间结构等。林分空间结构模拟基于林分空间结构模型，并结合计算机图形图像学技术，对现实林分的空间结构实现三维模拟。林分空间结构模拟技术大概分为以下 3 个步骤。

1）利用 ArcMap 并结合样地属性表信息实现样地二维效果图的展示。

2）利用 ArcMap 自动矢量化工具和 Viewgis 的"中间线矢量化"工具实现地形图由栅格数据向矢量数据的转换，然后在 ArcScene 中导入地形图矢量数据生成 TIN，再转为 DEM，为后面模拟提供真实地形数据。

3）利用可视化软件将属性数据与空间数据相结合，大小不一的三维树木按其真实空间坐标分布在三维地形上，生成真实的林分效果图。

（二）案例

1. 数据处理　在 Excel 中对研究区样地数据进行统一整理，生成属性文件（.dbf），为后面构建三维树木模型提供方便，结合三维地形实现林分空间结构模拟。

2. 样地数据处理　将测得的样地数据录入 Excel 中，统一制定表格，以中龄林 12 号样地为例（表 6-22），样地大小为 20m×30m，林木株数为 149 株，林木统一编写树木 ID 号：001~149。将相对坐标转换为 ArcGIS 软件中的西安 80 坐标。

表 6-22　12 号样地实测模拟数据

样地号	树木 ID	X 坐标	Y 坐标	树种	年龄/年	胸径/cm	树高/m	东西冠幅/m	南北冠幅/m
1	001	477825.0	3151415.3	杉木	13	11.4	7.3	2.1	2.4
1	002	477825.3	3151413.6	杉木	13	9.1	6.7	1.3	1.5
1	003	477828.7	3151415.1	杉木	13	10.8	6.8	1.5	2.1
1	004	477828.8	3151415.0	杉木	13	8.5	7.1	1.6	1.8
1	005	477828.8	3151415.0	杉木	13	13.5	7.6	2.3	2.8
1	006	477828.0	3151413.5	杉木	13	9.2	7.3	1.1	1.3
1	007	477827.9	3151413.0	杉木	13	3.8	2.1	1.1	1.4
1	008	477828.5	3151413.3	杉木	13	11.6	7.7	2.3	2.5
1	009	477830.9	3151416.2	杉木	13	5.4	3.3	1.8	2.0
1	010	477832.7	3151416.1	柳杉	13	6.8	6.3	2.1	2.2
⋮	⋮	⋮	⋮	⋮	⋮	⋮	⋮	⋮	⋮
6	140	477836.2	3151414.3	杉木	13	12.4	8.6	1.7	1.6
6	141	477838.2	3151414.3	杉木	13	11.6	9.6	2.0	1.8
6	142	477838.4	3151414.5	杉木	13	12.2	10.1	1.7	1.6
6	143	477840.7	3151414.4	杉木	13	13.3	11.2	3.0	2.5
6	144	477843.8	3151415.6	柳杉	13	12.8	6.5	3.4	3.2
6	145	477842.5	3151415.1	杉木	13	11.8	7.5	2.8	2.6
6	146	477840.0	3151414.4	杉木	13	12.0	7.0	3.0	2.5
6	147	477837.6	3151414.4	柳杉	13	8.6	5.3	1.2	1.1
6	148	477837.1	3151413.7	柳杉	13	7.4	4.8	0.7	0.6
6	149	477834.3	3151415.3	杉木	13	13.1	5.6	2.6	2.3

3. DEM 的生成　数字高程模型（digital elevation model，DEM）是通过有限的地形高程数据实现对地形曲面的数字化模拟，即地形表面形态的数字化表示。

使用 ArcGIS、Viewgis 的自动矢量化工具对福寿山 1：10000 的 5 幅地形图进行地形图校正（坐标系统的选择，与样地坐标一致）、二值化、细化、交互式矢量跟踪、线形修改、TIN 生成、DEM 生成等操作，得到研究区矢量化地形图（图 6-17）和数字高程模型（图 6-18）。

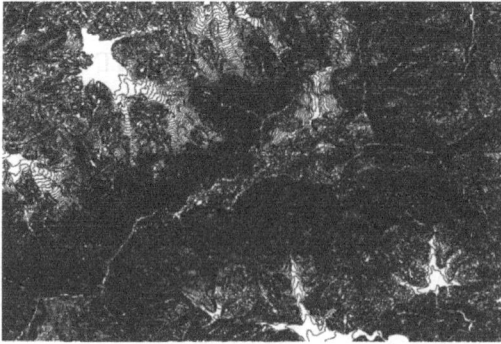

图 6-17　研究区 1 : 10000 矢量化地形图　　　　　图 6-18　研究区数字高程模型

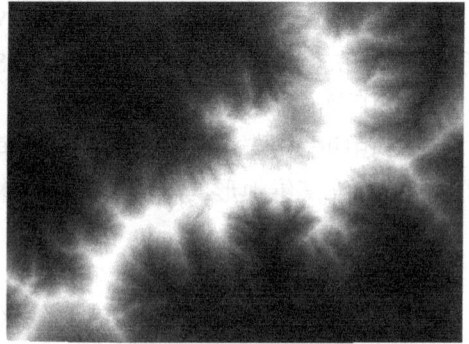

4. 样地数据空间结构三维模拟

（1）样地数据空间结构水平分布　　　在 ArcGIS 软件中，根据属性表中的信息可以生成简单的二维模拟效果图，以林木各自位置点为圆心，胸径为半径画圆，得到胸径大小水平分布图（图 6-19）；以林木各自位置点为圆心，平均冠幅为半径画圆，得到冠幅大小水平分布图（图 6-20）。

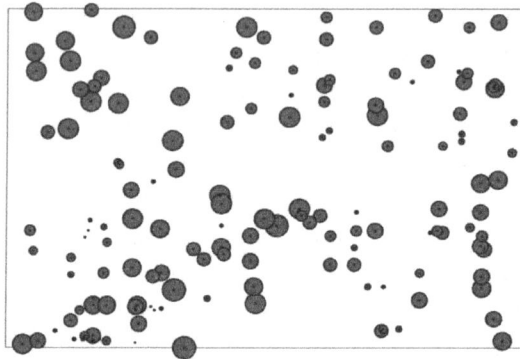

图 6-19　样木胸径大小水平分布图

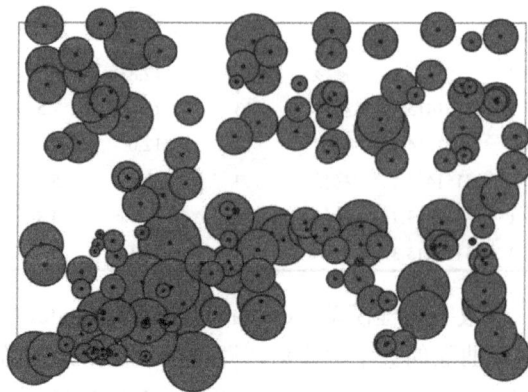

图 6-20　样木冠幅大小水平分布图

由上面这两幅水平分布图可以直观地看出本样地的林分空间分布格局、林分密度、郁闭度等信息。

（2）林分空间结构三维模拟　　　三维模拟能更加真实、直观、形象地表达林分空间结构及调整后的效果，因此本研究在前人研究的基础上，基于二维的林分数据，并结合三维地形，在可视化软件里实现样地数据的林分空间结构三维模拟（图6-21）。

图 6-21　林分结构三维模拟

1）构建三维树木模型：由于本样地只有杉木和柳杉，因此利用 SketchUp 只构建了杉木和柳杉的三维树木模型。

2）对三维地形进行纹理贴图等操作，使其更符合真实虚拟环境。

3）将样地内大小不一的三维树木按其真实空间坐标分布在三维地形上，以实现此样地真实林分空间结构情况的展示。

第三节　森林生态系统经营技术

木材的永续、均衡收获原则是最早的森林经营的持续收获原则，到 20 世纪后期，森林的生态功能和社会效益逐渐被大众所认识，追求森林的多效益成为森林持续经营的原则。随着全球森林健康状况日趋恶化，人们发现只有维持森林生态系统的健康和活力，才能发挥森林各组成要素的最大潜力，实现森林多效益经营的目标，于是，林学家提出了森林生态系统经营。森林生态系统是由以乔木为主体的植物群落、无生命的环境和人为因素构成，是三者相互作用的综合体现。因此，我们在探讨森林生态系统持续经营的途径时，就必须同时研究持续经营的技术体系。

一、仿自然经营技术体系

与人工林树种单一、森林病虫害频发、土壤肥力低下和生态系统稳定性降低相比，原始天然林生物量大、结构稳定、综合生产力高。导致这一结果的原因是现有的人工林经营技术体系是一套以炼山、整地、密植、施肥、抚育间伐、皆伐为主要经营手段的技术体系。过度的人工干扰破坏了森林生态系统的稳定性和可持续性。而原始森林是植物群落经过长时间演替形成的，形成了理想的异龄、混交和复层的林分结构，因此研究原始林的演替规律，探讨原始天然林形成的自然机制，采用仿自然经营法来经营现有各类森林，是提高森林质量的可行手段。

采用仿自然经营法，是在研究原始天然林的物质循环、能量流动、信息交流的基础上，采取一系列人工技术措施，通过构建类似于自然生态系统结构的方式，最大限度地提高现有各类森林生态系统的综合生产力。仿自然经营法提倡天然更新或低密度造林；抚育间伐时，要求适当保留草灌层、老龄木、枯死木和林中空地，以增加物种多样性；木材收获时采用择伐的方式，避免全树利用，残留物保留迹地，以保持森林生态系统物质循环、能量流动的协调和平衡；利用生态系统的负反馈机制控制火灾的发生，采取生物措施防治森林病虫害。

二、森林生态系统适应性经营技术

随着全球气温变化，特别是随着大气中二氧化碳浓度的增加，森林生态系统的结构、功能、分布及生产力必将受到影响并发生变化，不利的气候变化将加剧森林的脆弱性，并改变森林的结构和分布。森林受到气候变化的影响程度不仅取决于气候变化程度，而且与森林的适应性密切相关，森林的适应性是指森林生态系统在气候变化条件下的调整能力。森林生态系统适应性经营技术是近年来随着气候变化而提出的一个重要经营手段，是森林生态系统经营的逐步发展和完善技术。由于人类知识的不完善及人类与森林生态系统相互作用的复杂性、不确定性，森林生态系统适应性经营采取的是一种渐进的过程。它通过计划、监控、评价和调节的闭环式过程，不断调整改善森林经营计划来实现资源经营的目标。它主张在尊重自然规律的同时，加强人工引导、改造和保护。

三、森林生态系统经营的空间系统途径

按生态学原理，森林生态系统经营的基本单元具有时空尺度性，经营必须要考虑空间规模和时间尺度。传统的与森林经营管理关系最密切的森林区划，是以行政区为区划组织，将森林群落（林分）视为均质实体，只关心行政区的森林可持续经营，忽略了行政区外的影响及更大尺度的森林可持续经营问题。制定的森林经营理念、目标和技术体系明显缺乏生态学内涵，由于森林生态系统适应性经营是跨区域经营，解决森林生态系统可持续经营的办法不仅存在于林分尺度方面，更存在于景观水平。要在景观和多世代的时空框架里实现生态系统经营的目标，就必须在林分、景观、流域多尺度上解决森林可持续经营问题，每一尺度涉及不同的时空问题、生态原理、概念及经营设计等基本组分，并需不同的森林经营理念、目标和技术体系提供技术支撑。从林分水平到流域、景观水平，再到考虑等级背景和生态边界的多规模水平，这一空间系统途径的拓宽，使森林经营体现了自然的生态学基础。而经营上的"生态化"，为进一步发挥社会科学的潜力，使经营内容全面展开及实现可持续性目标奠定了基础。

四、森林生态系统经营生态抚育技术

森林生态抚育的目的是使森林实现混交、异龄和复层，尽量接近原始林状态，使森

林具有一定的应变性和稳定性，从而具有较强的调控能力。任何森林都是特定立地条件的产物，一旦森林的立地条件受到自然或人为因素的影响，森林的树种结构、林龄结构和空间结构就会受到影响，从而引起森林功能的变化，生态抚育要坚持因势利导，不能过度干预森林生长，要将森林的人工生态规模降到最小。因为森林多功能的发挥与"天然生态"呈正相关，同"人工生态"呈负相关。

生态抚育首先要优化树种结构，树种混交要考虑不同树种混交的效果，树种的搭配程度以适合自然规律为宜，选择混交树种尤其要优先考虑稀有的乡土树种。

要坚持适地适树的原则，依据立地的温度、湿度和肥沃度选择树种，做到多树种混交。其次要优化年龄结构，龄级参差不齐的林分，其生态系统新陈代谢过程的平衡和畅通度优于同龄林，这也是森林生态系统保持持续稳定的需要，但森林生态系统保持什么龄级结构才能达到最佳，还需要大量的研究。最后要优化森林的空间结构，生态条件好的立地和耐阴性强的树种，可以更有效更充分地利用生长空间，而生态条件差和阳性树种就不其然。因此，最佳的空间结构是受立地条件和树种配置的共同影响。森林的年龄结构、树种结构和空间结构相互对应，互相影响。森林生态抚育要保持森林生态系统的树种、龄级、林层多层次化及多元化，从而维持森林生态系统的稳定，增加森林生态系统的应变性。反过来又提高了森林的经济效益，达到生态和经济的统一。

主要参考文献

黄选瑞，张玉珍，关毓秀，等. 1999. 森林可持续经营基本任务与实现途径. 中国人口·资源与环境，9（4）：80-84

惠刚盈，胡艳波，赵中华. 2009. 再论"结构化森林经营". 世界林业研究，22（1）：14-19

惠刚盈，克劳斯·冯佳多. 2003. 森林空间结构量化分析方法. 北京：中国科学技术出版社

李际平，曹小玉. 2019. 林分空间结构优化与模拟技术. 北京：科学出版社

李际平，房晓娜，封尧，等. 2015. 基于加权 Voronoi 图的林木竞争指数. 北京林业大学学报，37（3）：61-68.

李明阳，菅利荣. 1999. 森林生态系统持续经营的技术体系与管理模式. 林业资源管理，（2）：29-32

陆元昌. 2006. 近自然森林经营的理论与实践. 北京：科学出版社

陆元昌，雷相东，洪玲霞，等. 2010. 近自然森林经理计划技术体系研究. 西南林学院学报，30（1）：1-5

石小亮，陈珂，曹先磊，等. 2017. 森林生态系统管理研究综述. 生态经济，33（7）：195-200

汤孟平. 2007. 森林空间经营理论与实践. 北京：中国林业出版社

汤孟平. 2010. 森林空间结构研究现状与发展趋势. 林业科学，36（1）：117-122

徐国祯. 1996. 森林生态系统经营——21世纪森林经营的新趋势. 世界林业研究，（2）：15-20

杨学民，姜志林. 2003. 森林生态系统管理及其与传统森林经营的关系. 南京林业大学学报（自然科学版），27（4）：91-94

张彩彩. 2015. Voronoi 图的改进及其在林分空间结构优化中的应用. 长沙：中南林业科技大学

第七章 森林可持续经营优化决策技术

森林可持续经营优化决策的研究主要是利用各种决策优化方法进行各种森林措施的优化安排，如造林、抚育间伐、收获调整等。森林可持续经营优化决策是一项复杂的系统工程，难以通过人脑的思维来实现。因此，这项研究的开展也是伴随着计算机技术的发展而发展的。

1989 年采用线性规划方法开展了异龄林的收获调整和多目标决策研究，利用专家系统方法建立了造林辅助决策系统。1994 年采用动态规划方法，开展了落叶松人工林抚育间伐优化研究，解决了以往研究中优化间隔期需要人为控制的问题。同时，在森林收获调整中，利用线性规划建立了逐步约束模型，实现多方案的选优。1995 年，开展了杉木人工林计算机辅助经营研究，综合考虑不同立地指数、竞争、不同间伐时间、间伐强度及间伐次数对杉木生长的影响，对杉木人工林生长进行动态预测，并反馈在合理最优密度下的间伐时间和间伐强度，通过及时抚育间伐控制立木株数来保证林木始终处于最优生长空间，并对其进行经济效益分析，从而辅助指导杉木人工林的经营活动。2004 年，把林分空间结构引入林分择伐规划，以林分择伐后保持理想的空间结构作为总目标，包括混交、竞争和分布格局 3 个子目标，以林分结构多样性、生态系统进展演替和采伐量不超过生长量为主要约束条件，建立了林分择伐空间优化模型。2006 年，开展了森林经营决策模拟研究，应用 Weibull 分布、Monte Carlo 方法和随机分布方法对林分的直径结构进行模拟；利用数学分析和统计方法计算林分经营决策因子；根据林分经营决策因子的决策准则，建立森林经营决策模型，然后对其进行检验，由此构建了森林经营决策模拟系统（decision support system for forest management，FMDSS）。2010 年，开展了基于景观规划和碳汇目标的森林多目标经营规划研究，以森林可持续经营的三个主要指标（木材产量、碳贮量和生物多样性）为目标，在景观层次上基于潜在天然植被，建立了森林景观多目标经营规划模型；在林分层次上，基于径阶生长模型，建立了林分经营（采伐）多目标规划模型，为森林多目标经营尤其是应对气候变化的森林经营提供决策工具和依据。

第一节 森林经营决策优化模型

一、线性规划模型

线性规划是森林经营管理中最常用的优化算法（Buongiorno，2003）。线性规划的最终目的是尽最大可能合理分配资源。在线性规划中，规划问题可以被表示成为满足某些约束条件的最大化或最小化目标函数。

目标函数为

$$\max(\min)z=\sum_{j=1}^{n}c_jx_j \tag{7.1}$$

约束条件为

$$\begin{cases} \sum_{j=1}^{n}a_{ij}x_j \leqslant (=,\geqslant)b_j, \ i=1,2,\cdots,m \\ x_j \geqslant 0, \ j=1,2,3,\cdots,n \end{cases} \tag{7.2}$$

式中，z 为目标函数值；x_j 为决策变量，在森林经营规划中，x_j 可以作为面积或采取第 j 项措施的面积百分比；c_j 为价值系数，主要用于表示采取第 j 项措施后决策变量增加或减少的程度；a_{ij} 为约束方程的系数，它反映了采取第 j 项措施后，决策变量增加或减少的效果；b_j 为资源限定值，它可以确定决策变量应满足的最大要求，或森林经营人员的最大工作时间等。

满足约束条件的解 $x=(x_1,x_2,\cdots,x_n)$，称为线性规划问题的可行解，所有可行解构成的集合称为问题的可行域，记为 R。可行域中使目标函数达到最小值或最大值的可行解叫最优解。

线性规划模型的求解主要有图解法和单纯形法。图解法主要用于 3 个变量以下的线性规划问题的求解。3 个变量以上的线性规划问题就要用单纯形法求解。随着计算机技术的发展，出现了很多求解线性规划的软件，如 LINDO、LINGO、GIPALS、GLPK、Matlab 和 Microsoft Office 中的 Excel 等。

二、目标规划模型

目标规划是线性规划的特例，最早由 Charnes 等（1961）描述了其原理，而 Field 等（1973）首次将其引入林业问题中。之后，众多学者将其应用到森林规划研究中（Díaz-Balteiro，2003），并取得了很好的效果。Mendoza（1987）对目标规划算法和在森林规划问题中的改进进行了详细综述。无论是公益林还是商品林，在森林经营过程中，都需要考虑其多个经营目标，如不仅要考虑生态效益最大，还要考虑经济效益最大，同时也要考虑社会效益最大等，有些目标是一致的，如蓄积量大、生物量大、碳储量也大；有些目标是相反的，如采伐面积越大、森林覆盖率就越小。因此，在林业生产经营活动中，经常需要对多个目标的方案、计划、项目等进行选择，只有对各种目标进行综合权衡后，才能做出合理的科学决策。多目标规划方法就是解决森林多目标经营的有效方法。目标规划有两种，一种是目的规划，另一种是多目标规划。

（一）目的规划模型的一般式

线性目标规划的基本形式可以用下面的公式表示。
目标函数为

$$\min z = \sum_{l=1}^{L} P_l \sum_{k=1}^{k} (w_{lk}^- d_k^- + w_{lk}^+ d_k^+) \tag{7.3}$$

约束条件为

$$\begin{cases} \sum_{j=1}^{n} c_{kj} x_j + d_k^+ - d_k^- = g_k, \ k=1, 2, \cdots, K \\ \sum_{j=1}^{n} a_{ij} x_j \leqslant (=, \geqslant) b_i, \ i=1, 2, \cdots, m \\ x_j \geqslant 0, \ j=1, 2, \cdots, n \\ d_k^+, d_k^- \geqslant 0, \ k=1, 2, \cdots, K \end{cases} \tag{7.4}$$

与线性规划模型相比，公式中增加了 d^+、d^-、P_l、w_{lk} 4 个变量，以及由 d^+、d^- 表示的约束条件。d^+、d^- 为正、负偏差变量，正偏差变量 d^+ 表示决策值超过目标值的部分，负偏差变量 d^- 表示决策值未达到目标值的部分，决策值不可能既超过目标值，同时又未达到目标值，因此恒有公式（7.5）成立。

$$d^+ \times d^- = 0 \tag{7.5}$$

P_l 为优选因子，凡要求第一位达到目标的赋予优先因子 P_1，次位的目标赋予优先因子 P_2……并规定 $P_l \gg P_{l+1}$，其中（$l=1, \cdots, L$）。表示 P_l 比 P_{l+1} 有更大的优先权。即首先保证 P_1 目标的实现，这时可不考虑次级目标，而 P_2 级目标是在实现 P_1 级目标的基础上考虑的，以此类推，若要区别具有相同优先因子的两个目标的差别，这时可分别赋予它们不同的权系数 w_j，这些都由决策者按具体情况而定。目标规划的目标函数（准则函数）是按各目标约束的正、负偏差变量和赋予相应的优先因子而构造的。当每一目标值确定后，决策者的要求是尽可能缩小偏离目标值，因此目标规划的目标函数只能是 $\min z = f(d^+, d^-)$。其基本形式有 3 种。

1）要求恰好达到目标值，即正、负偏差变量都要尽可能地小，这时

$$\min z = f(d^+, d^-) \tag{7.6}$$

2）要求不超过目标值，即允许达不到目标值，就是正偏差变量要尽可能地小，这时

$$\min z = f(d^+) \tag{7.7}$$

3）要求超过目标值，即超过量不限，但必须是负偏差变量要尽可能地小，这时

$$\min z = f(d^-) \tag{7.8}$$

对每一个具体目标规划问题，可根据决策者的要求和赋予各目标的优先因子来构造目标函数。

（二）多目标规划模型

如果每个目标并没有给出期望达到的目标值，那么可以用多目标规划求解。直接解决多目标问题较困难，于是想办法将多目标问题化为较容易求解的单目标问题。将多目标化为单目标后按照线性规划问题或者非线性规划问题求解。多目标规划问题就是寻找非劣解（或称为有效解）问题，可以采用将多目标化为单目标处理来寻找非劣解（或称为有效解）。下面介绍多目标规划的几个关键问题。

非劣解问题在考虑单目标最优化问题时，只要比较任意两个解对应的目标函数值后

就能确定谁优谁劣（目标值相等时除外），在多目标情况下就不能作这样简单的比较来确定谁优谁劣了。例如，有两个目标都要求实现最大化，这样的决策问题，若能列出10个方案，各方案能实现的不同的目标值如图7-1所示。从图中可见，对于第一个目标来讲方案④优于②，而对于第二个目标则方案②优于①，因此无法确定谁优谁劣，但是它们都比方案⑤、⑨劣，方案⑤、⑨之间又无法相比。在图7-1的10个方案中，除方案③、④、⑤以外，其他方案都比它们中的某一个劣，因而称②、④、⑥、⑦、⑧、⑨、⑩为劣解，而③、④、⑤之间又无法比较谁优谁劣，但又不存在一个比它们中任一个还好的方案，故称这三个

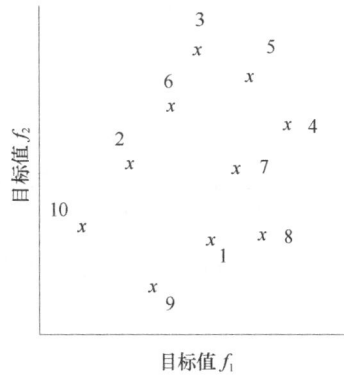

图 7-1　非劣解示意图

方案为非劣解（或称为有效解）。由此可见在单目标最优化问题时，对最优和非劣可以不区分；但在多目标最优化问题时，这两个概念必须加以区别。

多目标化单目标问题要求若干目标同时都实现最优往往是很难的，经常是有所失才能有所得，那么问题的失得在何时最好，各种不同的思路可引出各种合理处理得失的方法，将多目标化为较容易求解的单目标或双目标问题。由于化法不一，就形成多种方法。

1. 化多为少法　化多为少法又包含主要目标法、线性加权和法、平方和加权法、理想点法、乘除法、功效系数法（几何平均法）等。将多目标化为单目标后可以按照线性规划问题求解。

（1）主要目标法　解决主要问题，并适当兼顾其他要求。这类方法主要有优选法和数学规划法。

优选法在实际问题中通过分析讨论，抓住其中一两个主要目标，让它们尽可能地好，而其他目标只需要满足一定要求即可，通过若干次试验以达到最佳。

数学规划法可以举例说明，假设有 m 个目标 $f_1(x)$, $f_2(x)$, $\cdots$, $f_m(x)$ 要考察，其中方案变量 $x \in R$（约束集合），若以某目标为主要目标，如 $f_1(x)$ 要求实现最优（最大或最小），而对其他目标只需要满足一定要求即可，如 $f_i' \leqslant f_i(x) \leqslant f_i''$ $(i=2, \cdots, m)$。其中当 $f_i' = -\infty$ 或 $f_i'' = -\infty$ 就变成单边限制，这样问题便可化成求下述非线性规划问题，即新的目标函数为 $\max(\min)f_i(x)$。在原来的约束条件基础上增加 $f_i' \leqslant f_i(x) \leqslant f_i''$ $(i=2, \cdots, m)$ 约束条件即可。

（2）线性加权和法　若有 m 个目标 $f_i(x)$，分别给以权系数 $\lambda_i(i=1, 2, \cdots, m)$，然后作新的目标函数（也称效用函数）：

$$U(x) = \sum_{i=1}^{m} \lambda_i f_i(x) \tag{7.9}$$

方法的难点是如何找到合理的权系数，使多个目标用同一尺度统一起来，同时所找到的最优解又是好的非劣解，在多目标最优化问题中不论用何种方法，至少应找到一个非劣解（或近似非劣解）。其次，因非劣解可能有很多，如何从中挑出较好的解，这个解有时就要用到另一个目标。下面介绍几种选择特定权系数的方法。

1）α法。先以两个目标为例，假设一个目标是要求采伐量 $f_1(x)$ 为最小，另一

个目标是蓄积量 $f_2(x)$ 为最大，它们都是线性函数，都以 m^3 为单位，R 也为线性约束，即

$$R = \{X | Ax \leqslant b|\} \tag{7.10}$$

式中，X 为决策变量；A 为技术系数矩阵；b 为资源约束列向量。

上述约束条件下，只考虑第一个目标优化时的最优解，将最优解带入目标一得到 f_1^{*0}，带入目标二得到 f_2^0；同样只考虑第二个目标优化时的最优解，将最优解带入目标一得到 f_1^0，带入目标二得到 f_2^{*0}。c 可为任意的常数（$c \neq 0$）。列方程组：

$$\begin{cases} -\alpha_1 f_1^{*0} + \alpha_2 f_2^0 = c \\ -\alpha_1 f_1^0 + \alpha_2 f_2^{*0} = c \\ \alpha_1 + \alpha_2 = 1 \end{cases} \tag{7.11}$$

解方程组得到 α_1、α_2。此时新的目标函数为

$$\max U(x) = \alpha_2 f_2(x) - \alpha_1 f_1(x) \tag{7.12}$$

上述约束条件不变。此时两个目标就变成一个目标了，按照线性规划求解即可。同理如果决策问题是 m 个目标时，用同样的方法得到 α_1，α_2，$\cdots$，α_m。

对于有 m 个目标 $f_1(x)$，$\cdots$，$f_m(x)$ 的情况，不妨设其中 $f_1(x)$，$\cdots$，$f_k(x)$ 要求最小化，而 $f_{k+1}(x)$，$\cdots$，$f_m(x)$ 最大化，这时可构成新目标函数。

$$\max_{x \in R} U(x) = \max_{x \in R} \left\{ -\sum_{i=1}^{R} \alpha_i f_i(x) \pm \sum_{i=k+1}^{m} \alpha_i f_i(x) \right\} \tag{7.13}$$

2）λ 法。当 m 个目标都要求实现最大时，可用下述加权和效用函数，即

$$\max U(x) = \sum_{i=1}^{m} \lambda_i f_i(x) \tag{7.14}$$

式中，

$$\lambda_i = 1/f_i^0$$

则

$$f_i^0 = \max_{x \in R} f_i(x) \tag{7.15}$$

目标函数量纲不一致时，需要对目标函数进行无量纲化处理。

（3）平方和加权法　　设有 m 个目标规定值 f_1^*，$\cdots$，f_m^*，要求 m 个目标函数 $f_1(x)$，$\cdots$，$f_m(x)$ 分别与规定的目标值差值尽量小，若对其中不同值的要求相差程度不完全一样，可用不同的权重表达，可用下述评价函数作为新的目标函数，约束条件保持不变。

$$\max U(x) = \sum_{i=1}^{m} \lambda_i \left[f_i(x) - f_i^* \right] \tag{7.16}$$

式中，λ_i 可按照要求相差程度分别给出权重。

（4）理想点法　　有 m 个目标 $f_1(x)$，$\cdots$，$f_m(x)$，每个目标分别有其最优值

$$f_i^0 = \max_{x \in R} f_i(x) = f_i[x^{(i)}] \tag{7.17}$$

若所有 $x^{(i)}$（$i=1$，2，$\cdots$，m）都相同，设为 x^0，则令 $x=x^0$ 时，对每个目标都能达到其各自的最优点，一般来说这一点是做不到的，因此对向量函数来说，向量 $F^0=(f_1^0, \cdots, f_m^0)^T$ 只是一个理想点（即一般达不到它）。理想点法的中心思想是定义了一定的模，在这个模的意义下找一个点尽量接近理想点，即

$$F(x)=[f_1(x), \cdots, f_m(x)]^T \tag{7.18}$$

$$\|F(x)-F^0\| \rightarrow \min \|F(x)-F^0\| \tag{7.19}$$

对于不同的模，可以找到不同意义下的最优点，这个模也可看作评价函数，一般定义模是

$$\|F(x)-F^0\|-\left\{\sum_{i=1}^m [f_i^0-f_i(x)]^p\right\}^{\frac{1}{p}}=L_p(x) \tag{7.20}$$

p 的一般取值在 $[1, \infty]$，当取 $p=2$ 时，这时即为欧氏空间中向量 $F(x)$ 与向量 F 的距离要求模最小，也就是要找到一个解，它对应的目标值与理想点的目标值距离最近。理想点法求出的解一定是非劣解，自然它在目标值空间中就是有效点。

（5）乘除法　当在 m 个目标 $f_1(x)$，$\cdots$，$f_m(x)$ 中，不妨设其中 k 个 $f_1(x)$，$\cdots$，$f_k(x)$ 要求实现最小，其余 $f_{k+1}(x)$，$\cdots$，$f_m(x)$ 要求实现最大，并假定 $f_{k+1}(x)$，$\cdots$，$f_m(x) > 0$。

可用下述评价函数作为新的目标函数，约束条件保持不变。

$$\max U(x)=\frac{f_1(x)-f_2(x)\cdots f_k(x)}{f_{k+1}(x)\cdots f_m(x)} \tag{7.21}$$

（6）功效系数法（几何平均法）　设在 m 个目标 $f_1(x)$，$\cdots$，$f_m(x)$ 中，其中 k_1 个目标要求实现最大，k_2 个目标要求实现最小，k_3 个目标是过大不行，过小也不行，$k_1+k_2+k_3=m$。对于这些目标 $f_i(x)$ 分别给以一定的功效系数（即评分）d_i，d_i 是在 $[0, 1]$ 之间的某一数，当最满意目标达到时取 $d_i=1$；当目标最满意没有达到时取 $d_i=0$，描述 d_i 与 $f_i(x)$ 的关系式称为功效函数，可表示为 $d_i=F_i[f_i(x)]$，对于不同类型目标应选用不同类型的功效函数。

a 型：当 f_i 越大，d_i 也越大；当 f_i 越小，d_i 也越小。

b 型：当 f_i 越小，d_i 也越大；当 f_i 越大，d_i 也越小。

c 型：当 f_i 取适当值时，d_i 最大；而 f_i 取偏值（即过大或过小）时，d_i 最小。

具体功效函数构造法可以有很多，有直线法，见图 7-2；有折线法，见图 7-3；有指数法，见图 7-4。

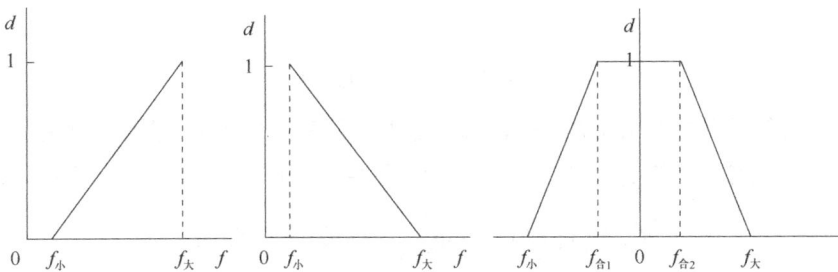

图 7-2　直线法

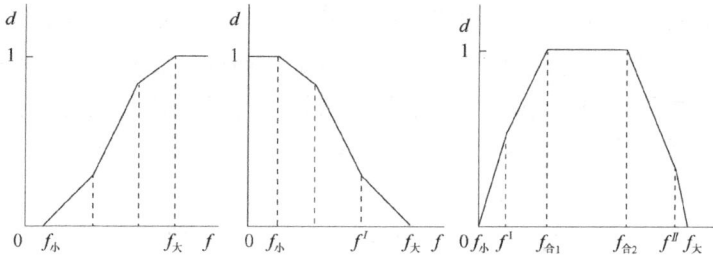

图 7-3　折线法

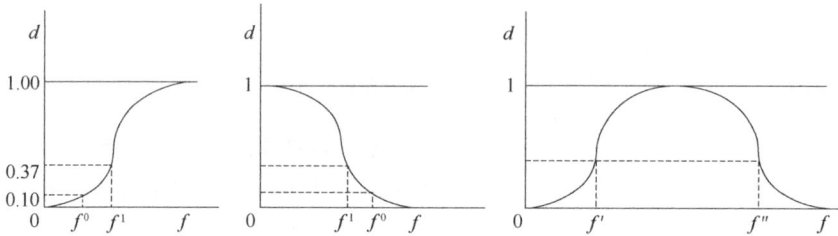

图 7-4　指数法

有了功效函数后，对每个目标都有相应的功效函数，目标值可转换为功效系数，这样每确定一方案 x 后，就有 m 个目标函数值 $f_1(x)$，$\cdots$，$f_m(x)$；然后用其对应的功效函数转换为相应的功效系数 d_1，$\cdots$，d_m，并可用它们的几何平均值为评价函数，显然 D 越大越好，$D=1$ 是最满意的，$D=0$ 是最差的，该评价函数有一个好处，一个方案中只要有一个目标值太差，如 $d_i=0$，就会使 $D=0$，这个方案不会被考虑。

$$D=\sqrt[m]{d_1 d_2 \cdots d_m} \tag{7.22}$$

2. 分层序列法　分层序列法就是把目标按其重要性给出一个序列，分为最重要目标、次要目标等，假设给出的重要性序列为 $f_1(x)$，$f_2(x)$，$\cdots$，$f_m(x)$，那么依次逐个最优化。

首先对第一个目标求最优，并找出所有最优解的集合记为 R_0，然后在 R_0 内求第二个目标的最优解，记这时的最优解集合为 R_1，如此等一直到求出第 m 个目标的最优解 x^0，其模型如下：

$$
\begin{aligned}
f_1(x^0) &= \max_{x \in R_0 \subset R} f_1(x) \\
f_2(x^0) &= \max_{x \in R_1 \subset R_0} f_2(x) \\
&\vdots \\
f_m(x^0) &= \max_{x \in R_{m-1} \subset R_{m-2}} f_m(x)
\end{aligned} \tag{7.23}
$$

此方法有解的前提是 R_0，R_1，$\cdots$，R_{m-2} 都不能只有一个元素，否则就很难进行下去。当是紧致集时，函数 $f_1(x)$，$\cdots$，$f_m(x)$ 都是上半连续，则按下式定义的集求解。

$$R_{k-1}^* = \left\{ x \mid f_k(x) = \sup_{u \in R_{k-2}^*} f_k(u); \; x \in R_{k-2}^* \right\} \tag{7.24}$$

式中，$k=1$，2，$\cdots$，m；$R_{m-1}^*=R$ 都非空，特别 R_{m-1}^* 是非空，故有最优解，而且是共同

的最优解。

3. 直接求非劣解　　上述种种方法的基本点是将多目标最优化问题转换为一个或一系列单目标最优化问题，把对后者求得的解作为多目标问题的解，这种解往往是非劣解，对经转换后的问题所求出的最优解往往只是原问题的一个（或部分）非劣解，至于其他非劣解的情况却不得而知。于是出现第三类直接求所有非劣解的方法，当这些非劣解都找到后，就可供决策者做最后的选择，选出的好解就称为选好解。非劣解求法有很多，如线性加权和法。

在化多为少法中已提到了线性加权和的方法，但那里是按一定想法，如 α 法、λ 法等确定加权系数，然后组成线性加权和的函数，并从中求出最优解。可以证明当对目标函数做一定假设时，如目标函数都是严格凹函数，则用线性加权和法求得的最优解是多目标最优化问题的一个非劣解。若再假设约束集合 R 为凸集，只要不断改变加权系数 λ_i（$\lambda_i \geq 0$），对其相应加权得目标函数：

$$U(x)=\sum_{i=1}^{m}\lambda_i f_i(x)$$

$$V-\max_{x \in R} f(x) \tag{7.25}$$

求出的最优解可以解决所有多目标问题的非劣解集，但这方法只是从原则上（而且要有一定假设）可以求出所有非劣解，而在实际处理上却有一定困难。如何依次变动权系数，而使其得出最优解，正好得到所有非劣解，下面举例说明。

4. 多目标线性规划的解法　　当所有目标函数是线性函数，约束条件也都是线性时，可有些特殊的解法，以下介绍两种方法。

（1）逐步法　　逐步法是一种迭代法。在求解过程中，每进行一步，分析者把计算结果告诉决策者，决策者对计算结果做出评价。若认为结果已满意了，则迭代停止；否则分析者再根据决策者的意见进行修改和再计算，如此重复直到求得决策者认为满意的解为止，故称此法为逐步法。

设 k 个目标的线性规划问题

$$V-\max_{x \in R} c_x \tag{7.26}$$

式中，$R=\{x \mid Ax \leq b, x \geq 0\}$；$A$ 为 $m \times n$ 矩阵；C 为 $k \times n$ 矩阵；也可表示为

$$C=\begin{pmatrix} c^1 \\ \vdots \\ c^k \end{pmatrix}=\begin{pmatrix} c_1^1, c_2^1, \cdots, c_n^1 \\ \vdots \quad \vdots \quad \vdots \\ c_1^k, c_2^k, \cdots, c_n^k \end{pmatrix} \tag{7.27}$$

求解的计算步骤为：

第 1 步：分别求 k 个单目标线性规划问题的解。

$$\max_{x \in R} c^j x, \quad j=1, 2, \cdots, k \tag{7.28}$$

得到最优解 $x^{(j)}$（$j=1, 2, \cdots, k$）及相应的 $c^j x^{(j)}$。显然

$$c^j x^{(j)}=\max_{x \in R} c^j x \tag{7.29}$$

并作表 $Z=(z_i^j)$（表 7-1），其中 $z_i^j=c^j x^{(j)}$，

$$z_i^j=\max_{z \in R} c^j x=c^j x^j=M_i \tag{7.30}$$

表 7-1　求权系数表

	z_1	z_2		z_i		z_k
$x^{(1)}$	z_1^1	z_2^1	$\cdots$	z_i^1	$\cdots$	z_k^1
$\vdots$	$\vdots$	$\vdots$	$\cdots$	$\vdots$	$\cdots$	$\vdots$
$x^{(i)}$	z_1^i	z_2^i	$\cdots$	z_i^i	$\cdots$	z_k^i
$\vdots$	$\vdots$	$\vdots$		$\vdots$		$\vdots$
$x^{(k)}$	z_1^k	z_2^k	$\cdots$	z_i^k	$\cdots$	z_k^k
M_i	z_1^1	z_2^2	$\cdots$	z_i^i	$\cdots$	z_k^k

第 2 步：求权系数。

从表 7-1 中得到

$$M_j \text{ 及 } m_j = \min_{1 \leqslant i \leqslant k} z_i^j, \ j=1, \ 2, \cdots, k \tag{7.31}$$

为了找出目标值的相对偏差及消除不同目标值的量纲 k 不同的问题，进行如下处理。
当

$$M_j > 0, \ \alpha_i = \frac{M_j - m_j}{M_j} \cdot \frac{1}{\sqrt{\sum_{i=1}^{n}(c_i^j)^2}} \tag{7.32}$$

$$M_j < 0, \ \alpha_j = \frac{m_j - M_j}{M_j} \cdot \frac{1}{\sqrt{\sum_{i=1}^{n}(c_i^j)^2}} \tag{7.33}$$

经归一化后，得权系数

$$\pi_j = \frac{\alpha_i}{\sum_{i=1}^{k} \alpha_i}, \ 0 \leqslant \pi_j \leqslant 1 \tag{7.34}$$

$$\sum \pi_j = 1, \ j=1, \ 2, \cdots, k$$

第 3 步：构造以下线性规划（linear programming，LP）问题，并求解公式（7.35）。

$$\text{LP (1)} \begin{cases} \min_{\lambda} \\ \lambda \geqslant (M_i - c^j x)\pi_i, \ i=1, \ 2, \cdots, k \\ x \in R, \ \lambda \geqslant 0 \end{cases} \tag{7.35}$$

假定求得的解为 $\bar{x}^{(1)}$，相应的 k 个目标值为 $c^1\bar{x}^{(1)}$, $c^2\bar{x}^{(1)}$, $\cdots$, $c^k\bar{x}^{(1)}$，若 $\bar{x}^{(1)}$ 为决策者的理想解，其相应的 k 个目标值为 $c^1\bar{x}^{(1)}$, $c^2\bar{x}^{(1)}$, $\cdots$, $c^k\bar{x}^{(1)}$。这时决策者将 $\bar{x}^{(1)}$ 的目标值进行比较后认为满意了，就可以停止计算。若认为相差太远，则考虑适当修正。如考虑对 j 个目标宽容一下，即让点步，减少或增加一个 Δc^j，并将约束集 R 改为公式（7.36）。

$$R^L \begin{cases} c^j x \geqslant c^j \bar{x}^{(1)} - \Delta c^j \\ c^j \geqslant c^j \bar{x}^{(1)}, \ i \neq j \\ x \in R \end{cases} \tag{7.36}$$

并令 j 个目标的权系数 $\prod_j = 0$，这表示降低这个目标的要求，再求解以下线性规划问题。

$$LP(2) \begin{cases} \min\limits_{\lambda} \\ \lambda \geqslant (M_i - c^j x) \pi_i, \ i=1,2,\cdots,k, \ i \neq j \\ x \in R^1, \ \lambda \geqslant 0 \end{cases} \tag{7.37}$$

若求得的解为 $\bar{x}^{(2)}$，再与决策者对话，如此重复，直到决策者满意为止。

（2）**妥协约束法**　设有两个目标的情况，即 $k=2$。

$$V - \max\limits_{x \in R} c_x \tag{7.38}$$

式中，$R = \{x | Ax \leqslant b, \ x \geqslant 0\}$，$A$ 为 $m \times n$ 行矩阵，$x \in E^n$。

$$b \in E^m, \ C = \begin{pmatrix} c^1 \\ c^2 \end{pmatrix} = \begin{pmatrix} c_1^1, \cdots, c_n^1 \\ c_1^2, \cdots, c_n^2 \end{pmatrix} \tag{7.39}$$

妥协约束法的中心是引进一个新的超目标函数 $z = \omega_1 c^1 x + \omega_2 c^2 x$。$\omega_1$、$\omega_2$ 为权系数，$\omega_1 + \omega_2 = 1$，$\omega_i \geqslant 0$，$i=1,2$。此外构造一个妥协约束：

$$R: \ \omega_1 [c^1 x - z_1^1] - \omega_2 [c^2 x - z_2^2] = 0, \ x \in R \tag{7.40}$$

式中，z_1^1、z_2^2 分别为 $c^1 x$、$c^2 x$ 的最大值（当 $x \in R$）。求解的具体步骤为

第 1 步：解线性规划问题。

$$\max\limits_{x \in R} c^1 x \tag{7.41}$$

得到最优解 $x^{(1)}$ 及相应的目标函数值 z_1^1。

第 2 步：解线性规划问题。

$$\max\limits_{x \in R} c^2 x \tag{7.42}$$

在具体求解时可以先用 $x^{(1)}$ 试一试，看是否是公式（7.42）的最优解。若是，则这个问题已找到完全最优解，停止求解；若不是，则求 $x^{(2)}$ 及相应的 z_2^2。

第 3 步：解下面三个线性规划问题之一。

$$\max\limits_{x \in R^1} z, \ \max\limits_{x \in R^1} c^1 x, \ \max\limits_{x \in R^1} c^2 x \tag{7.43}$$

得到的解为妥协解。

三、动态规划模型

动态规划是运筹学的一个分支，它是解决多阶段决策过程最优化的一种数学方法。1951 年美国数学家贝尔曼等，根据一类多阶段决策问题的特点，把多阶段决策问题变换为一系列互相联系的单阶段问题，然后逐个加以解决。与此同时，他提出了解决这些问题的"最优性原理"，研究了许多实际问题，从而创建了解决问题的一种新方法——动态规划。

动态规划在工农业生产、工程技术、经济及军事部门中引起了广泛的关注，许多问题利用动态规划处理取得了良好的效果。动态规划技术始于 1958 年，应用于林业，日本学者 Arimizn 首先将它用来研究商品材林分的间伐问题，目的在于取得最大的收获量。由于动态规划法应用起来相对灵活和方便，因此动态规划在林业上的应用范围不断地扩展。20 世纪末期，我国诸多学者开展了这一领域的研究工作，取得了许多研究成果，如

兴安落叶松人工林最优密度探讨，用动态规划方法探讨油松人工林最适密度，应用动态规划确定兴安落叶松幼中龄林的合理密度。

最短路线问题通常用来介绍动态规划的基本思想，它是一个比较直观、全面的例子。实际上，我们也可以把最短路线问题看成是森林经营规划的不同阶段，不同阶段之间的连线可看成是不同经营策略或经营方法所带来的效益或者林木蓄积的增长量等。我们通过下面这个例子来介绍一下动态规划的基本概念。

【例 7-1】 如图 7-5 所示，求从 A 到 G 的最短路径。

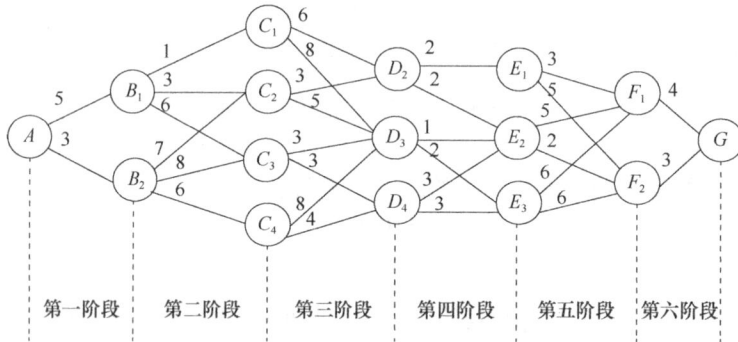

图 7-5　六阶段线路网络

（一）阶段

把所给问题的过程,恰当地分为若干个相互联系的阶段,描述阶段的变量称为阶段变量,常用 k 表示。阶段可以通过时间、空间或自然特征等因素来划分，关键是可以把问题转化为多阶段独立的决策过程。在上例中可划分为 6 个阶段来求解，$k=1$、2、3、4、5、6。

（二）状态

状态是每个阶段开始或结束所处的自然状况或客观条件，在 k 阶段的开始叫作 k 阶段的初始状态，在 k 阶段的结束叫作 k 阶段的终止状态。一个阶段的终止状态也是下一个阶段的初始状态，通常一个阶段有若干个状态，状态常用 S_k 表示。在【例 7-1】中，第一个阶段有一个初始状态 A 和两个终止状态{B_1、B_2}，第二个阶段有两个初始状态{B_1、B_2}和 4 个终止状态{C_1、C_2、C_3、C_4}，可到达状态的点的集合又称为可达状态集合。

这里的状态如果在某个阶段给定以后，则以后过程的发展不受这个阶段以前的影响。也就是说过程只能通过当前的状态去影响它未来的发展，当前的状态是以往历史的一个总结。这个性质称为无后效性。

（三）决策

决策表示当过程处于某一阶段的某个状态时，可以做出不同的决定或选择，从而确定下一阶段的初始状态，这种决定称为决策，常用 $u_k(s_k)$ 表示。在现实工作中决策变量的取值往往限制在某一范围内，这个范围称为允许决策集合，常用 $D_k(s_k)$ 表示。显

然有 $u_k(s_k)\in D_k(s_k)$。【例 7-1】中第一阶段的决策变量可以取到 B_1 的距离 5，也可以取到 B_2 的距离 3。

（四）策略

策略是一个按顺序排列的决策组成的集合。第 k 阶段开始到终止的过程，称为问题的后部子过程。由每段的决策按顺序排列组成的决策函数序列称为子策略，记为 $p_{k,n}(s_k)=\{u_k,u_{k+1},u_{k+2},\cdots,u_n\}$，当 $k=1$ 时，这个策略称为全过程的一个策略，记为 $p_{1,n}(s_1)$。在所有的策略中获得最优效果的称为最优策略。

状态转移方程是确定由一个状态到另一个状态的演变过程，若给定第 k 阶段状态变量 s_k 的值，如果该阶段的决策变量 u_k 一经确定，第 $k+1$ 阶段的状态变量 s_{k+1} 的值也就完全确定。即 s_{k+1} 的值随 s_k 和 u_k 值的变化而变化，这种确定的对应关系记为 $s_{k+1}=T(s_k,u_k)$。这种变化关系就称为状态转移方程。在【例 7-1】中，如果从 A 点出发可以选择 3km 的路程。

指标函数和最优值函数是用来衡量所实现过程优劣的一种数量指标，它是定义在全过程和所有后部子过程上确定的数量函数，常用 $V_{k,n}$ 表示，对于要构成动态规划模型的指标函数，应该具有可分离性，并满足递推关系，即

$$V_{k,n}(s_k,u_k,\cdots,s_{n+1})=\phi[s_{k+1},V_{k+1,n}(s_{k+1},u_{k+1},\cdots,s_{n+1})] \tag{7.44}$$

但在现实的生活中最常见的指标函数的形式有以下两种。

1）过程和它的任一子过程的指标是它所包含的各阶段指标和，即

$$V_{k,n}(s_k,u_k,\cdots,s_{n+1})=\sum_{j=k}^{n}v_j(s_j,u_j) \tag{7.45}$$

式中，$v_j(s_j,u_j)$ 表示第 j 阶段的阶段指标。

2）过程和它的任一子过程的指标是它所包含的各阶段指标乘积，即

$$V_{k,n}(s_k,u_k,\cdots,s_{n+1})=\prod_{j=k}^{n}v_j(s_j,u_j) \tag{7.46}$$

指标函数的最优值，称为最优值函数，记为 $f_k(s_k)$。它表示从第 k 阶段开始到第 n 阶段终止的过程，采取最优策略所得到的指标函数值，即

$$f_k(s_k)=\max(\min)V_{k,n}(s_k,u_k,\cdots,s_{n+1}) \tag{7.47}$$

在不同的题中指标函数的含义是不同的，它可能表示距离、利润、林木蓄积量等。

第二节　案 例 分 析

一、人工林收获调整优化

本节主要以白灵海（2009）在中国林业科学研究院热带林业实验中心，利用线性规划模型对所辖大青山林区马尾松人工林进行收获调整应用。

（一）资料来源

根据热带林业实验中心 2004 年二类资源调查的数据资料，对所辖大青山林区马尾松

人工林的资源状况进行统计，共有马尾松人工林面积 7425.6hm²，现有蓄积量 881 566.38m³（表 7-2）。

表 7-2 马尾松人工林木材资源统计

龄组	幼龄林	中龄林	近熟林	成熟林	过熟林
龄级	I～II	III～IV	V	VI～VII	VIII
林龄/年	≤10	11～20	21～25	26～35	≥36
面积/hm²	2078.8	2058.7	1002.1	2283.8	2.2
蓄积量/（m³/hm²）	43.8	111.9	148.5	179.9	217.7

（二）材料分析方法

按照南云秀次郎（1981）提出的森林经理学理论，根据现存林区内各龄级的面积与蓄积分布，利用线性规划的原理，可以在指定的分期内（一个分期为一个龄级），将各龄级的面积分布调整到指定的龄级分布状态，并在指定的分期内使木材的总收获量最大。将各种收获模式转化为线性规划后，均可用单纯形法求出最优解。

（三）收获调整后目标面积分布模式的构建

根据热带林业中心林区马尾松人工林资源状况与木材生产状况，调整对现存马尾松人工林的采伐面积安排，使马尾松龄组的面积分布状况达到法正的理想状态，并且使调整期内木材总产量最高。根据马尾松生长状况，该中心林区马尾松主伐年龄定为31年，5年为一个龄级，收获调整后不保留过熟林。目标龄组面积分布模式确定如表 7-3 所示。

表 7-3 马尾松人工林收获调整后目标龄组面积分布

龄组	幼龄林	中龄林	近熟林	成熟林	过熟林
龄级	I～II	III～IV	V	VI～VI	VIII
林龄/年	≤10	11～20	21～25	26～35	≥36
面积/hm²	2475.2	1237.6	1237.6	2475.2	0

（四）收获调整图式的构建方法

要求在采伐调整过程中，下述条件成立：①采伐在指定的龄级 $[I_1+1, I_2-1]$ 进行，其中 I_1+1 是采伐初始龄级的上界，I_2 是全采伐龄级的下界，I_1 是不采伐龄级的上界；②调整期设为 n 个龄级，在调整期内采伐更新率为100%，并且各龄级保留的林分在每个分期内均增长一个龄级；③采伐方式为皆伐，其各龄级单位面积收获量为现存林分每公顷蓄积量。

根据以上条件，对本次材料处理的要求如下：①幼龄林与中龄林组不采伐；②过熟林须在1个分期内采完；③设调整分期为4个分期（4个龄级）。

根据收获调整参数原龄组数、目标龄组数、调整分期数及采伐龄级要求，构建如表 7-4 的收获图式。表中 x_1～x_{12} 为各调整分期在各龄组中的采伐面积。

表 7-4　马尾松人工林收获调整后的目标龄组面积分布

龄组	调整分期			
	1	2	3	4
幼龄林	0	0	0	0
中龄林	0	0	0	0
近熟林	x_1	x_4	x_7	x_{10}
成熟林	x_2	x_5	x_8	x_{11}
过熟林	x_3	x_6	x_9	x_{12}

（五）线性规划模型的构建

将上述问题归结为下面的线性模型。

1. 约束条件

$$x_3 = 2.2x_3$$
$$x_2 + x_6 = 2283.8$$
$$x_1 + x_5 + x_9 = 1002.1$$
$$x_4 + x_8 + x_{12} = 2058.7$$
$$x_7 + x_{11} = 2078.8$$
$$x_i \geqslant 0, \quad i = 1, 2, \cdots, 12$$

2. 目标函数

$$Z = 148.5x_1 + 179.9x_2 + 217.7x_3 + 148.5x_4 + 179.9x_5 + 217.7x_6 + 148.5x_7 + 179.9x_8$$
$$+ 217.7x_9 + 148.5x_{10} + 179.9x_{11} + 217.7x_{12}$$

（六）单纯形法求解

将上述线性模型标准化后求解，结果如下。

目标函数值：$Z = 1379007.53$。

最优可行解：$x_1 = 1002.1$，$x_2 = 2283.8$，$x_3 = 2.2$，$x_4 = 1237.6$，$x_5 = 0$，$x_6 = 0$，$x_7 = 1237.6$，$x_8 = 0$，$x_9 = 0$，$x_{10} = 812.9$，$x_{11} = 841.2$，$x_{12} = 821.1$。

从最优可行解可知，该中心马尾松人工林在 20 年收获调整后，在保持现有马尾松人工林面积不变的情况下，可采伐木材蓄积量 1 379 007.53m³。

（七）讨论

通过线性规划理论，可以使经营单位在一定的林地面积与蓄积量下，根据木材限额采伐的原则，科学合理地对森林进行收获调整。热带林业实验中心林区马尾松人工林经 20 年的收获调整后，在保持现有马尾松人工林面积不变的情况下，可采伐木材蓄积量 1 379 007.53m³。调整后的龄级（组）面积的目标状态，可以是法正的理想状态，也可以根据市场与用途的不同，使理想的龄级目标有所不同，达到经济与生态效益的统一，从而实现森林资源的可持续利用。

二、多功能森林经营目标规划

某林场经营一块森林，面积不足 7 万 hm²，一部分区划为公益林，一部分区划为商品林，无论是公益林还是商品林，区划面积都不超过 5 万 hm²，在森林经营过程中，需要考虑其两个经营目标，既要考虑生态效益最大，又要考虑经济效益最大。假定公益林每万公顷生态效益为 3 亿元、经济效益为 1 亿元，商品林每万公顷生态效益为 1 亿元、经济效益为 2 亿元，如何科学合理地区划公益林和商品林使得该林场可以获得生态效益和经济效益双赢的目的成了首要解决的问题。

为求解上诉问题，首先设区划公益林面积为 x_1 万 hm²、商品林面积为 x_2 万 hm²。其次列出约束条件：

$$x_1 + x_2 \leqslant 7$$
$$x_1 \leqslant 5$$
$$x_2 \leqslant 5$$
$$x_1, \ x_2 \geqslant 0$$

最后列出目标函数：

$$\max Z_1 = 3x_1 + x_2$$
$$\max Z_2 = x_1 + 2x_2$$

下面介绍利用妥协约束法求解该多目标规划问题。

（一）求解线性规划问题一

$$\max Z_1 = 3x_1 + x_2$$
$$x_1 + x_2 \leqslant 7$$
$$x_1 \leqslant 5$$
$$x_2 \leqslant 5$$
$$x_1, \ x_2 \geqslant 0$$

得到最优解 $x^{(1)} = (5, 2)$ 及相应的目标函数值 $z_1 = 17$。

（二）求解线性规划问题二

$$\max Z_2 = x_1 + 2x_2$$
$$x_1 + x_2 \leqslant 7$$
$$x_1 \leqslant 5$$
$$x_2 \leqslant 5$$
$$x_1, \ x_2 \geqslant 0$$

得到最优解 $x^{(2)} = (2, 5)$ 及相应的目标函数值 $z_2 = 12$。

得到最优解 $x^{(1)} = (5, 2)$，$z_1 = 17$，$x^{(2)} = (2, 5)$，$z_2 = 12$。

（三）解下面三个线性规划问题之一

若取 $\max Z_1 = \max Z_2 = 0.5$，则有超目标函数

$$Z=0.5（3x_1+x_2）+0.5（x_1+2x_2）=2x_1+1.5x_2$$

妥协约束 R^I：$0.5（3x_1+x_2-17）+0.5（x_1+2x_2-12）=0$，即 $x_1-0.5x_2=2.5$，$x\in R^I$，因此最终的约束条件为

$$x_1+x_2\leqslant 7$$
$$x_1\leqslant 5$$
$$x_2\leqslant 5$$
$$x_1-0.5x_2=2.5$$
$$x_1，x_2\geqslant 0$$

最终目标函数为

$$\max Z_1=3x_1+x_2$$
$$\max Z_2=x_1+2x_2$$
$$\max Z=2x_1+1.5x_2$$

于是可以求得妥协解 $\bar{x}=（4，3）$，即科学合理区划公益林为 4 万 hm^2，商品林为 3 万 hm^2，使得该林场可以获得生态效益 15 亿元和经济效益 10 亿元的双赢目的，$\max Z_1$、$\max Z_2$ 的取值可由决策者决定，这时可有不同的解，得到的解均为妥协解。

三、林分最优密度的优化决策

本节主要以王承义（1996）等确定长白山落叶松人工林最优密度为例，讲解动态规划算法在林业生产中的应用。

（一）资料来源

试验点选在桦南县孟家岗林场、海林横道河子林场及林口等地，试验点属长白山北部森林立地亚区，本亚区土壤有典型暗棕壤、草甸暗棕壤等。本亚区气候温和湿润，降水量在 500~800mm，年平均温度在 2~3℃，≥10℃的积温为 2400~2800℃，生长期平均为 140d，普遍有季节性冻层。共调查、收集临时标准地 300 块，固定标准地 31 块，解析木 400 株。标准地面积为 0.06~0.1hm²，分布在不同年龄、立地和密度的林分中，郁闭度在 0.6 以上，调查林分测树因子，并进行土壤剖面调查和记载。

（二）动态规划建模

在林分生长与培育中进行多次间伐最终主伐的这一过程，可拟为一个多阶段决策过程。在保证木材总收入最高这一目标的前提下，求解间伐各阶段的采伐和保留的木材数量。称每次的间伐数量为决策变量，保留（或初始）数量为状态变量，用动态规划求解所得各阶段决策变量为最优间伐量，所得状态变量即为最优密度，本文选定胸高断面积为密度指标。

据张其保等的推倒，上述问题的数学模型如下。

目标函数：

$$\max \sum_{n-1}^{N} R_n \tag{7.48}$$

状态转移方程：

$$R_n = B_{n-1} - Y_n + G_n \tag{7.49}$$

逆推方程：

$$f_{N-(n-1)}(B_{n-1}) = \max \left[Y_n(B_{n-1}Y_n) + f_{N-n}(B_n) \right] \tag{7.50}$$

式中，$0 \leqslant Y_n \leqslant B_{n-1}$，$n = 1,2,3,\cdots,N$ 为状态变量；B_n 为阶段期末单位面积的林分断面积，为状态变量；Y_n 为第 n 阶段期初采伐的林分断面积，为决策变量；G_n 为第 n 阶段断面积净生长量；R_n 为第 n 阶段期初的收益，以材积表示，其大小取决于 Y_n；$f_{N-(n-1)}(B_{n-1})$ 表示用后向法求解到第 n 阶段期初，采取最优决策时 $N-(n-1)$ 个阶段的累积收益。

根据递推方程，通过后向递推法对上述动态规划求解，可得第 n 阶段最优密度 K_n

$$K_n = \left(\frac{H_n - H_{n-1} + b_1 \times A^{b_2} \times H_n}{b_5 b_3 \times A^{b_4} \times S^{b_5} \times H_n} \right)^{\frac{1}{b_6 - 1}} \tag{7.51}$$

式中，H_{n-1}、H_n 为前后两个阶段的林分平均高；b_i ($i=1,\cdots,6$) 为参数；A 为年龄；S 为地位指数。

第 n 阶段最优间伐量：

$$Y_n = B_{n-1} - K_n \tag{7.52}$$

对 n 阶段断面积生长量，按 Rose（1980，1981）的方法采用了修正理查德函数式：

$$G_n = a(B_{n-1} - Y_n) - b(B_{n-1} - Y_n)^m \tag{7.53}$$

式中，a、b、m 为参数。

引入林分年龄 A 与地位指数 S 对参数 a、b 以下式回归修匀：

$$a = b_1 \times A^{b_2}$$

$$b = b_3 \times A^{b_4} \times S^{b_5}$$

以上两式代入公式（7.53），m 改作 b_6 即为下式：

$$G_n = b_1 A^{b_2}(B_{n-1} - Y_n) - b_3 A^{b_4} S^{b_5}(B_{n-1} - Y_n)^{b_6} \tag{7.54}$$

式中，参数 $b_1 \sim b_6$ 与公式（7.53）参数等值。

由公式（7.54）可知，当参数 b_i 确定后，最优密度取决于林分年龄、树高和立地质量。

（三）长白山落叶松最优密度求解

为了确定公式（7.54）中参数 $b_1 \sim b_6$ 等的数值，同时为了探讨不同间隔期的间伐结果，分别按 2 年、5 年及不等距间隔列表（略）。并以相对误差 0.01，采用牛顿法拟合公式（7.54）。

按 2 年间隔进行拟合，共 60 组数据，经计算机运算，结果如下：$b_1 = 38$；$b_2 = -1.140398$；$b_3 = 47.18281$；$b_4 = -1.270884$；$b_5 = -0.2293688$；$b_6 = 1.24595$；V 方差 $= 0.422973$；剩余方差 $= 0.1112532$；相关比 $= 0.8582627$。

按 5 年间隔进行拟合，共 24 组数据，经计算机运算，结果如下：$b_1 = 38$；$b_2 = 1.123452$；$b_3 = 52.2168$；$b_4 = -1.428543$；$b_5 = 0.4343347$；$b_6 = 1.547134$；V 方差 $= 2.45171$；剩余方差 $= 0.3238891$；相关比 $= 0.9316075$。

按 2 年、3 年、4 年、5 年不等间隔进行拟合共 32 组数据，经计算，其相关比 $R = 0.4846391$，由于相关比偏低，决定舍去这一组数据不予讨论。

在参数 $b_1 \sim b_6$ 已知的情况下，按两种间隔分别代入公式（7.51），求得各阶段最优密

度 K_n（以公顷断面积形式表示），由生长过程表已知各阶段初期的平均直径，可导出各阶段的最优密度 K_n（以公顷株数形式表示），结果见表 7-5。

表 7-5　最优密度表

年龄	地位指数							
	SI＝15.76		SI＝14.21		SI＝13.34		SI＝12.17	
	最优断面积	最优株数	最优断面积	最优株数	最优断面积	最优株数	最优断面积	最优株数
10	10.25	3905	9.30	4047	8.78	4148	8.05	4284
12	11.25	2629	10.22	2749	9.64	2816	8.85	2930
14	12.13	1972	11.03	2063	10.37	2116	9.52	2206
16	12.88	1561	11.69	1639	11.03	1688	10.15	1763
18	13.57	1288	12.32	1354	11.61	1395	10.66	1460
20	14.14	1089	12.83	1148	12.11	1185	11.10	1238
22	14.67	943	13.32	994	12.55	1025	11.54	1076
24	15.17	830	13.75	874	13.00	906	11.90	946
26	15.58	738	14.15	780	13.33	805	12.25	845
28	15.97	663	14.55	703	13.69	726	12.55	761
30	16.41	605	14.85	637	13.99	659	12.89	694
32	16.64	549	15.14	583	14.29	603	13.10	633
34	17.03	509	15.48	539	14.59	557	13.40	585
36	17.38	472	15.72	497	14.85	517	13.62	542
38	17.64	440	16.07	466	15.12	482	13.89	506
40	17.90	411	16.28	436	15.36	451	14.09	473
10	10.33	3938	9.52	4141	9.05	4278	8.41	4480
15	13.02	1813	11.99	1927	11.41	2000	10.61	2115
20	15.02	1158	13.83	1237	13.16	1289	12.23	1365
25	16.59	842	15.29	903	14.53	941	13.51	999
30	17.86	659	16.44	705	15.65	737	14.54	783
35	18.93	539	17.44	579	16.58	603	15.43	642
40	19.89	457	18.31	490	17.41	511	16.20	544

注：表中 10、12、14、…、40 年是以 2 年为间隔期；10、15、20、…、40 年是以 5 年为间隔期

　　上面的试验按动态规划要求，将生长过程划为 2 年、5 年间隔期，并以林分 10 年为间伐开始期，这只是计算方法上的需要，具体应用时应灵活安排，但每次间伐必须保证将密度调整到最优状态。

　　在最优断面积已知的情况下，以期初的平均胸径换算出最优株数。由于期初的平均胸径未考虑间伐的影响，一般来说，间伐可促进胸径的生长，因此最优株数可能产生一定误差，密度指标的控制最好采用胸高断面积。

　　状态转移方程的性质决定了本例无法给出一个通用的最优密度表，因各立地条件下各林分的初始条件不同，生长量方程就不同。同时，间伐间隔期和要求也不同，因此，欲确定现实林分的最优密度，必须由不同年龄间隔的数据拟合生长量方程开始，再以不同的参数分别计算预测。但针对不同的要求，也可建立模式林分。

四、林分择伐空间结构优化决策

以曹小玉等（2017）为确定于湖南省平江县福寿山杉木生态公益林最优择伐木个数为例，介绍目标规划模型在林分择伐空间结构优化中的应用。

（一）研究区的概况

福寿林场位于平江县南部的福寿山上，地处28°32′00″N～28°32′30″N，113°41′15″ E～113°45′00″ E，总面积为1274.9hm²，处于中亚热带向北亚热带过渡的气候带，属湿润的大陆性季风气候。年平均气温为12.1℃，年日照1500h，无霜期217d，有效积温4547℃，年相对湿度为87%。研究样地所属的杉木林均为在皆伐迹地上营造的杉木人工林，其中有少数林木是天然萌生而成，在2004年后均划为公益林经营，区划之前为用材林，林分结构简单，功能单一，存在土壤退化、生产力降低、病虫害增加和生物多样性低下等严重的生态问题。但由于是人工纯林，树种单一，再加上海拔高，不太适合杉木生长，所有杉木林分生态功能普遍低下。

（二）数据来源、调查方法与研究方法

1. 数据来源与调查方法　　本研究的案例数据来自2012年在研究区福寿林场13年生的杉木生态林中设置的固定样地，样地的大小为20m×30m，用相邻网格法将样地进一步分割成6个10m×10m的正方形小样方作为样木因子的调查单元，将小样方内胸径在2.0cm以上的林木逐株进行挂牌编号。以每个小样方的西南角为坐标原点，用皮尺测量每株林木在本小样方内的相对位置坐标（X，Y）、然后将样地西南角设为样地坐标系的原点，根据6个小样方在样地中的分布位置，把每个小样方内林木的相对位置坐标转换为整个样地范围内同一坐标系内的坐标，从而确定每株林木在整个样地内的相对位置分布，同时测量每株林木的胸径、树高、东西冠幅、南北冠幅等基本因子。样地内157株林木的基本信息见表7-6，其中杉木137株，平均胸径9.1cm，平均树高5.8m，东西平均冠幅1.96m，南北平均冠幅2.08m。

表7-6　样地内林木的基本信息

小样方号	林木编号	树种	胸径/cm	树高/m	平均冠幅/m		林木坐标/m	
					东西冠幅	南北冠幅	X坐标	Y坐标
1	1	杉木	8.8	7.5	1.2	1.1	0.5	1
1	2	杉木	13.8	8.5	2.1	2.2	0.5	2.5
1	3	杉木	8.8	6.7	1.3	1.4	0.8	3.5
1	4	杉木	6.5	5.7	1.5	1.6	1.9	2
1	5	杉木	4.6	5.7	1.5	1.5	2	4
1	6	杉木	8.2	7.1	1.2	1.3	3.3	4.6
1	7	杉木	17.2	10.7	3.2	3.1	1.7	4.6
⋮	⋮	⋮	⋮	⋮	⋮	⋮	⋮	⋮
6	157	杉木	2.1	6.5	2.3	2	9.8	5.1

2. 研究方法

（1）林分空间结构单元的确定和空间结构参数的计算　　基于胸径加权 Voronoi 图确定林分空间结构单元，但为了保证计算角尺度时标准角的统一，采用 4 株法确定林分空间结构单元。同时为消除处于样地边缘的边界木的邻近木可能处于样地外的影响，采用距离缓冲区法，在原样地四周设置 2m 宽的带状缓冲区。在缓冲区以外的林木为边缘木，只作为中心木的邻近木存在，而位于缓冲区内的林木均作为中心木参与计算。经边缘矫正后，研究样地 157 株林木中，99 株林木确定为中心木，其中杉木 89 株；剩下的 58 株林木作为边缘木，其中杉木 48 株（图 7-6）。

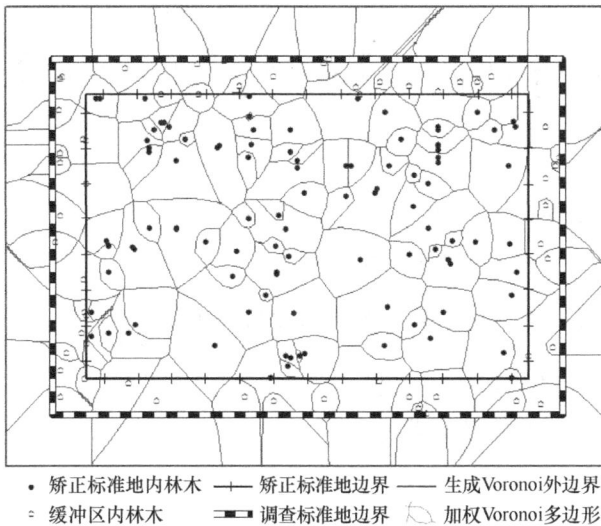

- • 矫正标准地内林木　——— 矫正标准地边界　—— 生成Voronoi外边界
- ∘ 缓冲区内林木　▪▪▪ 调查标准地边界　▱ 加权Voronoi多边形

图 7-6　样地边缘矫正后的加权 Voronoi 图

选取的林分空间结构参数为林分的全混交度、W-V-Hegyi 竞争指数、角尺度、林层指数和开敞度。

（2）林分间伐空间结构优化模型目标函数的确定　　采用乘除法对各个空间结构参数进行多目标规划，提出林分空间结构优化目标函数。

（3）林分间伐空间结构优化模型建模方法　　以多目标规划模型来构建林分间伐空间结构优化模型，多目标优化（multi-objective optimization）可以描述为

目标函数为

$$\text{Max} \left[f_i(x) \right]$$

约束条件为

$$g_i(x) \leq 0, \ i=1, 2, 3, \cdots, m$$

式中，$x=(x_1, x_2, \cdots, x_n)$ 为决策变量；$f_i(x)$（$i=1, 2, 3, \cdots, m$）为第 i 个目标函数；$g_i(x)$ 为第 i 个约束条件。

（4）林分间伐空间结构约束指标优先次序的确定　　本研究采用综合灰色关联度法确定林分空间结构约束条件的优先顺序。综合灰色关联度的计算公式为

$$\rho_{0i}=\theta\varepsilon_{0i}+(1-\theta)\,r_{0i} \tag{7.55}$$

式中，ε_{0i} 为绝对灰色关联度；r_{0i} 为相对灰色关联度；$\theta\in[0,1]$，一般取值 $\theta=0.5$。

绝对灰色关联度是分析两个长度相等的数据序列 $X_0=[x_0(1),x_0(2),\cdots,x_0(n)]$ 和 $X_i=[x_i(1),x_i(2),\cdots,x_i(n)]$ 绝对增量间的关系，X_0 和 X_i 几何相似程度越大，关联度 ε_{0i} 就越大，反之就越小，设序列 $\{X_0\}$ 和 $\{X_i\}$ 的始点零化序列为 $X_0^0=[x_0^0(1),x_0^0(2),\cdots,x_0^0(n)]$；$X_i^0=[x_i^0(1),x_i^0(2),\cdots,x_i^0(n)]$，其中 $X_i^0(k)=x_i^0(k)-x_i^0(1)$，$X_0^0(k)=x_0^0(k)-x_0^0(1)$；则 X_0 和 X_i 的绝对灰色关联度的计算公式为

$$\varepsilon_{0i}=\frac{1+|s_0|+|s_i|}{1+|s_0|+|s_i|+|s_i-s_0|} \tag{7.56}$$

式中，$|s_0|=\left|\sum_{k=2}^{n-1}x_0^0(k)+\frac{1}{2}x_0^0(n)\right|$，$|s_i|=\left|\sum_{k=2}^{n-1}x_i^0(k)+\frac{1}{2}x_i^0(n)\right|$，$|s_i-s_0|=\left|\sum_{k=2}^{n-1}[x_i^0(k)-x_0^0(k)]+\frac{1}{2}[x_i^0(n)-x_0^0(n)]\right|$。

相对灰色关联度是分析两个长度相等的数据序列 $X_0=[x_0(1),x_0(2),\cdots,x_0(n)]$ 和 $X_i=[x_i(1),x_i(2),\cdots,x_i(n)]$ 的增长速度之间的关系，X_0 和 X_i 之间的变化速度越接近，关联度 r_{0i} 就越大。设初始值 $\neq 0$，初始化后的值分别为 $X_i'=\frac{X_i}{x_i(1)}$、$X_0'=\frac{X_0}{x_0(1)}$，则数据序列初始化后的序列为：$X_0'=[x_0'^0(1),x_0'^0(2),\cdots,x_0'^0(n)]$；$X_i'=[x_i'^0(1),x_i'^0(2),\cdots,x_i'^0(n)]$，则 X_0 和 X_i 的相对灰色关联度计算公式为

$$r_{0i}=\frac{1+|s_0'|+|s_i'|}{1+|s_0'|+|s_i'|+|s_i'-s_0'|} \tag{7.57}$$

式中，$|s_0'|=\left|\sum_{k=2}^{n-1}x_0'(k)+\frac{1}{2}x_0'(n)\right|$，$|s_i'|=\left|\sum_{k=2}^{n-1}x_i'(k)+\frac{1}{2}x_i'(n)\right|$，$|s_i'-s_0'|=\left|\sum_{k=2}^{n-1}[x_i'(k)-x_0'(k)]+\frac{1}{2}[x_i'(n)-x_0'(n)]\right|$。

而综合灰色关联度既体现了母序列 $\{X_0\}$ 和子序列 $\{X_i\}$ 的折线相似程度，也体现了母序列 $\{X_0\}$ 和子序列 $\{X_i\}$ 的序列相对于始点折线变化速率的接近程度。因此本研究采用综合灰色关联度法分析空间结构指标与林分间伐空间结构优化目标函数值的关联度。

（5）林分间伐空间结构优化模型求解　　由于模型中存在大量的整数变量，用穷举法难以求解，计算机软件如 SPSS、MATLAB、JAVA 等可用于求解此类问题，本研究运用 MATLAB 软件处理数据。

（三）林分间伐空间结构优化模型的构建

1. 模型目标函数　　杉木生态林林分间伐空间结构优化模型的目标函数是采用乘除法对各个空间结构参数进行多目标优化的综合函数，它强调最优的林分空间结构往往是整体目标达到最优。林分间伐空间优化目标函数值越大，说明林分空间结构整体水平越理想，因此，通过间伐优化林分空间结构时，以林分间伐空间优化目标函数最小值的林

木作为备伐木。本例中，林分间伐空间结构优化目标函数考虑了 5 个子目标，包括林分的混交程度、竞争状况、水平分布格局、垂直结构和林分的透光情况，对应的林分空间结构指标分别为林分的全混交度、W-V-Hegyi 竞争指数、角尺度、林层指数和开敞度。

$$Q(g) = \frac{\dfrac{1+M(g)}{\sigma_M} \cdot \dfrac{1+S(g)}{\sigma_S} \cdot \dfrac{1+K(g)}{\sigma_K}}{[1+CI(g)] \cdot \sigma_{CI} \cdot [1+|W(g)-0.5|] \cdot \sigma_{|W-0.5|}} \tag{7.58}$$

式中，$M(g)$、$S(g)$、$K(g)$、$CI(g)$、$W(g)$ 分别为单木全混交度、林层指数、开敞度、W-V-Hegyi 竞争指数、角尺度；σ_M、σ_S、σ_K、σ_{CI}、$\sigma_{|W-0.5|}$ 分别为全混交度、林层指数、开敞度、W-V-Hegyi 竞争指数、角尺度减去 0.5 的标准差。通过间伐后保持较高的混交度为林分空间结构优化的第 1 个子目标，林分混交度的取值越大越好。间伐后保持较低的竞争强度为林分空间结构优化的第 2 个子目标，要求林分竞争指数取值越小越好。4 株木法计算的林分角尺度取值为 [0.475，0.417] 时，林分空间分布格局为随机分布（惠刚盈等，2007），为使间伐后林分平均角尺度更加接近于随机分布的取值范围，可以简化为林分平均角尺度取值更加接近于 0.5。因此，间伐后林分水平空间分布格局更接近于随机分布为林分空间结构优化的第 3 个子目标，要求林分角尺度取值越接近 0.5 越好。间伐后保持较为复杂的垂直分层为空间结构优化的第 4 个子目标，要求林层指数的取值越大越好。间伐后保持较高的林分开敞度是林分空间结构优化的第 5 个子目标，其值取大为优。

2. 模型约束条件 林分空间结构优化模型除目标函数外，还包括约束条件。约束条件主要为非空间结构约束指标和空间结构约束指标。

（1）非空间结构约束指标 本例中利用径级多样性来描述林木大小多样性，以间伐后林分径阶数不减少作为模型的第 1 个非空间结构约束条件。在进行采伐时应首先考虑物种多样性保护问题，保护森林的树种个数不减少作为模型的第 2 个非空间结构约束条件。林分的间伐强度控制在 15% 以内，既维持了保留木的正常生长，又使得间伐后的林分保持适当的林窗，以使补植树种能够正常生长。

（2）空间结构约束指标 林分经过间伐后，应保持林分的混交度、林层指数和开敞度不降低，同时林分整体竞争强度降低，林分的水平分布格局趋向随机分布状态。这 5 个空间结构指标的约束都是为了让林分整体空间结构趋向理想状态。

（3）空间结构约束指标的优先次序 根据综合灰色关联度的定义，将研究样地 99 株中心木空间结构优化目标函数值作为母序列 $\{X_0\}$，将其对应的关联空间结构参数全混交度、W-V-Hegyi 竞争指数、林层指数、角尺度和开敞度作为子序列 $\{X_1\}$、$\{X_2\}$、$\{X_3\}$、$\{X_4\}$、$\{X_5\}$，具体数据见表 7-7。

表 7-7 林分空间结构优化目标函数值及相关的空间结构参数值

序号	目标函数值	全混交度	W-V-Hegyi 竞争指数	林层指数	角尺度	开敞度
1	534.2568	0.0360	1.6709	0.8571	0.5000	0.5709
2	517.7053	0.0482	1.7114	0.6667	0.5000	0.6043
3	500.6821	0	2.0302	1.0000	0.2500	0.7132

续表

序号	目标函数值	全混交度	W-V-Hegyi 竞争指数	林层指数	角尺度	开敞度
4	490.5974	0	1.3895	0.3333	0.5000	0.7554
5	480.3943	0.0360	1.5372	0.4286	0.5000	0.7443
⋮	⋮	⋮	⋮	⋮	⋮	⋮
98	36.2367	0.0678	18.2054	0.1333	0.5000	0.1859
99	16.0840	0.0678	48.0263	0.2667	0.7500	0.4312

根据公式（7.56）～公式（7.58）得到林分空间结构优化目标函数值和关联空间结构参数的综合关联度系数、绝对关联度系数和相对关联度系数（表7-8）。

表 7-8　林分空间结构优化目标函数值和关联林分空间结构指数的灰色关联度

林分空间结构参数	灰色绝对关联度	灰色相对关联度	灰色综合关联度	灰色综合关联度排序
全混交度	0.5004	0.9027	0.7016	1
W-V-Hegyi 竞争指数	0.5038	0.6532	0.5785	5
林层指数	0.5002	0.9013	0.7008	2
角尺度	0.5003	0.8153	0.6578	3
开敞度	0.5001	0.6918	0.5960	4

从结果看，混交度和林层指数这两个空间结构指数与林分空间结构优化目标函数值的关联度最高，这完全符合研究对象杉木生态林空间结构调优化整优先考虑因素的实际。作为起源于人工林的杉木生态林，树种单一，林分的物种多样性低，抵御自然灾害的能力差，生态功能低下。在对水土保持、水源涵养和保护生物多样性具有特殊意义的山地和丘陵，生态效益差的人工针叶林无法充分发挥公益林的生态保护功能，为了提高杉木生态林人工林的物种多样性和生态保护功能，最有效的经营措施就是通过补植乡土阔叶树种，将人工林改造为针阔混交林。因此，增加林分的混交度是杉木生态林人工林必须首先考虑的因素。其次，人工林林层单一，容易损害地力，也容易发生冻害、虫害等，而复层林凋落物数量多，其成分复杂，营养含量高，有利于土壤肥力的增加，也有利于抵抗灾害，所以人工林急需通过间伐补植或者人工促进林下更新等方式来将单层林诱导为复层林。

3. 模型的建立　在目标函数分析与约束条件设置的基础上，建立如下杉木生态林林分间伐空间优化模型。

目标函数为

$$\max Z = Q(g) \tag{7.59}$$

约束条件为

$$N(g) = N_0$$
$$D(g) = D_0$$
$$M(g) \geqslant M_0$$
$$S(g) \geqslant S_0$$
$$|W(g) - 0.5| \leqslant |W_0 - 0.5|$$
$$K(g) \geqslant K_0$$

$$CI(g) \leqslant CI_0$$
$$Y(g) \leqslant 30\%$$

式中，$N(g)$ 为林分间伐后树种个数；N_0 为林分间伐前树种个数；$D(g)$ 为林分间伐后径阶个数；D_0 为林分间伐前径阶个数；$M(g)$ 为间伐后林分全混交度；M_0 为间伐前林分全混交度；$S(g)$ 为间伐后林层指数；S_0 为间伐前林层指数；$K(g)$ 为间伐后开敞度；K_0 为间伐前开敞度；$CI(g)$ 为间伐后 W-V-Hegyi 竞争指数；CI_0 为间伐前 W-V-Hegyi 竞争指数；$W(g)$ 为间伐后角尺度；W_0 为间伐前角尺度；$Y(g)$ 为林分间伐强度。

（四）模型求解

本研究是运用 MATLAB 软件处理数据的，数据处理过程如下。

1. 录入数据 将包含目的样地林木的基本信息（包括树木 ID、树种、树高、胸径、全混交度、林层指数、开敞度、角尺度、W-V-Hegyi 竞争指数等）录入 MATLAB，并更名为 TreeData，以便 MATLAB 读取。

2. 定义参数 根据各参数指标的定义和公式，通过算法编程定义到计算程序中，并定义好约束条件。

3. 算法编程核心思路 选择 $Q(g)$ 值最小的林木，假定其为备选采伐木从林分中删除，此时林分的各项指标都会发生变化，即需要用约束条件按先后的顺序来判定假设是否成立。若条件都被满足则表明假设成立，此时，假设林木作为间伐木输出，并以新的林分各类参数（伐后林分参数）返回到开始；若至少有一条不满足则表明假设不成立，被假设林木不能作为采伐木输出，此时，保持林分各项参数不变，选择新的最小 $Q(g)$ 值进入候选木行列，重复上述循环，达到林分间伐强度时结束程序。

（五）模型应用实例

1. 模型控制参数的设置

（1）径阶大小多样性 根据间伐后林分的径阶数不减少的约束条件，对杉木生态林研究样地的 99 株中心木径阶数目进行了统计，一共有 8 个径阶，分别为 2cm、4cm、6cm、8cm、10cm、12cm、14cm、16cm，其中 4～14cm 径阶的林木占总林木数的 92%，平均胸径 12 cm。

（2）树种多样性 以树种个数来作为树种多样性的约束条件，杉木生态林研究样地 99 株中心木共有 4 个树种，分别为杉木、柳杉、野山椒（*capsicum frutescens*）和野山桃（*Prunus davidiana*），其中杉木在株数上处于绝对优势，占样地总株数的 91%，其他 3 种树种之和仅占 9%。

（3）伐前空间结构参数 样地间伐前林分的林木平均混交度为 $M_0=0.0553$，林层指数为 $S_0=0.4245$，W-V-Hegyi 竞争指数为 $CI_0=6.7080$，$|角尺度-0.5|=|W_0-0.5|=0.0659$，开敞度 $K_0=0.4298$。

2. 间伐木的确定结果 最终确定的间伐木一共有 14 棵树木，间伐强度为 14.1%（表 7-9）。

表 7-9   间伐木信息

树木编号	树种	X坐标/m	Y坐标/m	胸径/cm	株高/m	东西冠幅/m	南北冠幅/m
10	杉木	2.3	5.8	6.2	6.9	1.6	1.7
14	杉木	27.0	2.1	5.2	5.9	0.8	0.9
80	杉木	22.7	14.9	5.6	6.7	1.0	1.2
33	杉木	12.5	6.7	3.4	2.9	0.8	0.9
77	杉木	22.7	16.0	5.3	4.1	1.3	1.2
65	杉木	27.0	2.1	8.1	6.3	2.5	2.4
51	杉木	21.3	5.1	8.3	6.2	2.7	2.8
100	杉木	11.7	15.2	10.4	5.8	2.2	2.5
20	杉木	4.5	4.6	12.4	8.5	3.1	3.2
88	杉木	27.2	16.2	13.1	8.2	2.8	2.4
52	杉木	22.2	4.3	12.8	7.5	3.1	3.2
18	杉木	4.9	5.1	10.2	7.5	2.3	2.1
84	杉木	22.1	10.5	16.1	8.2	2.7	3.0
45	杉木	18.1	8.7	12.9	7.9	1.8	1.9

　　研究样地间伐前后各参数的变化见表 7-10。从表中可以看出,本次间伐强度为
14.1%,间伐后描述非空间结构的径阶数和树种数均未减少,保持原有的径阶个数和树
种个数。间伐后林分混交度提高了 2.71%,表明林分树种空间隔离程度得到了提高;间
伐后林分林层指数提高了 10.91%,表明林分垂直分层结构有较大幅度的改善;间伐后林
分 W-V-Hegyi 竞争指数降低了 8.25%,表明林分中林木所受的竞争压力在减小;间伐后
林分 | 角尺度−0.5 | 降低了 8.65%,表明林分空间分布格局更加趋向于随机分布;开敞
度增加了 11.98%,表明林分的透光条件有一定程度的改善;林分空间结构优化模型目标
函数 $Q(g)$ 值提高了 12.18%,表明林分空间结构有了大幅度的提升。该间伐方案在限
定的间伐强度内,满足非空间结构约束条件的情况下,最大限度地改善了林分空间结构,
为林分单株间伐木的确定提供了一种科学的方法。

表 7-10   样地间伐前后森林结构指数的变化

参数	伐前	伐后	变化趋势	变化幅度/%
径阶数	8	8	不变	
树种数	4	4	不变	
混交度	0.0553	0.0568	增加	2.71
林层指数	0.4245	0.4708	增加	10.91
开敞度	0.4298	0.4813	增加	11.98
	角尺度−0.5		0.0659	0.0602	降低	−8.65
W-V-Hegyi 竞争指数	6.7080	6.1549	降低	−8.25
目标函数值	194.1948	217.8477	增加	12.18

主要参考文献

白灵海. 2009. 线性规划在人工林收获调整工作中的应用. 林业实用技术,(11):20-21

摆万奇. 1991. 兴安落叶松天然幼中龄林最优密度的动态规划研究. 河南农业大学学报, 25（2）: 218-226

曹小玉, 李际平, 胡园杰, 等. 2017. 杉木生态林林分间伐空间结构优化模型. 生态学杂志, 36（4）: 1134-1141.

邓华锋, 杨华. 2012. 森林经营规划. 程琳, 译. 北京: 科学出版社

南云秀次郎. 1981. 利用线性规划分析收获调整. 于政中, 译. 林业调查规划译丛, （1）: 1-35

皮特·贝廷格, 凯文·波士顿, 雅克·塞里, 等. 2012. 森林经营规划. 邓华锋, 等译. 北京: 科学出版社

唐守正. 1986. 多元统计方法. 北京: 中国林业出版社

唐守正. 1989. IBM-PC 系列程序集. 北京: 中国林业出版社

汪应洛, 1998. 系统工程理论、方法与应用. 北京: 高等教育出版社

王承义, 李晶, 姜树鹏. 1996. 运用动态规划法确定长白落叶松人工林最优密度的初步研究. 林业科技, 21（1）: 20-22.

《运筹学》教材编写组. 2012. 运筹学. 4 版. 北京: 清华大学出版社

张其保, 摆万奇. 1993. 兴安落叶松人工林最优密度探讨. 北京林业大学学报, 15（3）: 34-41

张运锋. 1986. 用动态规划方法探讨油松人工林最适密度. 北京林业大学学报, （2）: 20-29

第八章　森林可持续经营评价标准与指标

第一节　森林可持续经营标准与指标概述

一、含义

通常标准与指标这一术语代表有层次地组合起来的整套森林可持续经营的原则、标准与指标。标准与指标提供一种方法，用于构建森林可持续经营的概念框架，以及作为监测、评估、报告和众多其他应用的工具。

标准是森林可持续经营的基本组成成分，指标是测度标准的方式。标准与指标作为一个整体为森林可持续经营提供了基础或框架。一系列标准与指标通过定期制定，提供了有关森林状况和森林经营趋势的完整图面。

二、层次

目前，标准与指标制定活动可以分为三个层次。

全球和区域（指生态区）水平：主要包括 9 个国际进程。1990 年，国际热带木材组织（ITTO）分别为热带天然林和人工林的可持续经营制定了指南，1992 年，又制定了国家水平和森林经营单位水平的热带森林可持续经营标准与指标。1992 年，联合国环境与发展大会之后，国际上又启动了多个区域进程。

国家和地区水平：多个国家制定了自己的国家标准，这些标准或以国际进程为基础，或以这些进程和标准的组合为基础。国家标准基本上是为国家水平监测、评估和报告森林可持续性而制定的。

森林经营单位水平（包括社区）：森林经营单位水平的标准与指标，能更好地评价森林经营单位的森林状况和经营趋势，明确在可操作条件下可持续性经营的组成成分，以及监测面向森林可持续经营所采取的最佳实践和示范结果。此外，森林认证程序中的可持续性评价也把焦点集中于森林经营单位水平，且各森林认证体系多使用自己制定的标准。

三、共性要素

随着森林可持续经营国际进程的发展，包括标准与指标的修订及相互间的合作，各进程的标准与指标集在基本组成上日益趋同。尽管这些组成成分并不总是表现在标准与指标体系的相同等级水平或表述为同样的形式，如非洲木材组织与国际热带木材组织（ATO/ITTO）森林经营单位水平的许多标准被 ITTO 作为指标加以处理，其表达形式也不一样，前者将标准阐述为结果形式，后者将标准作为议题表述（如林产品的生产过程、生物多样性）。这些在总体结构、细节上的不同，大多数情况下并不反映概念上的差异。

大体上，尽管每一进程使用的标准与指标集有不同的排列和强调领域，但都包括森林可持续经营相同或相近的基本构件。

国际上标准与指标进程基本构件的趋同导致了共同的"森林可持续经营主题要素"的出现。在 2004 年 5 月召开的联合国森林论坛（United Nations Forest Forum，UNFF）第 4 次会议上，认可了森林可持续经营的 7 个主题要素，并将其作为森林可持续经营的参考框架：①森林资源的面积；②森林生物的多样性；③森林生态系统的健康和活力；④森林的生产功能；⑤森林的保护功能；⑥森林的社会经济功能；⑦法律、政策和制度框架。

这一认同代表着朝一种以森林可持续经营为基本内容的全球共识迈出了重要的一步，反映了对标准与指标作为一个监测和评价森林状况及经营趋势，以及森林可持续经营进展的工具，在基本内涵上的共同理解。这 7 个主题要素被载入联合国森林论坛和联合国总部 2007 年通过的《关于所有类型森林的无法律约束力文件》，以下简称《森林文书》，这也是自 1992 年通过《关于森林问题的原则声明》以来第一份关于森林的全球协议。《森林文书》要求各成员国进一步制定和执行与国家优先权及状况一致的森林可持续经营标准与指标。

第二节　国际层次的森林可持续经营标准与指标

一、国际进程的标准与指标分类

国际上有 9 个生态区域的标准与指标行动进程。

1. 热带木材组织进程　　组织热带木材组织中的生产和消费国的行动，解决热带湿润森林的可持续经营问题，于 1992 年成立。1998 年该进程提出了新的评价体系。其中国家水平的 7 个标准 66 个指标，经营单位级的 7 条标准 57 个指标，7 条标准如下。

标准 1：森林可持续经营的保障条件。

标准 2：森林资源的安全。

标准 3：森林生态系统健康与状况。

标准 4：森林产品的生产过程。

标准 5：生物多样性。

标准 6：土壤和水。

标准 7：经济、社会和文化方面。

2. 蒙特利尔进程　　制定除欧洲以外的温带和北方森林保护及可持续经营标准与指标，于 1995 年成立。该进程主要是国家级水平的评价体系，7 条标准 67 个指标。7 条标准如下。

标准 1：生物多样性保护（9 个指标）。

标准 2：森林生态系统生产能力的维护（5 个指标）。

标准 3：森林生态系统健康和活力的维护（3 个指标）。

标准 4：水土资源保持（8 个指标）。

标准 5：森林对全球 C 循环贡献保持（3 个指标）。

标准 6：满足社会需求的长期多种社会经济效益的保持和加强（19 个指标）。

标准 7：森林保护和可持续经营的法规、政策和经济体制（20 个指标）。

3. 赫尔辛基进程　　也称泛欧进程，解决欧洲森林的可持续经营问题，于 1993 年成立。

赫尔辛基部长级会议正式通过了 4 项决议（编号为 $H_1 \sim H_4$）：

H_1：欧洲森林可持续经营基本方针。

H_2：欧洲森林多样性保护基本方针。

H_3：经济过渡时期不同国家间的林业合作。

H_4：欧洲气候变化长期的森林策略。

4. 塔拉波托（Tarapoto）倡议　　亚马孙缔约国的森林可持续经营标准与指标，于 1995 年成立。

5. 非洲干旱地区进程　　29 个非洲干旱区的国家参与的标准与指标进程，于 1995 年成立。

6. 中美洲进程　　也称莱帕塔瑞克（Lepaterique）进程，中美洲的 7 个国家参与其中，于 1997 年成立。

7. 近东进程　　近东地区国家的干旱地区森林经营，1996 年成立。

8. 非洲木材组织进程　　参加的国家是非洲西部和中部的国家，于 1993 年成立。

9. 亚洲干旱森林进程　　参加的国家有孟加拉国、不丹、中国、印度、蒙古、缅甸、尼泊尔、斯里兰卡和泰国，成立于 1999 年。因为亚洲干旱森林进程的活动较少，影响也比较小，所以人们通常认为是八大进程。世界上近 150 个国家参与其中。

尽管上述 9 个进程处于不同的实施阶段，但多数的进程已经开展了如下活动：①确定采用什么标准与指标；②评估并改进已有的标准与指标；③制定共同的定义。这几大进程标准与指标在内容、目标和方法上都比较相似，一般都包括森林资源和全球碳循环、森林生态系统的健康和活力、森林生态系统的生物多样性、森林生态系统的生产功能、森林生态系统的保护功能、社会经济功能和条件、机构、政策及法律框架。

二、国际进程的标准与指标在执行中面临的困难

森林可持续经营进程标准与指标的监测评估和报告要落实到具体的国家，事实上参加进程的大多数国家在制定自己的国家标准与指标时，都根据自己本国的情况对原进程的标准与指标进行了修改，这就意味着国家的有些指标对进程的报告没有作用，同时有些进程的指标如果在国家的指标中不存在，那么报告该指标就会有一定的难度。

发展中国家在收集指标的数据时都面临着经费缺乏的问题，发达国家也同样认为指标信息的收集需要额外的负担。1996 年美国林务局对其国家水平的 67 个指标进行初步评估，认为只有 9 个指标在当时可以评估，有 20～25 个指标需要额外的经费才能进行评估。ITTO 对其开展的培训和野外标准与指标的试验活动的效果评估后，认为 3/4 的成员国在收集指标信息时有 40%～50%的指标难以获得数据。进程指标和国家指标在术语定义和衡量方法上不统一，最简单的例子就是森林和人工林的定义。一些指标在科学上

还存在着一些不确定性，需要逐步地对指标进行修订。

第三节　中国的森林可持续经营标准与指标

中国自 1995 年开始研制国家级森林可持续经营标准与指标体系，并于 1997 年开始了地区级和森林经营单位级指标体系的制订和验证。到现阶段，中国森林可持续经营标准与指标体系共 8 个标准 80 个指标。其中已有数据的指标共 11 个，需要开展一些研究的指标 55 个，而需要长期研究及没有数据的指标共 14 个。中国亚国家水平（sub-national level）标准与指标体系的研制工作在两个层次上开展，即地区水平和森林经营单位水平。目前，初步制订的地区级和森林经营单位级指标体系有 8 个标准，其中东北国有林区 77 个指标；南方集体林区 60 个指标；西北干旱少林地区 68 个指标。《中国森林可持续经营标准与指标》如下。

（1）标准 1　生物多样性保护

1）生态系统多样性指标：各森林类型占森林面积的比值；按龄级或演替阶段划分的森林类型的面积及比值；人工林中针叶树与阔叶树的面积比例；天然林种的森林破碎化程度等；按世界保护联盟（International Union for Conservation of Nature，IUCN）或其他分类系统划定为保护类林地的森林类型面积、按龄级或演替阶段确定为保护区的森林类型面积的比值、森林片段化程度。

2）物种多样性指标：森林物种的数量；根据立法或科学评价，确定处于不能维持自身种群生存力的森林物种的状态。

3）遗传多样性指标：分布范围显著减少的森林物种数量；从多种生境中监测到的代表种的种群水平、已开展种质基因保存的物种数量。

（2）标准 2　森林生态系统生产力的维护

1）林地面积和能够用于木材生产的林地净面积。

2）各森林类型面积和活立木蓄积。

3）林业用地中各类土地面积的比例。

4）用材林总活立木蓄积。

5）人工林面积及其活立木蓄积。

6）可供木材生产的林地面积与蓄积按龄级的分布格局。

7）用材林年消耗量不大于年生长量。

8）非木质林产品收获量。

（3）标准 3　森林生态系统的健康与活力

1）超过历史波动范围的事件所影响的森林面积及其比例。

2）有害气体和酸雨的危害面积与比例。

3）温室效应对森林植被及敏感森林生态系统类型的影响。

4）基本生态过程或生态系统中指示性生物组成减少的林地面积和比例。

（4）标准 4　水土保持

1）土壤侵蚀严重的林地面积和百分率。

2）坡地（25°及以上）退耕还林（草）的面积和比例。

3）主要用于生态保护目的的林地面积和百分率。

4）森林集水区溪流量和持续时间显著偏离历史变化阈值的百分率与公里数。

5）水体多样性和理化性质显著偏离历史变化阈值的林区水面的百分比。

6）水土流失地区的治理面积和治理率。

7）人工林立地指数严重下降的面积和百分率。

8）在国家规定应必须进行水土保持的坡地从事生产活动时，已采取水土保持措施的面积和百分率。

9）森林地被物保护的程度和面积及比例。

10）受难降解有害物质累积危害的林地面积及比例。

（5）标准5　森林对全球碳循环的贡献

1）森林总生物量生产（分类）。

2）薪炭林面积与消耗量及其贡献。

3）林产品生产量、消耗量及其贡献。

4）毁林面积及其贡献。

5）森林的吸收：森林采伐造成 CO_2 排放，森林生产对 C 的吸收。木材转向长期保存的林产品的比例越大，被储存于木材中的 C 就越多。

6）森林土壤 C 排放。土壤 C 库是森林生态系统 C 库的重要组成部分。

7）森林泥炭 CO_2 和 CH_4 排放。森林泥炭是向大气中排放 CO_2 和 CH_4 的重要源之一。

（6）标准6　长期社会效益的保持与加强

1）生产、消费和劳动就业：人口年增长率和社会经济发展速度；木质和非木质林产品的年需求量；木质和非木质林产品的年生产量；木质和非木质林产品的供求平衡、木质和非木质林产品的年进出口量、木质和非木质林产品的产值及加工后附加值、林业部门提供的直接或间接就业机会、林业部门各就业门类的劳动生产率和职工收入。

2）对林业部门的投资：对林业生产的投资；对林业研究、教育、开发和推广的投资；上述两类投资的回收率。

3）森林游憩、旅游及社会、文化、精神价值：以休憩和旅游为主要目的的林地面积及其占森林总面积的比例，以及用于一般游憩和旅游设施的数目及类型、森林旅游接待能力与实际人数。

4）社会文化精神价值：用于保护文化和其他精神需求的林地面积及其占森林总面积的比例。

（7）标准7　法律及政策保障体系

1）促进林业行业的法律法规建设：森林资源权属、森林资源保护管理、森林经营行政法规。

2）促进森林保护和可持续经营的政策：促进森林资源分类经营的政策和实施、促进公众参与林业的政策和执行、促进人力资源培养的政策和实施、促进林业产业结构调整的政策和实施、促进基础设施建设政策和实施。

3）促进森林保护和可持续经营的经济政策与实施：林业生产优惠经济政策和实施、

森林生态效益补偿基金制度建立及实施。

（8）标准8　信息及技术支撑体系

1）监测与评价指标的数据要求：各指标的相关数据的可获得性和程度，森林调查、评估、监测和其他相关信息的范围、频度及统计数据的可靠性，国内测算方法与国际通用测算方法的转化。

2）森林可持续经营标准与指标的研究与进展：森林生态系统的结构和功能特征、森林环境效益的核算体系及核算技术、科学技术的贡献率评价、人为干扰对森林影响的预测能力的提高、可能的气候变化对森林影响的预测能力。

第四节　森林经营单位水平的标准与指标体系

一、森林经营单位水平标准与指标的分类

森林经营单位水平的标准与指标一般分为4类：描述性的标准、规范性的标准、体系性的标准及综合标准。此外，还有社区水平标准与指标特殊一类。

（一）描述性的标准

描述性的标准不包含目标或行为期望，不直接评价森林经营单位的可持续性，因而不是一个实际的执行标准。它主要不是为评价森林经营单位的森林经营成效而制定的，通常是由政府或具有政府职能的机构为报告森林状况和森林经营趋势而制定的，为描述、监测和评价森林可持续经营进展提供共同框架。尽管如此，描述性的标准与指标体系仍然可以为森林认证标准提供框架。与森林经营单位水平有关的描述性标准主要涉及如下进程或标准。

1. 塔拉波托倡议　　1995年2月，在亚马孙合作条约组织（Amazon Cooperation Treaty Organization，ACTO）的主持下，在秘鲁塔拉波托（Tarapoto）召开了由参与《亚马孙合作条约》的8个缔约国参加的区域会议，制定了适于亚马孙森林的标准与指标。尽管"塔拉波托倡议"（也称"亚马孙进程"）的8个成员国中有7个是ITTO成员国，但其标准与指标更接近赫尔辛基进程和蒙特利尔进程。"塔拉波托倡议"确定了包括用于国家水平的7个标准和47个指标，森林经营单位水平的4个标准和23个指标，还包括关于"亚马孙森林执行的经济、社会和环境服务"的1个国际水平的标准与7个相关联的指标。森林经营单位水平的标准包括法规和体制框架（3个指标）、可持续森林生产（5个指标）、森林生态系统保护（6个指标）、地方社会经济效益（9个指标）。

2000年，ACTO成员国的外事部长正式开启了关于亚马孙森林可持续性标准与指标的亚马孙进程。2001年，ACTO确定了12个"塔拉波托倡议"标准中的7个标准及77个提议指标中的15个指标，对所有成员国非常适用，且各成员国均可测定。另有18个指标被确定为对成员国一般适用。7个非常适用的标准保留了最初"塔拉波托倡议"的3个国家水平标准和3个森林经营单位水平标准，以及由亚马孙森林在全球水平提供服务的国际标准。15个非常适用的指标被指定为野外测试的重点。

2. ITTO 标准与指标　　　国际热带木材组织制定标准与指标体系的最初目的是评价 2000 年热带森林可持续经营的目标及进展情况。

ITTO 最初根据国际热带木材协定（International Tropical Timber Agreement，ITTA）于 1983 年创立，于 1987 年开始运作。1987 年，该组织委托全球环境和发展机构承担"持续木材生产的天然林经营"项目对热带森林可持续经营现状开展研究，包括：①热带森林可持续经营的机构案例；②机构可以接受的监测可持续性的标准；③按照标准评估森林；④森林面积、森林状况和森林经营的动态信息。1990 年 5 月在印度尼西亚巴厘岛召开的国际热带木材理事会（International Tropical Timber Council，ITTC）第八次会议，成员国协商一致，采纳了"ITTO 2000 年目标"，即到 2000 年，所有热带木材贸易来自于可持续经营的森林。为尽快实现此目标，专家向 ITTO 生产国建议：在关注永久性森林资产社会环境价值的同时，对商品林经营的质量及可持续性进行检查和评估。

1992 年，ITTO 首次推出"热带林可持续经营测定标准"，确定了主要针对国家水平上促进森林可持续经营所需的法律和政策"投入"的 5 个标准及 27 个"可能的指标"，同时确定了应用于森林经营单位水平的 6 个标准和 23 个指标。目的是为成员国提供一种更好的工具，用于监测、评价和报告国家水平与森林经营单位水平森林状态及经营系统的变化与发展趋势。通过鉴定森林可持续的主要要素，标准与指标提供了一种朝森林可持续经营和"ITTO 2000 年目标"（即所有热带木材贸易来自于可持续经营的森林）进展的评估方法，以及进入 21 世纪跟踪这一进展的工具，而评价是否可持续的主要依据是：①森林面积的变化；②数量和蓄积价值的估测及它们未来的变化；③工业能力、供求平衡和覆盖率；④溪流时间的记录和流域侵蚀指标；⑤动植物种群数量的变化和珍稀濒危物种状况。显然，早期的 ITTO 的标准与指标主要关注木材产量的可持续经营。

1998 年，ITTO 提出《热带天然林可持续经营标准与指标》，该标准与指标涵盖了森林产品和服务的全部范围，包括生物多样性和其他非木材的价值。

2005 年，该标准进行了修订，改为《热带森林可持续经营修订标准与指标》。原标准标题中的"热带天然林"扩展为"热带森林"。其中，森林经营单位水平包括 7 个标准 48 个指标。2016 年，该标准再次进行了修订，新标准为《热带森林可持续经营标准与指标》。该标准旨在实现 ITTO 在 2015 年制定的《热带天然林可持续经营自愿指南》中列举的森林可持续经营的 4 个目标：①为森林可持续经营提供保障条件；②保持森林生态系统的健康和活力；③维持森林提供产品和环境服务的多种功能；④整合森林经营中的经济、社会和文化方面。新标准强调了相关的全球发展和新议题，尤其是 REDD＋［指发展中国家通过减少毁林与森林退化减排，以及森林保护、可持续管理、增加森林碳库。为了区别 UN-REDD（United Nations Collaborative Programme on Reducing Emissions from Deforestation and Forest Degradation in Developing Countries），命名为 REDD＋］，使用更多的木质燃料，生物多样性保护，生物经济等。此外，新标准对指标进行了优化，进一步阐述了森林管治、木质燃料的可持续生产、森林对全球碳循环的贡献、森林在气候变化适应中的作用等指标，探索了在 ITTO、ATO（African Timber Organization）/ITTO 和"塔拉波托倡议"标准与指标间的联系和标准与指标趋同的可行性及优越性。

ITTO 标准与指标可作为一个框架，其中每个国家都可以发展自己的体系，用于评价包括森林经营单位水平在内的可持续性。

应用这些标准与指标得到的信息，有助于更有效地与公众交流朝森林可持续经营努力的方向。这些信息还有助于制定森林可持续经营的发展策略，以及关注那些仍存在信息空白的研究领域。

国际热带木材组织的倡议为国际热点问题的讨论提供了"标准与指标"等概念，并为该领域的后期行动提供了帮助。

3. 各国别标准　　特别还要注意到，许多国家采取自上而下逐级递降或其他方式使进程标准与指标适应森林经营单位状况和环境，制定森林经营单位水平标准与指标。例如，最初的"马来西亚森林经营认证标准、指标、活动及业绩标准"（Malaysian Timber Certification Scheme，MTCS 标准），是基于马来西亚利益相关者之间广泛磋商并于 1998 年确定的一套国家标准。

（二）规范性的标准

规范性的标准具有规定属性，即规定了森林经营单位水平的实施要求。通过对照一套执行标准或目标体系，评估其遵守情况来进行可持续性评估。

1. 森林经营认证标准　　制定标准与指标根据评估和监测的森林及森林经营状况和趋势，以及消费者对来源于可持续经营森林的木材不断增加的需求，激发了非政府组织、木材贸易商制定普遍认可的能用来"验证"收获的木材来源于良好经营的森林的规范或业绩标准。20 世纪 90 年代以来，多个这样的森林认证体系得到了发展。

森林经营认证制度的目标是设立森林经营单位专用执行标准以认证一个良好的森林经营状况。它鼓励森林经营者自愿认证，并提出森林经营者应该遵守的森林经营的原则和标准。

森林经营认证标准以规范性的行为标准为依据进行评价，通常由广泛的利益团体参照描述性的森林可持续经营标准与指标体系协商制定，政府的参与有限，但就其条例和细节而言则远远超过描述性的标准。

国际上第一个可操作的认证体系由森林管理委员会（FSC）创建。1994 年 6 月，FSC 颁布了用于森林认证的森林管理原则与标准，包括 9 项原则和大约 50 个标准。1996 年增加了关于人工林经营的第 10 项原则及相应标准。这是一个专门针对森林经营的比较特殊的标准，反映了对森林经营的要求，也涉及政策和法规，是对森林本身属性功能标准的很好补充。此后，该原则和标准分别于 1999 年、2001 年和 2012 年进行了修订。

尽管 FSC 原则与标准关注和其他标准类似的生物、社会、经济和政策要素，但本质上，FSC 原则与标准是规范性的而不是中性的。在 FSC 体系中，森林经营必须满足 FSC 认可的可持续经营的原则、标准与指标，然后授权森林所有者/经营者在市场营销活动中使用 FSC 标签。原则与标准对满意业绩的认定由 FSC 认可及森林所有者/经营者私下有合约评价其业绩的独立"第三方"森林认证机构做出。

2. ATO/ITTO 原则、标准与指标　　1995 年，考虑到非洲热带木材在欧洲市场越来越受到抵制，包括 13 个木材生产国的非洲木材组织（ATO）与国际林业研究中心（The Center for International Forestry Research，CIFOR）合作，制定了非洲木材组织森林可持续经营标准与指标（ATO 原则、标准与指标），包括与森林政策及经营相关的 5 项原则、26 个标准和 60 个指标，此为非洲木材组织进程（或 ATO 倡议），重点考虑森林经营单位水平而不是国家水平的标准与指标体系框架。

2003 年，ATO 和 ITTO 合作制定了 ATO/ITTO "非洲热带天然林可持续经营的原则、标准与指标"，该原则、标准与指标综合了 1998 年的 ITTO 标准与指标及 1995 年的 ATO 原则、标准与指标，由以下 4 个原则构成框架：①政治上应高度重视森林可持续利用和森林多功能的维持；②无论指定为何种土地利用形式，森林经营单位都应以可持续的方式管理以供应需要的产品和服务；③森林的主要生态功能应得到维持；④根据森林作业的重要性和强度，森林经营单位管理者应致力于改善其员工和当地群众的经济和社会福利。原则①包括应用于国家水平的 5 个标准、33 个指标和 45 个亚指标。原则②～④合起来包括应用于森林经营单位水平的 15 个标准、57 个指标和 100 个亚指标。与其他标准与指标集不同，ATO/ITTO 原则、标准与指标本质上是规范的，是详细的业绩标准，设定了与森林有关的应得到满足的政策和管理目标或应存在的状况，与认证的原则与标准没有什么不同。ATO/ITTO 原则、标准与指标的应用也有助于为森林认证铺路。

标准与指标体系和森林认证的并行发展，以及在促进和实施森林可持续经营时两者在目标及术语（如"标准"）上共同的地方，导致这两个政策工具易于混淆。标准与指标被设计为中性评估工具，如果加以长期监测，将产生人与森林相互作用的现状和趋势，能在国家水平和森林经营单位水平为森林政策和经营决策提供信息。相比之下，森林认证体系被设计为业绩标准，依此在森林经营单位水平评价森林经营活动及效果。标准与指标的应用是自愿的，而森林认证，虽然多是自愿进行的，但由独立第三方评估，特殊背景下也存在强制性认证，如政府委托当地社区管理国有森林，要求成功认证并继续维持这种经营状况才能获得继续管理国有森林的许可。在标准与指标的应用与森林认证之间这些区别有时是模糊的。

（三）体系性的标准

现有的原则、标准与指标在很大程度上是面向结果（或绩效）的方法。森林及与森林相关的社会体系是关注的焦点。此外，其他可持续评价方法，特别是环境管理体系评价方法，面向过程且关注经营管理组织。评价过程或系统的标准（如环境管理体系中的标准），即体系性的标准，强调管理系统的过程性并力图确定这些系统的现状和性质。实际上，这两种评价方法相辅相成，使森林可持续经营的评价更完善。

实践中，参照 ISO 14000 环境管理体系标准制定森林认证标准的例子，最著名的如加拿大标准协会（CSA）为加拿大的森林可持续经营制定的一项与 ISO 14000 一致的自愿标准"CSA1996"。该标准主要包括 4 个基于过程和系统的组件：承诺、公众参与、管理系统和连续改进。上述情况不同于 FSC，反映了改进森林经营的一种程序途径，而不是"基于面积"的方式。

（四）综合标准

1994 年，国际林业研究中心（CIFOR）启动了一个对标准与指标进行野外测试的项目，特别强调了生物多样性标准和社会方面的标准与指标。1998 年，基于该项目的发现，CIFOR 制定了一套"通用"标准与指标——森林可持续经营标准与指标通用模板，其范围从广义的原则到验证指标，并制定了"标准与指标工具箱系列"，为情况各异的森林经营单位用户（从社区林业到大规模的木材和纸浆人工林）评估天然林和人工林的可持续性提供了指导。

通用标准旨在为用户提供一个建立一套立足当地的可靠的标准与指标的"起始平台"。一旦做适应性改编，改编后的这套标准与指标就能应用到许多方面，包括经营评估、经营计划制定与执行。

基于 CIFOR 项目野外考察中获得的经验，一套合适的标准与指标应该涉及以下 5 个方面的内容：①政策、规划和法律框架；②森林经营的生态影响；③森林经营的社会影响；④产品生产和服务；⑤财政和经济方面。

CIFOR 通用标准既包括过程性指标又包括目标导向性指标。

（五）社区水平标准与指标

社区水平标准与指标是森林经营单位水平标准与指标的一种特殊类型。在当代，森林被某种形式的社区或个人控制的趋势显著扩大。社区和个人越来越成为森林（包括生产性森林）实现可持续经营的重要因素。森林转变到社区或个人控制，除遭遇行政管理问题和受到社区及个人有限的能力影响外，还需要特别的经营方法。对此，一套适于社区环境、以社区为导向的简化的标准与指标，对于建立森林基线信息、经营目标、一个适用的森林监测和评估框架，以及联合地方性知识和普同性知识用于森林与森林经营是有帮助的。

为了响应复杂和快速变化的由社区管理的森林环境，国际林业研究中心开展了一个项目来建立和测试合适的标准与指标，用于评估社区管理的森林资源的可持续性。该项目作为国际林业研究中心"森林经营可持续性评估"项目的一个部分，分别在巴西、印度尼西亚、喀麦隆进行了试验。基于三个试验点的经验，国际林业研究中心提出以标准与指标作为社区森林资源可持续管理的参与式工具，帮助以社区为基础的森林管理者和实践者及伙伴根据现有知识和实践经验建立一套能被大家接受的、易于理解的标准与指标体系。这一标准与指标体系，可以用来作为监测和评估变化的框架，提供社区管理森林资源的信息，从而指导未来可持续的管理活动。

二、森林经营单位水平标准与指标体系的结构化设计

制定一套包含原则、标准与指标的森林可持续经营标准与指标体系面临的挑战是：它必须在尽可能明确并具有可操作性的情况下涵盖森林可持续经营或良好森林经营的所有方面。为此，需要对标准与指标体系进行结构化设计并设定适当的参数，使人们能够以切实可行的方式对这些方面进行监测、评价和报告。

（一）标准与指标体系结构化的依据

基于可持续发展的概念，森林可持续经营可定义为：维持和提高森林的生态完整性

和生态系统服务水平，改善人们福祉的森林经营方式。

该定义体现了人与森林的相互作用及森林经营目标。鉴于此，森林经营可持续性评估体系可以从以下三方面的评价着手：①维持森林生态系统的完整性；②维持或提高生态系统服务水平；③维持或改善人们的福祉。

应认识到，生态系统的完整性是森林产品与服务（即生态系统服务）及人类福祉的基础，森林经营不能损害这个基础。提供森林产品与服务的能力对每个特定森林都是确定的，是否要提供某种具体产品或服务及是否把它们纳入森林质量评价，取决于森林提供不同产品与服务的能力及经营的目标。福祉这个概念包含人类生活的经济、社会和文化等各个方面，特别是涉及森林产品与服务的供给，也与森林相互作用的社会体系密切相关。

综上所述，选择的标准与指标应该涵盖森林、生态系统服务及与森林相互作用的社会体系各个方面。这是森林可持续经营标准与指标体系结构化的依据。

（二）标准与指标体系结构化的形式

到目前为止，设计的标准与指标多用来检验当前的森林经营是否符合"最佳经营实践"或"良好的森林经营"的理念。这与评估可持续性不同，因为良好的森林经营仅仅表明了经营的状态，也就是说，要依靠它去实现森林可持续经营的目标。标准与指标体系把森林作为能够为社会提供广泛环境、经济和社会效益的动态的复杂生态系统来探讨。可持续性的实质是良好生态与社会经济状况的长期维持。如何保持这些状况是由各种因素决定的，标准与指标应测定这些因素。因此，为建立可持续性的评估体系，必须自上而下进行概念化，使该体系提供一个逐级水平实现森林可持续经营目标的一致框架，帮助人们把目标（如森林可持续经营）逐步（逐级水平）分解成能够管理和评价的参数。

为此，标准与指标体系可按原则、标准、指标分级框架组织：原则水平首先把目标分解为一些更为具体的组分；标准水平体现为对原则的遵守情况，以结果的形式来表示；指标水平再加上一些可度量的成分。一套森林可持续经营标准与指标就是一组原则、标准与指标或至少是这些不同等级水平参数的某种组合。

在转到标准与指标层次之前，首先应确定原则。在原则和标准水平上，最重要的问题是它们与可持续性相关的强度。对于任何提议的原则和标准，都需要考虑：①该原则或标准与导向可持续性的过程相关吗？②它是可持续体系已存在的有力证据吗？③能够表明标准和可持续性之间的一个因果关系吗？④该条件是达到可持续性的必要条件吗？⑤较其他原则和标准，该原则或标准是唯一的或足够重要的吗？

但在以这种方式制定了基本的原则和标准之后，仍有必要以相反的过程自下而上处理相同的问题（特别是对标准与指标进行筛选）。

（三）标准与指标体系的参数设计

所谓参数，就是在当前所研究的问题中引入的变量，用来控制所关注或要研究的随其变化而变化的其他变量。因引入的变量本来并非当前问题必须研究的变量，故称其为参变量或参数。

参数可以根据其类型来区分。从与森林可持续经营的因果联系方面来讨论标准与指标，是当前流行的参数类型，这样的参数类型有助于确定和开发更佳的标准与指标。具体而言，针对森林生态系统或社会系统的人类投入或人类活动，以及由此带来的产出设定参数类型。显然，这样的参数类型包括输入参数、过程参数、结果参数三种。

1. 输入参数　　指过程或体系所提出、采纳、接受或执行的东西，如一个目标、能力或意图。例如，用于对森林再投资的收益的百分比等。

2. 过程参数　　是经营过程或经营过程的一个组成部分，或其他人类活动或行动。描述的是人类的活动而不是活动的结果。例如，森林经营规划、各项野外作业等。

3. 结果参数　　指输入和过程对相关体系产生的结果或影响。结果参数也可被称为输出参数或绩效参数，它描述生态系统的状态和能力、一个物理组分的状态、相关社会体系或其组分的状态等，是经营过程的实际结果或希望得到的结果。例如，有利于更新的保留林分。

（四）标准与指标体系的阐述

1. 原则　　原则是最高层的陈述，为根本的法则。一个原则可作为推理、论证或行动根据的基本法则或规则。

（1）原则的功能　　森林可持续经营概念衍生于人类目标，具有目标导向。在森林经营中，森林可持续经营的实现可看作是总目标，是被作为一个理想状态来描述的。为了使其对森林政策、森林经营和评价有意义，需要进一步的表述。

当前，森林可持续经营这个目标（总目标）意味着维持森林生态系统的完整性、森林产品与服务的可持续性，以及为确保两者真正实现与森林相互作用的社会体系方面的可持续性。社会体系的相关议题包括公正、权利和参与等。

由森林可持续经营总目标分割而成的独立组分，也是原则，使森林可持续经营的意义更为明确，这些原则合在一起，完全涵盖目标的所有含义。一般原则与森林可持续经营定义一样，是各利益相关方磋商获得的结果。

标准与指标中的原则可被看作对森林可持续经营概念的进一步解释，也可被看作为以可持续的方式经营森林提供的初始框架。原则和目标一起界定了标准的范围，也为标准与指标提供了判断依据。

（2）原则的特性　　一个原则应当作为实现森林可持续经营目标的直接或暗含要素来阐述和识别。原则应当针对森林生态系统的某种特征、某种生态系统服务或与该生态系统相互作用的社会体系的一个方面。就像目标一样，原则应该有目标或态度（看法）的特性，或者说原则具有关于森林生态系统特征及其提供的生态系统服务的目标和态度的特性，或与这个生态系统发生着相互作用的社会体系相应方面的目标或态度的特性。原则的阐述应当使森林生态系统特征、生态系统服务和社会体系相关方面的目标或态度变得更为清晰。

在制定一套协调一致的原则时，注意原则和所描述的特性应当相符。原则应被描述为相关方面的目标或态度，是以目标或态度作为行动根据的基本法则或规则，如"森林的生产功能应得到维持""森林的保护功能应得到维持和加强""森林的生物多样性应得到维持和加强""林业工人和当地社区的福利应得到维持或改善"等。但实现这些目标或态度的必要条件、措施（或活动）、法律和制度保障等不能被描述为原则，不符合原则的特性，而与标准和指标更相宜。

2. 标准　　《牛津简明英语词典（第9版）》（1995）关于标准的定义：据此判断或决定某个事情的一个因素。一般"原则"下面是标准。目标和原则一起界定了标准的范围。

（1）标准的功能　　标准是紧随原则之下的一个参数，可用作判断所取进展是否达到原则要求的度量衡。原则是以目标或态度作为行动根据的基本法则或规则。标准则显示对原则的遵守情况。对原则的遵守转化为对森林生态系统的具体状态或动态的描述，或是对与生态系统相互作用的社会体系状态的描述。这些描述将会显示遵守每个原则的实际结果。

通过把原则转换为森林生态系统或与其相互作用的社会体系的状态或动态，标准使原则的实际含义更加清楚。因此，标准可被看作"第二位"的原则，它不仅丰富了原则的内容，还具有了可操作性。但标准自身并不是现象的直接测定者，它通过整合指标提供的各种信息并使说明性的评价具体化。可以说，标准是一个中介点，而原则是整合的基点。

（2）标准的特性　　对每个原则的遵守都可以转换为一个或一组标准。每个原则都应该被相关的一个或一组标准完全涵盖。

由于标准的功能是显示对原则的遵守情况，因此在输入、过程和结果三种参数类型中，标准应当作为结果参数进行阐述。这意味着一个标准描述了森林和社会体系的期望状态。

森林生态系统的状态可以根据能力（如更新能力、土壤生产力）或森林的实际状况（如伐后保留蓄积、径级分布）来阐述。对于一组标准的制定来说，首先阐述哪种能力应当得到维持，还应该阐述维持这些能力必需的森林生态系统的状况或组成成分。

但是，森林生态系统及与其相互作用的社会体系的状态并不限于生态系统自身的特性，也不限于干扰森林的社区和人口的状态，还与相关的法律和制度情况有关。"森林受到法律的保护"描述了森林的状态，"社区居民和林业工人的权利得到法律上的认可"反映了这些群体的状态，都是适当的标准。

在原则层次下，由于标准的功能是显示森林生态系统或相关社会体系对原则的遵守情况，因此标准的阐述应当能够对一个原则是否实现或在多大程度上实现（即对原则的遵从程度）做出判断。这意味着在标准的阐述中使用一个动词或由动词衍生的名词来描述目标，举例如下。

原则：森林的生产功能（木材和非木材生产）应得到维持
标准1：生态系统的生产能力得到维持。
标准2：土壤的生产能力得到维持。
标准3：伐后保留蓄积和径级分布有利于未来的木材生产。

虽然比起原则的阐述，标准阐述的自由度要小得多，但在某种程度上也是一个妥协和协商的过程。实际上，期望达到的生态系统或社会体系的质量是由所挑选的标准来决定的。

3.指标　　指标是标准与指标体系中标准之下的一个参数,提供了测定标准的方式。标准本身很少能够直接测量,指标的功能是把可评价的参数与标准相连。

(1)指标的定义　　指标是一个进行定期测定或监测时能指示一个标准变化方向的定量的、定性的或描述性的参数。

指标是关于一个标准的可以评定的定量或定性参数,用于推测某一特定标准相关情况的森林生态系统、社会系统或经营系统的任一变量或组分。它以明确、客观的验证方式描述森林生态系统或相关社会体系的特性(输出参数),或描述可指示生态系统或社会系统状态的政策、经营情况或人为驱动过程(输入和过程参数)。

指标通常被表达为与标准相关的具体的、可以被评估的陈述,如"农户从林产品的销售中获得经济收益"。很多指标是定量的,如森林覆盖率;还有一些指标是定性的或描述性的,如与森林规划、公众参与相关的指标。

每个标准都伴有一套相关指标,用来说明标准要求的状态或条件,如前述标准"土壤的生产能力得到维持"对应的指标实例为"伐区被压实土壤所占百分比"。

(2)指标的功能　　指标的功能是把可评价的参数与标准相连,标准很少能够直接测量。指标的使用减少了描述森林生态系统或社会体系的状态所需要测量的数目。标准与指标结合用来确定标准是什么以及它的含义。

指标可以作为监测和报告的依据,监测和报告用于评价相关标准的实现程度和对原则的遵循程度,还可用于经营决策。一组指标确定了森林经营单位水平森林经营实践中应当实现的状态和要求。森林经营质量的评价实质为对指标和阈值遵守情况的检查(检查时应联系原则和标准的阐述,以及对它们与指标之间联系的充分理解)。

不同于标准的相对普同性,指标因森林特征(如森林类型)及应用的规模而不同。

(3)指标参数的选择和阐述

1)结果、过程和输入指标的阐述及选择。指标可作为结果参数、过程参数或输入参数进行阐述。

指标是描述生态系统或社会体系特性的(结果/输出参数)或描述政策和经营情况及过程的(输入及过程参数)可评价的参数。作为结果参数的指标应该更适宜建立在可靠的科学研究或长期的森林经营实践经验基础上。输入指标和过程指标的选择及其表示值的意义同样也是一个涉及判断的问题,需要各利益相关方妥协和达成共识。而且在很多情况下,输入指标和过程指标并非直接从单个标准中得出,对于它们的选择和阐述同样需要利益相关方妥协和达成共识。

i.结果指标。一个指标可能直接源自标准,显示为一个要监测的结果参数。这些指标与某个标准直接相连,对其阐述使人们可以得出明确的评定结果。这就意味着需要进行客观评定的阐述。标准应该总是可以使人们做出判断,而结果指标并不总是这样。阐述为结果参数的指标以定量或相对定量的方式描述森林生态系统和相关社会体系的某个要素的实际状况,在这种情况下,只有把一个阈值与指标联系起来,才能对一个结果指标做出结论。任何包含在标准之中、同时又能用于评价的东西都应作为指标。因此,作为结果参数描述的指标更适宜建立在坚实的科学研究或长期的森林经营实践经验基础上。

ii. 过程指标和输入指标。过程指标和输入指标是指需要实施人为过程或人为干预的指标（如是否存在一个经营方案，或者一项法律），通常不是从某个单项标准中直接推衍出来的，而是反映经营和政策体系的要素，涉及经营体系和相关政策体系的各个方面（如规划、野外作业等），并间接地针对所有原则和大多数标准。对这样的一个指标的正面评价并不保证对原则的遵守，只是使原则更可能得以遵守。

过程指标和输入指标的阐述应当使人们可以做出明确的判定，通常用是/否。多数情况下，过程指标和输入指标涉及森林可持续经营标准体系中相当部分的原则和标准。

iii. 指标参数的选择。对于标准与指标的阐述，特别是指标的阐述，要在输入、过程和结果参数中做出选择。在标准水平，对原则的遵守应当从森林生态系统和相关社会体系的期望状态或动态方面来描述，因此标准应当阐述为结果参数。为了确定标准是否得到满足，应当按照结果参数来阐述适当的指标。即一个指标与一个特定标准紧密联系的必要条件，与那些结果参数阐述的指标特别相关，而与那些过程参数和输入参数阐述的指标，相关程度小得多。

但是，面向结果的指标也有局限性，在缺乏广泛认可的参照值（阈值）时，很难制定有意义的结果指标。输入指标和过程指标可以视为结果指标的替代者。虽然标准与过程指标和输入指标之间的联系在多数情况下比标准与结果指标之间的联系要弱得多，不那么直接，但由于选择和测定合适的结果指标存在困难，以及测定过程和输入指标也比较合算，故代之以这类弱联系的指标。再者，对标准的评定，除结果指标外，也需要过程指标和输入指标作有益的补充和完善，过程、输入和结果指标结合起来使用，既可以揭示实现可持续性的管理程序和方法，也可以揭示这些方法的效果。另外，要评价政策和管理的质量特别需要过程和输入这两类指标。因此，在森林生态系统或相关社会体系对原则和标准的遵从程度方面，也应关注过程指标和输入指标的指示价值。在实践中，在制定森林可持续经营标准时往往使用过程指标和输入指标来补充结果指标。通过评价经营过程及其结果，有可能对森林经营的可持续性做出大体评价。

2）定性和定量指标的阐述和选择。在应用中，指标又有定量指标和定性指标之分。定量指标以数量、数目、蓄积、百分比等术语表示和评价。定性指标则表示为状态、目标或过程，以好/充分/不满意和是/否等术语评价。

选择指标时，既要具有科学上的准确性又要体现信息简明，还应该以它们的成本有效性和实用性为基础。在定量和定性指标中，最好使用定量指标，因为定性指标通常较模糊。但对于某些重要的标准，可能不存在定量指标或提出定量指标很困难甚至不可能。此外，对于森林可持续经营的一些标准，由于现有科学知识有限，不能为其建立一个定量的阈值，因此当前还不能使用一个定量指标。要评价森林经营的可持续性，评价森林及其经营的总体情况，定量和定性指标两者都需要使用。再者，在相当多的情况中，对森林生态系统质量及其经营质量的评价在某种程度上仍需要依赖最好的专业判断。所以通常的情况是，一组指标包括了以上所有这些指标类型的组合。

4. 阈值　　在国家水平，标准与指标体系实质上已经发展成为一种报告与监测工具，而不是用作评估可持续性的标准。此时，指标的目的是为使用者提供一种更好的工具，用于评价森林状态和经营系统的变化及发展趋势。这可以由定期地测定或描述其指标来完成。这些指标已经定义，它们是清晰的、实用的和易于监测的，并尽可能基于可用的知识和统计数字。这些指标用来鉴别需要监测变化的信息，包括反映森林本身变化信息的指标（结果指标），以及反映环境和应用的森林经营系统变化信息的指标（输入和过程指标）。因此，如果任何一个指标的连续数值形成一个时间序列，就能提供朝向或背向森林可持续经营变化方向的信息。通过长期监测，标准与指标能够表明与森林可持续经营相关的生物物理、社会经济与政策状况的变化和趋势及趋向森林可持续经营的进展。然而，不能通过建立的指标本身说明森林经营是否是可持续的。

而在森林经营单位水平，标准与指标的开发首先主要用于评估森林可持续性，其次是作为促进更好的经营管理实践得以实施的工具。为此，指标的阐述需要使它们对应于一些明确的阈值，通过这些阈值可以对系统进行评价。阈值是指标的参照值，是作为比较的标尺或基础而确定的。把各个指标的阈值与实际测定值相比较，其结果表明了一个标准的实现程度和一个原则被遵从的程度。

阈值可以用定量术语表示，也可以用定性术语表示。较之定性阈值，定量阈值更易表示且更适合对森林经营的可持续性做出明确的陈述。

实际的监测、报告和评价依赖于明确、实用指标的可用性和质量。对经营表现的实际评价应当以指标的实际值与它的参照值或阈值的对比为基础。如果可以找到阈值，那么依照结果（森林生态系统或相关社会体系的状态或动态）阐述的定量指标就特别有意义。

确定阈值需要了解作为评价对象的具体区域的特定知识。这些知识的获得通常需要有特定地点的科学研究和经验。由于生态系统十分复杂，而我们的科学知识相对有限，因此，可靠的阈值（临界值）实际上很少能够得到，并且即使能得到，当有新的科学知识出现，或森林生态系统的动态过程使情况发生变化时，也应当重新确定或调整阈值。

三、森林经营单位水平标准与指标的应用及挑战

在实践中，森林经营单位多使用标准与指标构建森林可持续经营的关键机制。各地在森林相关的管治结构、所有权模式、森林政策框架、林业传统和能力水平等方面不同，加上各种标准与指标体系本身之间的差异，使得森林经营单位水平标准与指标（包括基于业绩性质的标准与指标）应用有多种多样的形式，在应用中也面临多种挑战。

（一）标准与指标的应用

1. 监测、评价和报告　　标准与指标为地方及森林经营单位监测、评价和报告关于森林状况和森林经营趋势及森林可持续经营进展方面提供了框架或基础。有时，也使用标准与指标监测、评估和报告与森林相关的项目和作业计划，如使用标准与指标准备关于森林作业计划季度报告和年度报告。在木材采伐合同中，使用标准与指标准备关于森林资源的保护和环境影响报告。

（1）提高监测能力　　标准与指标不管在什么水平，都可作为监测森林状况及其经营趋势的工具。使用标准与指标在监测方面取得的进展，反映在森林及经营方面调查和数据库的改进、数据收集和分析系统的完善，以及在森林经营单位水平可获取的信息等

方面。监测过程中的指标通常在性质上是中立的和程序化的，能够基于重复数据的采集来说明森林经营单位发展的趋势（如森林面积百分比的变化、林地用途转变和森林质量），帮助经营者识别森林经营中的弱项（如在采伐实践方面）并作出调节，以及使用森林经营单位标准与指标来监测和评估森林资源的保护性功能。此外，也可使用标准与指标作为森林信息收集和管理的框架，提出标准与指标报告展示森林经营单位对森林可持续经营的承诺，以及提升林产品应对环境敏感市场的竞争力。

（2）开展森林经营评价　　当制定了经营单位水平的标准与行动纲领时，使用标准与指标评价森林经营实践是可能的。可持续性评估试图通过定义标准与指标来进行现状与既定目标之间的比较以做出针对经营的判断。在这里，标准与指标用作评价实际森林经营情况的参照对象，从而对森林经营质量进行评价，对来自可持续经营森林或至少是良好经营森林中的产品进行鉴别。

通常，对森林经营单位应用标准与指标评价经营，如果是拟进行森林认证的企业，一般用 FSC 原则与标准或类似的森林经营认证标准开展森林监测、评价和报告，确定是否能够获得森林可持续经营认证。而其他一些企业使用森林经营单位标准与指标来监测、评价和报告其森林经营状态，其结果可用于经营决策及森林经营计划的制订与修订。此外，也用标准与指标评价森林经营活动及结果对森林经营计划的符合情况，如使用一套标准与指标评估森林经营单位对法规和采伐许可的遵从及其效果。森林经营单位水平评价和报告通常基于批准的森林经营计划，森林经营计划包括采用的标准及与指标体系相关的指标。因而森林经营单位水平报告体现了标准与指标对改进森林经营实践的直接贡献。

一般要求一个评估或者监测体系去提供一个现状的完整描述是不现实的，重点应放在系统趋势或变化的测定上。实际上，试图去描述整个系统将会导致大量没必要的额外开支。

2. 协助制定、实施和改进森林经营计划及项目　　在地方、森林经营单位或项目水平，标准与指标为制定与森林相关的计划、项目或优先重点提供了框架，为制定、批准和改进森林经营计划、最佳经营实践和特许合同、协议、许可等提供了基础，协助改进森林调查、监测、评价和报告，以及有关森林经营计划、计划的执行、监测和审计的程序及内容。

（1）帮助开展更综合的森林调查　　森林经营单位规划要求更综合的信息，在森林调查中应用标准与指标，为规划提供主要信息源。

（2）用作地方、森林经营单位及林班规划的基础　　应用标准与指标的概念框架制定和批准森林经营单位的森林经营计划，将森林可持续经营政策转变为一套协调一致的行动。

（3）帮助地方项目的制定　　通过协助地方项目的制定，包括制定地方森林覆盖率目标，促进森林的保护、恢复和发展。

（4）帮助各种计划、项目的实施及改良森林经营实践　　规划及项目完成后，使用标准与指标指导和加强作业水平的森林可持续经营，以及为改进森林经营实践提供建议框架，使用标准与指标获取基本的基线信息调节森林实践，如为地方及森林经营单位基于森林资源状况确定年度木材采伐限额提供参考、帮助地方和森林经营单位处理新出现的问题（如生物能源和水等）、使用标准与指标作为监测工具，验证政府部门批准的采伐许可证、使用标准与指标生成"森林可持续经营许可协议"以调节森林经营，作为官方审计和遵从性报告的基础。此外，在执行对森林有影响的项目时，也使用标准与指标框架准备环境管理计划。

3. 协助制定规章和指南　　协助制定规章和指南即以某种形式将标准与指标方法及多种森林价值纳入与森林相关的法律、政策、战略、指南和标准中。例如，通过标准与指标的应用，基于获得的数据和观察到的变化改善决策，促进森林经营政策、法律、规章的改变，为制定森林经营技术标准和实践指南提供框架。

（1）森林政策的制定与调整　　标准与指标的目的之一是为检验和监测森林及其经营状况随时间的变化趋势提供框架，对收集到的指标数据的解释将有助于判别经营策略或措施是否沿可持续经营方向发展或背离了可持续经营，并帮助制定与调整政策和方针以改进森林经营。

（2）构成与森林相关的法律、法规和条例的基础　　标准与指标构成了管治森林保护、恢复和发展及森林经营相关的法律、法规和条例的基础，如基于对与管理森林资源供给、遵从法律法规和地方社区权利等相关问题的评价，修定木材收获的法律框架，以及使用标准与指标为分类的森林（如公益林和商品林）确定林业规则等。这些管治森林实践的法律、法规和条例体现了森林可持续经营的原则和目标。

（3）森林经营实践标准或指南的制定　　标准与指标有助于塑造森林经营实践标准和指南，这些标准和指南为所有森林经营提供了框架，从而为森林经营管理提供了基石。

1）森林经营实践标准的制定。借鉴标准与指标，帮助制定：评价执行现场森林可持续经营业绩的标准、森林经营规划标准（如为生产性森林设置流域管理、土壤保护和风险种的要求）及其他林业标准和业绩标准。

2）森林调查、规划和森林采伐活动指南的制定。作为对标准与指标的补充，可以为具体行动制定指南。指南通常以"要求应如何被满足"这样的规定形式出现。具体地，指南的功能是把标准与指标转化为满足标准与指标要求而采取行动的实际指导。例如，使用标准与指标框架协助各森林经营单位制定森林经营计划指南（要求经营者基于标准与指标框架编制森林经营计划以取得最佳经营实践），有关"永久样地"建立、森林和社会基线调查的指南，以及与流域保护有关的森林状态的指南；森林经营计划完成后，应用标准与指标为森林经营单位准备详细的经营指南，包括确保野外最佳实践的指南，如营造林实践、低影响采伐、森林恢复指南；应用标准与指标制定森林可持续经营审计指南。

指南制定后，按下来是规划具体的行动来实现指南。这些活动应当在森林经营方案和年度计划中清楚地表达出来。

4. 协助制定认证标准和迈向认证　　一般森林经营者自愿申请和接受认证机构或公司来评估他们的森林实践，并决定他们所拥有或控制的森林经营资源是否满足一个既定的认证计划的标准。标准与指标为森林经营认证计划和其他业绩标准提供了基础，也为开展森林认证提供了基础。

（1）为一些认证项目和体系提供框架　　例如，巴西森林认证体系（CERFLOR）

的相关标准，基于 ITTO 和 Tarapoto 标准与指标体系及由巴西法律确定的森林经营标准所制定。喀麦隆森林认证倡议主要基于 FSC 原则与标准。实践中也有基于 FSC 原则与标准及 Tarapoto 和 ITTO 标准与指标，制定生产性森林的认证标准。一套认证标准描述了应当达到什么目标（通过原则和标准），以及在多大程度上达到了目标（通过指标）。指南及其活动表明了应如何遵从这些原则、标准与指标。

（2）协助迈向认证　　认证是一项自愿的、市场驱动的活动，政府一般不涉及森林经营实践的认证。标准与指标在森林经营单位水平上的应用，在许多情况下为森林认证奠定了基础，从而帮助经营者向认证迈进。这表明了标准与指标和认证标准之间的联系。不过，在森林经营单位，以市场为导向的认证似乎正超过标准与指标的使用。

5. 其他方面的应用　　在实践中，标准与指标除上面的应用外，还可用作其他多种目的的工具。例如，标准与指标在研究、教育、培训、保护融资和环境评估等方面的应用，使政策制定者及公众了解森林及林业，识别森林相关的研究需求及优先重点，提出教育和研究倡议。此外，标准与指标还为利益相关者之间交流合作、建立共享目标搭建了共享平台。

（1）标准与指标相关的教育和培训　　使用标准与指标作为设计教育和培训项目的基础。例如，一些认证企业对森林管理人员及一线员工开展森林可持续经营和森林认证、森林经营单位标准与指标应用、低影响采伐技术等培训，以拓展其知识，提高其工作能力，提升森林经营效果。未参加认证的企业同样有很大的空间受益于标准与指标相关的培训，如接受关于标准与指标、森林生长与可持续采伐周期等业务知识的培训，以及有关低影响森林经营及采伐的新技术培训等，以更好地评价和改进经营实践，或者把这些作为开展认证的前期准备工作。此外，标准与指标也用作大学教育项目及一般通识教育项目的培训工具。

通过各种宣传、教育和培训，标准与指标为普遍理解和揭示森林可持续经营的含义，以及确定实现森林可持续经营所需的必要条件提供了基础，提高了对木材生产之外更广泛的森林产品及服务的认识、鉴别和理解，包括生物多样性保护、土壤和水资源保护及社区发展等方面的认识。

（2）与森林相关的更广泛的议题　　与森林相关的更广泛的议题包括制定森林可持续经营需要的评估和监测森林管治框架的标准与指标。这一框架包括：森林法律和政策、与森林相关的机构执行项目和计划、实施规章的能力等。此外，也使用标准与指标制定地方环境指标及作为制定其他自然资源标准与指标的参考模式等。

标准与指标仍处在发展的初级阶段，人们在其对于森林可持续经营实践方面的潜在用途上还没有达成共识。事实上，制定标准与指标是近年来林业领域一次极为重要的革命。

（二）标准与指标在应用中面临的挑战

森林经营单位改进经营的驱动力是源自标准与指标的应用改进了森林政策、规章、计划和项目，以及有助于更好地执行与森林相关的法律。另外，市场对认证木材和木材产品不断增长的需要也是重要的激励因素。随着在更多方面执行标准与指标取得进展，标准与指标在许多方面有效地促进了森林可持续经营。

森林经营单位及地方由于在资源、能力、承诺、政策框架、利益相关者的参与及其他限制标准与指标执行等方面存在不足,在应用标准与指标促进森林可持续经营实践中,通常面临多种困难,表现在森林的监测、评估、报告、规划和监管,以及标准与指标的野外执行等诸多方面,需要在未来的工作中积极面对。

1. 缺乏能力　　最具挑战的问题是资金、技术及相关能力的缺乏。例如,在许多指标的数据获取方面,各地一般从现有森林调查体系、研究数据、经济和人口基线信息中获取或生成,但关于社会和环境指标的数据,经常缺乏基线信息及相应的调查体系。此外,某些指标可能需要扩展或建立新的调查系统,对此缺乏相应资源。为了打破这些限制,需要集中关注一套核心指标或使用替代指标。不仅如此,根据森林可持续经营原则准备和执行森林经营计划或执行良好森林经营实践,需要有相应的财政资源、人力资源(有充分的相关能力和接受过标准与指标应用方面的培训)和技术资源的保障,这些都对森林经营单位提出了挑战。

2. 缺乏政治意愿　　缺乏政治意愿,是地方和森林经营单位执行标准与指标的另一个严峻挑战,这也与缺乏财政和技术资源密切相关。政治意愿不足意味着相对于其他发展需求和目标,对于实现森林可持续经营给予较低的优先权,这通常导致只能给森林经营有限的资源,包括开发、实施和执行标准与指标这样的政策工具。

3. 标准与指标体系的问题　　现有的森林经营单位标准与指标体系是森林经营的良好参照和基准,但各地需要根据社会经济及环境背景考虑具体的指标。标准与指标集的问题对一些使用者提出了挑战,限制了标准与指标的应用。①应用时未对森林经营单位指标的适应性和可行性进行评估,一些标准与指标未充分反映森林经营单位或地方的特征和环境,在应用时受困。②一些指标尽管科学,但仅对于技术先进的森林经营单位或地方有能力测定。对天然林和人工林缺乏一致的标准与指标,也妨碍对现有森林的更好利用。③许多标准与指标过于复杂,与森林可持续经营不相关或过时,使它们很难在地方上应用。如果要求森林经营者采用标准与指标作为一个有效管理工具,那么标准与指标必须易于理解并应用简单。④在拓展调查体系收集有关非传统的社会和环境指标时面临许多挑战。此外,对所有指标进行报告存在困难。⑤标准与指标有助于现有数据的获取、编辑、组织和共享,但标准与指标本身不是一个收集和产生新数据的框架。

4. 利益相关者的问题　　利益相关者参与标准与指标相关活动存在的困难,源于利益相关者之间对森林资源应如何使用和管理存在冲突。例如,一些利益相关者认为标准与指标会增加成本和要求,使用标准与指标是森林经营者额外的负担。此外,利益相关者之间对标准与指标和认证间混淆也是重要的限制因素。

5. 其他挑战　　对标准与指标有效使用的其他挑战包括承诺、执行能力、政策调整、认知等方面。

(1) 承诺　　现实中,森林可持续经营标准与指标的价值,最终都掌握在法律和政策制定者手中。如果不能保证使用标准与指标来调整林业部门内部及外部的政策,不能将标准与指标纳入法律、政策及政府的授权和责任中,那么标准与指标将是无用的。例如,与多级政府森林责任相关的管辖权问题、跨部门的协调机制问题、采伐和伐后监测方面的问题等。

（2）执行能力　　森林经营单位及林业部门需要提高实施标准与指标的能力。例如，标准与指标中关于林地的非法占用和开发，在处理此类问题时，需要有相关的法律、机构、人员和资金的支持。

（3）政策调整　　政策评审和改变通常由紧迫的议题和政治优先事项驱动，而不是由标准与指标报告驱动。许多积极的政策倡议和发生的现场经营变化，与标准与指标并无特别的联系。当前，迫切需要政策制定者依据检测指标所获得的信息调整政策，以促进森林可持续经营。

（4）认知　　仅在某种程度上，标准与指标的成功取决于它是否包含了人们关于森林普遍认为重要的东西。对于许多森林企业和其他生产性森林的所有者或经营者来说，森林经营认证比标准与指标更有吸引力，因为它们在市场中得到了认可，而使用森林经营单位标准与指标仅为认证企业提供了有限的附加值。类似的认识上的偏差，妨碍了标准与指标的普遍应用。

挑战的具体性质和范围差异甚大。一些挑战仅能通过在内部议程上提高森林及森林经营的优先级来应对；另一些挑战需要通过加强伙伴关系来应对。

四、森林经营单位水平标准与指标的应用策略

加强基于标准与指标的工作，以此作为解决新问题和确保可持续经营的森林对当地可持续发展做出最大和持久贡献的最佳方式。

（一）根据需要不断改进标准与指标框架

1. 定期对标准与指标集进行审查和改进　　指标的评议和更新应考虑最近使用标准与指标的经验，以及与森林相关的地方趋势和发展，具体包括：①国际上达成共识的森林可持续经营的 7 个主题要素；②最近更新的其他标准与指标进程和认证体系的指标，特别是蒙特利尔进程，FSC 原则、标准与指标；③现有可持续经营指南及其他相关的指南；④森林管治、森林及土地退化、生物能源和生物多样性保护，以及科学技术发展等相关问题的报告需求。

2. 简化并精炼一套由森林经营单位或地方使用的核心指标　　探究森林经营单位标准与指标和认证标准之间的联系、国家水平标准与指标和森林经营单位/作业水平标准与指标之间的联系。通过利益相关者有意义地参与跨部门协作，在某些情况下根据高层级如国际进程或国家水平标准与指标通过逐级往下的适应方式，制定地方或森林经营单位水平指标，删除那些太宽泛不能为森林经营单位经营者所评估的指标（如与气候相关的指标），减少指标间明显的冗余，最终识别、测试并确定一套适应森林经营单位、地方自身环境和条件的核心森林经营单位标准与指标，作为促进良好森林经营实践和森林可持续经营的框架。这些指标构成指导森林经营单位监测森林经营实践的"内部业绩监测指南"的基础。在某些情况下，森林经营单位标准与指标的应用为森林认证铺路。

3. 进一步阐述与森林管治相关的指标，建立一个评估和监测森林管治的框架　　应注意到，在森林管治方面，缺乏森林经营单位水平标准与指标并不意味着无法应用标准与指标，对森林实践的影响可通过逐级往下或别的方式将高层级水平标准与指标纳入森

林政策或管理规定来实现。

（二）加强标准与指标的执行

1. 建立有效运行的监测和评价体系　　通过制定政府规章使监测成为森林经营的必要条件，使用标准与指标框架创建或改进森林经营单位水平的数据库和监测网络，特别是社会和环境方面指标的数据库和监测网络，以改进森林经营监测、评价和决策，确定数据采集和分析的重点，建立高效的监测体系并形成运行能力，准备或补充一个关于森林状况和经营趋势的初始基线报告，提高森林经营单位使用标准与指标内部监测和评估森林状况、趋势、作业与可持续经营进展的能力，促进森林可持续经营实践。

2. 将标准与指标纳入项目、计划和经营体系　　在森林项目、计划中融入标准与指标，对森林经营单位标准与指标的执行予以更大的优先权。能强化标准和指标的示范作用；并通过森林伙伴倡议与地方社区一起致力于标准与指标的使用，可实现持续地管理林地和森林资源。

3. 建立报告机制　　制定标准与指标报告的模板，由森林经营单位提交监测报告，以及森林状况、经营趋势和可持续经营进展报告。可直接使用标准与指标进行森林经营监测、评估和报告，也可基于现有法律和森林调查体系进行监测和评估，但要基于标准与指标框架进行报告。

4. 建立基于标准与指标的绩效考核系统　　该系统能显示指标按年的变化轨迹，独立审核员基于标准与指标评估森林经营单位业绩。对取得良好业绩的森林经营单位给予奖励，如允许其自行负责年度采伐许可证的评估和发放。

（三）调整森林政策和经营策略

森林可持续经营标准与指标具有领导林业领域创新的潜力。它们可以改变衡量、描述和评价森林状况及森林经营变化趋势的方法，通过多年的监测提供必要信息准确地评价森林状况和森林经营趋势，对森林政策和森林经营策略做出必要调整。

1. 森林政策　　标准与指标可与森林政策相结合,使其直接为森林政策制定者服务，推动地方及森林经营单位提高森林可持续经营的水平。

当获得有关森林状况的趋势数据时，政策制定者应判定是否接受这种趋势并校正发展进程。例如，当森林覆盖率减少时，就应该做出为什么减少的判断（如由于不可持续的木材收获或农用地的扩大），并判断这种趋势能否被接受。政策制定者可能会发现森林的减少与可持续发展的总体目标不一致，也可能希望建立一个森林覆盖率的阈值，低于这个值就不能再降低等。因此，实施标准与指标的森林经营单位在判定森林状况和趋势时，需要在现有基础上分析正在执行的相关政策，并确定是否需要做政策的调整以改进森林经营。

2. 森林经营策略　　一套结构良好的标准与指标，可被森林经营单位和地方用来作为监测和评估变化的框架、提供管理森林资源的信息，从而指导未来的经营活动。标准与指标作为管理工具可与森林经营规划结合促进森林经营单位及地方的森林经营管理与森林经营策略的制定：①确立可持续的森林经营目标及行动，即表达森林可持续经营对森林经营单位及地方意味着什么。②记录变化，应用标准与指标监测经营管理活动的影响，评估获得的信息（包括外部信息、知识和观点，森林经营单位及地方的信息、愿望和需求），针对预先确定的目标，评估业绩及目标实现的程度。③基于上述过程中学习的经验（包括鉴别最好的实践经验和负面影响）并根据出现的变化，修正森林经营策略和行动，对未来的管理活动做出更好的决策，提高森林经营效果。④反复应用标准与指标，帮助改进森林经营以实现可持续性，协助经营者满足标准与指标相关的要求。⑤标准与指标的建立和监测过程依环境条件的不同，可以是正式的（如政府认同并写入年度管理方案），也可以是非正式或传统的（如基于口述、内部共识，或政府还未认同的方式），如有的地方其林业传统已经包括森林可持续经营原则并得到良好执行。无论是正式的还是非正式的标准与指标，都是相容的，均能提高森林经营单位及地方森林经营管理的效果。正式的标准与指标，可作为对书面森林经营方案的补充，而不是替代。

主要参考文献

国际林业研究中心标准与指标项目组. 2004. 森林可持续经营标准与指标工具书. 陆文明，胡延杰，等译. 北京：中国农业科学技术出版社

国际热带木材组织. 2001. 热带林可持续经营指南. 洪菊生，等译. 北京：中国林业出版社

国家林业局. 2002. 中国森林可持续经营标准与指标：LY/T 1594-2002. 北京：中国标准出版社

国家林业局. 2010. 中国东北林区森林可持续经营指标：LY/T 1874-2010. 北京：中国标准出版社

国家林业局. 2010. 中国热带地区森林可持续经营指标：LY/T 1875-2010. 北京：中国标准出版社

国家林业局. 2010. 中国西北地区森林可持续经营指标：LY/T 1876-2010. 北京：中国标准出版社

国家林业局. 2010. 中国西南林区森林可持续经营指标：LY/T 1877-2010. 北京：中国标准出版社

国家市场监督管理总局，国家标准化管理委员会 2021. 中国森林认证 森林经营：GB/T 28951-2021. 北京：中国标准出版社

洪菊生，陈永富，黄清麟，等. 2003. 森林可持续经营研究. 北京：中国科学技术出版社

胡建国. 2001. 森林可持续经营手册. 北京：科学出版社

王文霞，胡延杰. 2020. 国际森林认证体系 PEFC 最新发展概况. 国际木业，50（05）：50-53

张守攻，朱春全，肖文发，等. 2001. 森林可持续经营导论. 北京：中国林业出版社

朱春全，董珂. 2005. 探路者：支持和促进多方参与制定森林认证标准工作组的系列工具. 北京：经济科学出版社：43-144

Nussbaum R，Simula M. 2005. 森林认证手册. 2 版. 王虹，陆文明，凌林，等译. 北京：中国林业出版社